气象重大工程能力建设专题研究丛书

中国中部区域人工影响天气能力建设研究

陆楠 翟薇 伍洋 牛官俊等 编著

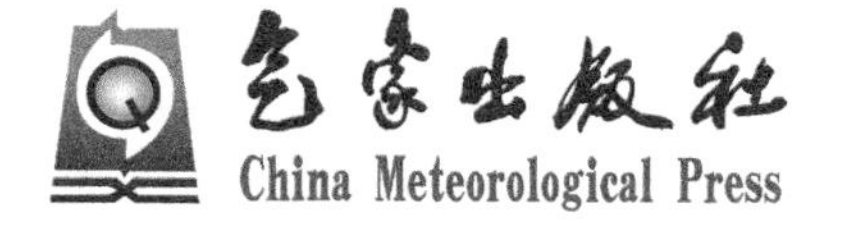

内容简介

本书系统阐述了中国中部区域人工影响天气能力建设的背景和意义、现状和需求、方案设计和预期效益，内容包括绪论、中国中部区域天气与气候特征、中部区域人工影响天气高相关领域发展状况、中部区域人工影响天气能力建设现状、中部区域人工影响天气短板与需求分析、中部区域人工影响天气能力建设思路与设计、中部区域人工影响天气能力建设预期效益与建议。

本书虽是针对中部区域人工影响天气能力建设的分析研究，但其中的研究思路、需求分析、技术方案、措施和建议适用于全国各区域人工影响天气能力建设工程项目，可支撑后续西南、东南、华北区域人工影响天气工程项目的可行性研究工作，可作为人工影响天气类工程设计人员的重要参考书。

图书在版编目（CIP）数据

中国中部区域人工影响天气能力建设研究 / 陆楠等编著. -- 北京 : 气象出版社, 2022.6
ISBN 978-7-5029-7757-3

Ⅰ. ①中… Ⅱ. ①陆… Ⅲ. ①人工影响天气－研究－中国 Ⅳ. ①P48

中国版本图书馆CIP数据核字(2022)第122130号

Zhongguo Zhongbu Quyu Rengong Yingxiang Tianqi Nengli Jianshe Yanjiu
中国中部区域人工影响天气能力建设研究

出版发行： 气象出版社
地　　址： 北京市海淀区中关村南大街 46 号　　**邮政编码：** 100081
电　　话： 010-68407112（总编室）　010-68408042（发行部）
网　　址： http://www.qxcbs.com　　E-mail：qxcbs@cma.gov.cn
责任编辑： 王　迪　　**终　　审：** 吴晓鹏
封面设计： 博雅锦　　**责任技编：** 赵相宁
责任校对： 张硕杰
印　　刷： 北京中石油彩色印刷有限责任公司
开　　本： 710 mm × 1000 mm　1/16　　**印　　张：** 13.5
字　　数： 257 千字
版　　次： 2022 年 6 月第 1 版　　**印　　次：** 2022 年 6 月第 1 次印刷
定　　价： 80.00 元

《气象重大工程能力建设专题研究丛书》编委会

《中国中部区域人工影响天气能力建设研究》编写组

编写人员： 陆　楠　翟　薇　伍　洋　牛官俊　巴　琦
曹玉静　谭　娟　王　璐　付　硕　宋晓爽
王祎明　顾青峰　王胜杰　马金玉

前　言

人工影响天气是20世纪40年代开始逐步发展起来的一种通过人工方式改变天气状况的现代科学技术。由于科学技术不断发展进步，人工影响天气技术已经逐渐步进入成熟阶段，经过长期的试验应用研究，充分证明了人工影响天气技术应用对提高气象防灾减灾能力产生了积极效果，为人们生产生活，尤其是对农业生产稳产增产提供了有效保障，大大降低了相关气象灾害造成的经济损失，同时促进了水资源保障和生态环境保护，维护了经济社会的稳定和发展。

“十二五”以来，在国家和地方对抗旱、防雹、生态环境保护和重大活动气象保障等需求推动下，2011—2019年我国人工影响天气技术和应用得到快速发展。党的十八大提出加强生态文明建设、加强防灾减灾体系建设、确保国家粮食安全和重要农产品有效供给等发展战略，对人工影响天气工作提出了更高更新的要求。《国民经济和社会发展第十二个五年规划纲要》要求加强云水资源利用。2011年、2012年、2013年中央一号文件连续提出“加强人工增雨（雪）作业示范区建设，科学开发利用空中云水资源”“强化人工影响天气基础设施和科技能力建设”“加快推进人工影响天气工作体系与能力建设”。2012年8月，国务院印发《国务院办公厅关于进一步加强人工影响天气工作的意见》（国办发〔2012〕44号），要求加强对全国人工影响天气工作的统筹规划，加强能力建设。这些重要文件为大力提升人工影响天气能力建设提供了重要依据，为充分发挥人工影响天气保障经济社会发展以及举办重大公共活动创造了有利的环境条件，特别是为搞好人工增雨、为农业抗旱夺丰收提供了政策支撑。

为适应我国人工影响天气工作面临的新形势和新要求，提高人工影响天气在防灾减灾、生态文明建设、应对气候变化等方面的能力和效益，中国气象局、国家发展改革委组织编制了《全国人工影响天气发展规划（2014—2020年）》（以下简称《规划》），成为“十三五”时期全国人工影响天气发展的行动指南。《规划》将全国分为东北、西北、华北、中部、西南和东南6个人工影响天气区域，其中，中部区域包括河南、山东、安徽、江苏、湖北、陕西6省，为我国粮食生产和生态保护的重点地区，是我国小麦、玉米和稻谷优势产区，区域内的丹江口水库集水区是我国南水北调中线工程调水的水源地，大别山为国家重点生态功能区。

“中国中部区域人工影响天气能力建设专题研究”① 立足于《全国人工影响天气发展规划（2014—2020 年）》“中部区域人工影响天气能力建设”项目建设需求，对中部区域人工影响天气能力建设开展研究，旨在增强区域统筹能力、科学合理布局、完善体制机制、加快关键技术的科技创新、强化基础设施和装备建设，不断提高作业能力、管理水平和服务效益，以更好地指导中部区域人工影响天气能力建设工程项目设计，并为中国区域级人工影响天气能力建设提供若干建设思路。本书既是对《规划》的衔接与解读，也是区域人工影响天气能力建设的技术指南，具有较强的创新性。

本书在“中国中部区域人工影响天气能力建设专题研究”基础上进行了系统整理和完善，是国内第一部系统研究区域人工影响天气能力建设的专著。本书由陆楠、翟薇负责全书策划、编研与统稿。本书共分 7 章，第 1 章由陆楠、翟薇撰写；第 2 章由曹玉静、谭娟、翟薇撰写；第 3 章由王璐、付硕、宋晓爽、谭娟撰写；第 4 章由牛官俊、翟薇撰写；第 5 章由巴琦、伍洋撰写；第 6 章由翟薇、伍洋、牛官俊、巴琦、曹玉静撰写；第 7 章由陆楠、翟薇、王祎明撰写。姜海如对本书的统稿与编研进行了指导，在此表示感谢。本专题在研究过程得到了中部区域各省份的大力支持，并提供了大量资料和数据，有关专家提供了许多咨询意见建议；中国气象局气象发展与规划院给予了大力支持与指导。本书出版得到了中国气象局应急减灾与公共服务司、计划财务司、中国气象局人工影响天气中心、河南省气象局、山东省气象局、安徽省气象局、江苏省气象局、湖北省气象局和陕西省气象局大力支持，本书编研参考了大量文献。在此，对李集明、李峰、顾青峰、王胜杰、马金玉、孙锐、孟旭、冷春香、王自强、陈添宇、李宏宇、房文、高扬、李德泉、段婧、方春刚、张天华、鲍向东、田万顺、袁野、龚佃利、罗俊颉、叶建元、周学东、王文青、岳治国、吴汪毅、王佳、张洪生、李德俊、袁正腾、李金辉等所有支持者、指导专家和以上贡献单位表示感谢！

本专题力图理论与实践相结合、研究与应用相结合，但由于作者水平有限，难免有不妥之处，敬请专家、学者和广大读者批评指正。

作者
2021 年 1 月

---

① “中国中部区域人工影响天气能力建设专题研究”由陆楠、翟薇主持，参与研究人员有伍洋、牛官俊、巴琦、曹玉静、谭娟、王璐、付硕、宋晓爽、王祎明等。

目　录

第1章　绪　论

1.1　研究的由来与意义

1.1.1　研究的由来

1.1.1.1　我国人工影响天气发展概述

人工影响天气是指为避免或者减轻气象灾害，合理利用气候资源，在适当的大气条件下通过人工干预等科技手段对局部大气的云物理过程进行影响，实现增雨（雪）、防雹、消雾、消云等目的的活动，这是减轻气象灾害等最有效的措施之一。据统计，我国每年遭受气象灾害以及衍生灾害影响的人口达4亿人次，由此造成的经济损失相当于国内生产总值的1.0%～3.0%。近年来，我国积极运用现代科技手段，开展人工增雨（雪）、防雹、消雾、消云减雨、防霜等作业，取得了明显成效，在服务农业生产、缓解水资源紧缺、防灾减灾、保护生态以及保障重大活动等方面发挥了重要作用。现阶段以人工增雨抗旱、防雹减灾服务为主，并开展了机场消雾、重大活动消（减）雨保障等试验性服务。

人工影响天气工作是党和政府促进经济社会发展、保障人民群众福祉安康的一项民生工程，是保障国家粮食安全、水安全、生态安全、国防安全的一项公益事业，是提高气象防灾减灾能力、应对气候变化能力、开发利用气候资源能力的一项基础工作，属科技型、基础性社会公益事业。

1958年8月8日，我国气象工作者在吉林省首次成功实施飞机人工增雨作业，标志着我国人工影响天气工作的开始。经过60多年的发展，我国人工影响天气工作取得了显著的成绩。到2019年，全国30个省（区、市）、新疆生产建设兵团和黑龙江农垦等行业的2235个县（区、市、团、场）开展人工影响天气作业，现有高炮6902门，火箭发射架7034台，使用飞机50余架，从业人员4.77万人，增雨作业面积500万km^2，防雹作业区保护面积50万km^2。各地围绕粮食稳定增产需要，加大增雨抗旱、防雹减灾作业力度，为近些年粮食连年丰收提供了有力保障。

同时，人工影响天气服务在扑灭森林草原大火、有效增加生态用水和湖泊蓄水、保障北京奥运会等重大活动保障中发挥了重要作用。

人工影响天气事业的发展离不开党中央、国务院的高度重视、关心和支持。2011 年、2012 年、2013 年中央 1 号文件先后提出“加强人工增雨（雪）作业示范区建设，科学开发利用空中云水资源”“强化人工影响天气基础设施和科技能力建设”“加快推进农村气象信息服务和人工影响天气工作体系与能力建设”等具体要求。国务院先后出台了《人工影响天气管理条例》《国务院关于加快气象事业发展的若干意见》（国发〔2006〕3 号）和《国务院办公厅关于推进人工影响天气工作高质量发展的意见》（国办发〔2020〕47 号）等一系列推动人工影响天气发展的法规和政策。

2012 年 5 月，国务院召开了第三次人工影响天气工作会议，提出要加快国家、区域人工影响天气中心和示范基地建设，建立国家级、区域级业务指挥系统。此后，国务院办公厅印发了《关于进一步加强人工影响天气工作的意见》（国办发〔2012〕44 号），该文件强调了人工影响天气工作的基础性和公益性特点，明确要求各地区、各有关部门将其纳入经济社会发展规划，并提出要从“加快基础保障能力建设、增强科技支撑能力、提高指挥调度水平、完善安全监管体系”等方面提升人工影响天气能力。

近 10 多年来，中央各有关部门和各级党委、政府认真贯彻党中央、国务院的战略部署，对人工影响天气工作给予了有力的政策支持和投入保障。2009 年国务院办公厅印发《全国新增 1000 亿斤粮食生产能力规划（2009—2020 年）》，农业气象防灾减灾工程、人工增雨与防雹工程、农业气候资源开发利用与农业气象科技推广作为气象保障工程列入其中，特别提出要加强粮食生产核心区和非主产区产粮大县的人工增雨和防雹能力建设，完善人工增雨防雹作业体系，提高人工影响天气作业及保障能力。2014 年 12 月，国家发展和改革委员会与中国气象局联合印发《全国人工影响天气发展规划（2014—2020 年）》，该规划提出根据《全国主体功能区规划》中国家粮食、生态、水资源战略布局要求和区域发展需求，结合云系特点和空域管理格局，将全国分为东北、西北、华北、中部、西南和东南 6 个人工影响天气区域，在各区域设立重点保障区，合理布设作业飞机，适当建立飞机作业保障基地和试验示范基地，不断提高作业能力、管理水平和服务效益。建立与之对应的 6 个区域中心，组织区域内人工影响天气联合作业和科技研发。按国家、区域、省、市、县、作业站点进行人工影响天气作业布局。2009 年以来，中央财政列专项补助资金对人工影响天气作业服务给予支持，并逐年增加，2013 年补助资金额达到 2 亿元。

2016 年，中国气象局与国家发展和改革委员会联合印发的《全国气象发展

“十三五”规划》（气发〔2016〕62号）明确提出，要“完善全国人工影响天气业务布局”，“建立较为完善的人工影响天气工作体系，全面提升人工影响天气业务能力、科技水平和服务效益，合理开发利用空中云水资源，基本形成六大区域发展格局，提高人工增雨（雪）和人工防雹作业效率，推进人工消减雾、霾试验，加强协调指挥和安全监管。科学开展人工影响天气活动，重点做好粮食主产区、生态脆弱区、森林草原防火重点区、重大活动等气象保障服务”。

加强人工影响天气工作，不仅是农业抗旱和防雹减灾的需要，而且是水资源安全保障、生态建设和保护等方面的需要，对于建设资源节约型、环境友好型社会，实现人与自然的和谐，促进经济社会的可持续发展，具有十分重要的意义。因此，在豫鲁皖苏鄂陕六省的国民经济和社会发展“十三五”发展规划、全国气象发展“十三五”规划、粮食生产核心区建设规划中列入了人工影响天气建设项目。虽然人工影响天气工作取得长足发展，但是影响和制约人工影响天气发展的主要矛盾和突出问题依然存在，就中部六省人工影响天气建设情况分析，作业能力与服务需求不相适应的矛盾还比较突出。因此，很有必要针对中部六省人工影响天气能力建设开展专题研究。

1.1.1.2 国家对人工影响天气高质量发展提出新要求

2020年，《国务院办公厅关于推进人工影响天气工作高质量发展的意见》（国办发〔2020〕47号）（以下简称《意见》），对我国人工影响天气工作快速发展，作业能力和管理水平不断提升，在服务农业生产、支持防灾减灾救灾、助力生态文明建设和保障重大活动等方面发挥重要作用给予了充分肯定，对推进人工影响天气工作高质量发展提出了新要求。《意见》明确提出了新时代人工影响天气工作高质量发展的指导思想：以习近平新时代中国特色社会主义思想为指导，深入贯彻党的十九大和十九届二中、三中、四中、五中全会精神，认真落实党中央、国务院决策部署，坚持以人民为中心的发展思想，贯彻新发展理念，准确把握人工影响天气工作的基础性、公益性定位，完善体制机制，强化能力建设，加快科技创新，提高作业水平，更好服务经济社会发展，为防灾减灾救灾、国家重大战略实施和人民群众安全福祉提供坚实保障。

《意见》从四个方面提出了推进人工影响天气工作高质量发展的具体举措：

一是做好重点领域服务保障。强化农业生产服务，加大重点区域、重要农事季节的抗旱、防雹作业力度，保障国家粮食安全和重要农产品供给。支持生态保护与修复，发挥人工影响天气在水源涵养、水土保持、植被恢复、生物多样性保护、水库增蓄水等方面的作用。做好重大应急保障服务，完善应对森林草原火灾火险、异常高温干旱等事件的人工影响天气应急工作机制，及时启动相应的人工影响天气作业。

二是增强基础业务能力。提升监测能力，构建“天基-空基-地基”云水资源立体探测系统。提升作业能力，发展高性能增雨飞机，推进作业飞机驻地专业保障基地和设施建设，加快地面固定作业点标准化建设，推进作业装备改造和列装。提升指挥能力，推进国家和地方人工影响天气指挥平台建设，提升指挥调度和区域协同水平。

三是强化科技创新和人才支撑。聚焦关键核心技术攻关，支持人工影响天气基础研究、应用研究，加大重大科技攻关力度。改善科学试验基础条件，建设国家级人工影响天气科学试验基地和重点实验室，分类建设科学试验示范区。加强人才和专业队伍建设，加强人工影响天气科技创新团队和高层次人才队伍建设，加强基层专业化作业队伍建设。

四是健全安全监管体系。落实安全生产领导责任，确保人工影响天气工作安全责任措施落实落地。加强重点环节安全监管，健全部门紧密协作的联合监管机制，切实消除安全隐患。提高安全技术水平，加强安全技术防范和信息化管理，推广物联网、智能识别、电子芯片、信息安全等技术应用。

《意见》要求，要强化组织领导，全面加强对全国人工影响天气工作的统筹规划、政策指导和区域协调，地方各级人民政府要将其纳入当地经济社会发展规划统筹考虑。要完善联动机制，加强中央与地方之间、部门之间、区域之间的沟通协调，建立上下衔接、分工协作、统筹集约的人工影响天气工作机制。要切实加大投入，将人工影响天气工作相关经费列入政府预算，加大对中西部地区的支持力度。要依法依规管理，严格执行气象法、人工影响天气管理条例、民用爆炸物品安全管理条例等法律法规，完善配套规章制度。要加强科普宣传，开展多种形式的科普教育，提高全社会对人工影响天气的科学认识。

《意见》为人工影响天气工作发展明确了发展方向、提供了行动纲领，它锚定二〇三五年达到世界先进水平的发展目标，明确未来一段时间尤其是“十四五”期间人工影响天气的工作定位、发展方向、重点任务、保障措施和部门职责分工等，提出了未来5年人工增雨（雪）作业影响面积达到550万km^2以上，人工防雹作业保护面积达到58万km^2以上目标，为人工影响天气工作高质量发展提供政策保障。

《意见》为开展中部区域人工影响天气能力建设不仅指明了研究方向，更提供了政策依据和动力之源。我国中部区域是实施人工影响天气作业最有利区域之一，推进人工影响天气工作高质量发展不仅是中部区域各省的重要任务，而且根据人工影响天气工作高效率高效益特点，中部区域省份必须适应农业农村发展需要高效增雨、精准防雹的保障服务，新时期生态修复型人工影响天气工作体系和政策制度的建立也要及时跟进。在季节性干旱、森林草原火灾等气象灾害及突发事件应对中，需要强化人工影响天气作用。因此，中部区域省份需要联合起来，共同推进中部区域人工影响天气工程建设，也成为开展本专题研究的重要动因。

1.1.1.3 中部区域人工影响天气发展已经列入国家规划

我国中部经济区位于中国中部的区域，属于经济地理概念，不同于传统地理概念的“华中”“华中地区”或“华中大区”，其经济战略地位非常重要。因此，《全国人工影响天气发展规划（2014—2020年）》根据国家粮食、生态、水资源战略和区域发展、地方需求，结合我国开展跨省（区、市）作业实际，将全国划为东北、西北、华北、中部、西南和东南6个区域，计划实施6大区域人工影响天气能力建设工程，设立重点作业保障区，合理布设作业飞机，适当建立飞机作业保障基地。同时，以提高作业水平为目的，建立若干试验示范基地，开展作业示范和技术推广。

中部区域人工影响天气能力建设工程作为《全国人工影响天气发展规划（2014—2020年）》的重点工程项目之一，建设范围包括河南、山东、安徽、江苏、湖北5省以及陕西南部（安康、汉中、商洛三市），主要建设作业系统、指挥系统和试验示范基地。要求围绕防灾减灾、缓解水资源短缺、保障粮食安全、促进生态文明建设等开展人工影响天气工作。购置改装系列化作业、探测飞机，列装现代化地面作业装备，提高作业能力；加强试验示范基地建设和关键技术研发，提高科技支撑能力；建立完善人工影响天气探测系统，提高决策指挥水平；建立完善人工影响天气工作体系，提升区域统筹能力；健全部门协作管理机制，提高装备保障和安全管理水平。

虽然中部区域六省人工影响天气工作基础良好，积极开展增雨防雹等人工影响天气作业，在保障粮食安全、应对干旱、森林防火、生态文明环境建设、应急保障服务等方面发挥了重要作用；在关键农时季节开展了多年的跨省增雨作业，建立了中部区域人工影响天气联合作业的相关机制，为跨省统筹调度作业打下了坚实的基础。但是，目前这种以行政区域为主的作业体系和现有作业能力，与区域粮食增产、水资源供给、生态环境改善对人工影响天气工作提出的更高需求之间，仍存在较大差距。其问题主要表现在，缺乏区域整体作业能力，对区域空中云水资源和冰雹等灾害的监测、飞机和地面作业设备设施、统筹协调指挥、效果评估等能力亟待提高。

本专题主要根据《全国人工影响天气发展规划（2014—2020年）》总体布局和要求，紧密结合中部区域各省对人工影响天气服务的需求和现有工作基础，以及气象事业自身发展的需求，围绕“中部区域人工影响天气能力建设”项目设计，开展中部区域人工影响天气能力建设专题研究。通过该专题研究，拟推动项目科学规划设计和规范组织实施，加强区域联合协作，形成规范的现代人工影响天气业务体系，提升人工影响天气科技自主创新能力，为保障粮食增产、生态和水资源安全、促进经济社会科学发展提供更优质的服务保障。

1.1.2 研究的意义

中部区域是我国粮食生产和生态保护的重点地区，是小麦、玉米和稻谷优势产区，区域内的丹江口水库集水区是我国南水北调中线工程调水的水源地，大别山为国家重点生态功能区。受全球气候变暖影响，干旱、冰雹等灾害天气明显增多，严重影响了中部区域粮食生产安全。中部区域经济社会的快速发展使得水资源被污染，区域的生态承载力接近极限，严重威胁着中部区域的水资源及生态安全。对中部区域人工影响天气能力建设开展专题研究，有助于科学实施“中部区域人工影响天气能力建设工程”项目设计，对保障中部区域粮食增产、防灾减灾、缓解水资源短缺、生态建设与保护等领域进一步发挥作用。

1.1.2.1 保障国家粮食稳产增产的迫切需要

我国人口众多、土地少，且随着城镇化进程的加快，可用耕地越来越少，保障国家粮食安全任务特别艰巨。中部区域是我国粮食主产区，按照国务院批准的《全国新增1000亿斤粮食生产能力规划（2009—2020年）》，中部区域共确定的粮食增产核心县（区、市）有285个，其中河南95个、山东73个、安徽42个、江苏42个、湖北33个，集中于黄淮海（黄河、淮河、海河）和江汉平原粮食生产核心区。为落实国家粮食增产规划，中部区域省份确定的粮食增产任务超过400亿斤*，约占全国增产计划的40%。确保中部区域粮食丰产增产对于保证国家粮食生产安全意义特别重大。

我国是气象灾害最多的国家之一，气象灾害造成的损失约占各种自然灾害损失的70%以上。在全球气候变暖背景下，极端天气气候事件影响力日趋加剧，其中干旱、冰雹灾害呈现多发、重发之势，给我国经济社会发展稳定，粮食增产、农民增收带来严重危害和不确定性因素。近年来，中部区域粮食主产区发生区域性、持续性干旱频率增加（图1.1），如2009年、2011年均发生持续秋冬春连旱，2014年河南发生的夏季干旱；持续干旱还使土壤渐趋沙化、蓄水保墒能力下降，是严重影响中部区域粮食生产安全的首要气象灾害。同时，中部区域农业基础设

---

* 1斤=0.5 kg。

施薄弱，农田有效灌溉面积不足50%，灌排设施老化失修、工程不配套、水资源利用率不高，抗御自然灾害的能力差，仍未从根本上摆脱“靠天吃饭”的局面，遇有长时段干旱，即使有水利设施，也无水可供。粮食生产所需的降水是否及时、是否够量，对于粮食增产、农民增收、农村繁荣至关重要。人工增雨（雪）作为最经济有效的抗旱手段，在关键农事季节开展作业，可有效抵御干旱，改善土壤墒情，对保障粮食稳产增产具有重要作用。

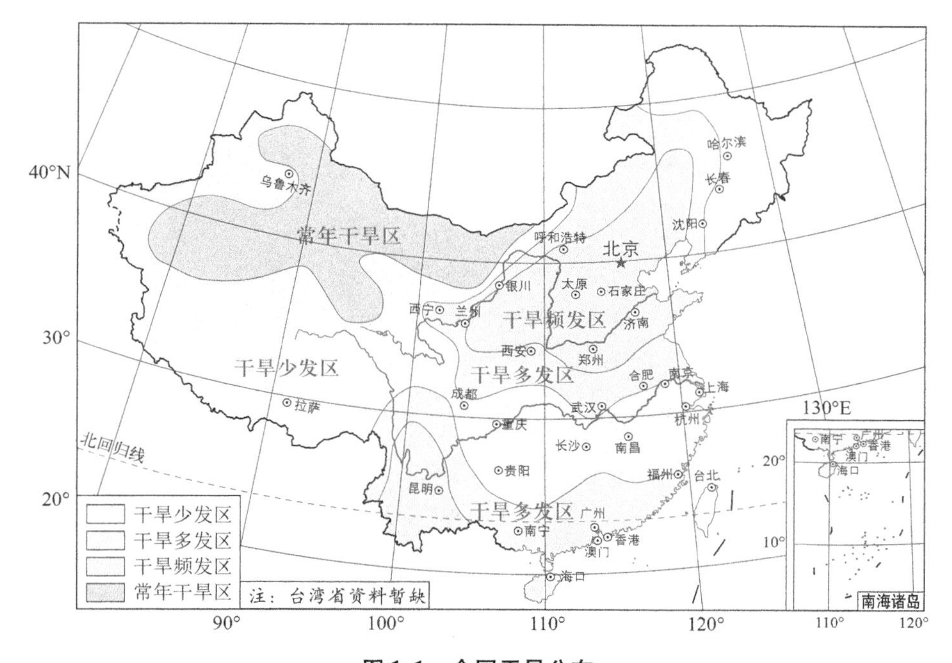

图1.1 全国干旱分布

（数据来源：国家信息中心—气象大数据云平台·天擎）

中部区域作为我国粮食主产区，承担着保障国家粮食安全的重要任务，加强区域人工影响天气能力建设、提高区域人工增雨作业服务能力，是保障中部区域粮食增产、农民增收和国家粮食安全的迫切需要。

冰雹灾害也是影响农业粮食安全生产的重大自然灾害。我国冰雹灾害每年都有发生，直接威胁着农业粮食安全生产。全国年均冰雹分布（图1.2）非常广泛，中部区域冰雹多集中于4—9月，一次降雹过程造成的灾害范围宽度达数百米到数千米，长度达数十米以至数百数千米。冰雹同时伴随狂风、暴雨和雷击等灾害，是中部区域频繁发生的严重气象灾害之一，不仅危害粮食生产安全，而且对设施农业、果品、烟叶、棉花等高价值农林作物和人民的生命财产安全带来严重危害。尤其当冰雹出现时，多值农作物、果树、烟叶等生长或收获期，轻者可以造成大面积减产，重者可以造成绝收。如2002年“7·19”郑州强冰雹灾害造成郑州市区和巩义市、登封市等地18人死亡、212人受伤，倒塌房屋4500多间，农田受灾面积达到120万亩*，直接经济损失达4.9亿元。2006年“4·28”鲁南强冰雹过程，影响山东大部和江苏北部，局地冰雹直径达2~3 cm，仅山东因灾死亡17人，直接经济损失16.5亿元。湖北恩施一带每年都有成片烟田受雹灾影响，严重时片叶无收，阻碍了山区农民脱贫致富。如2010年8月5—6日，大风冰雹天气致使恩施州8县（市）41个乡镇的26万人受灾，造成直接经济损失3065万元，其中，农业经济损失2653万元。

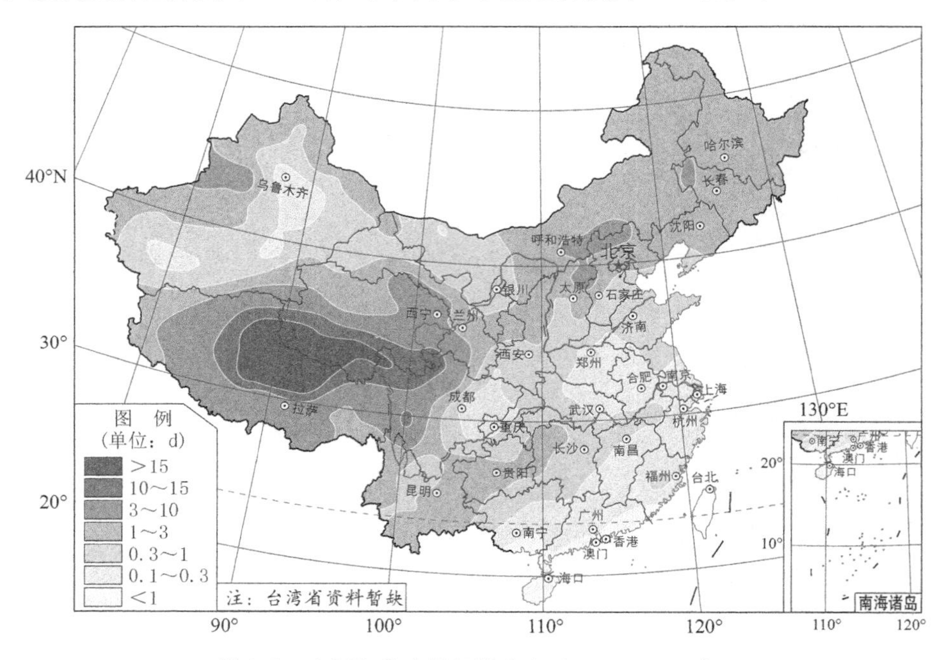

图1.2　全国年均冰雹日数分布（1961—2010年）

（数据来源：国家气象信息中心—气象大数据云平台·天擎）

因此，应用新的科学技术手段、改进人工增雨防雹的技术措施、提高作业水平同样是保障粮食安全的迫切需求。

1.1.2.2　涵养水源、增加南水北调中线水源地供水量的迫切需要

中部区域是我国水资源总体上比较丰富的地区，但时空分布不均，季节性和地区性水资源紧张时有发生，而且实施南水北调以后，科学配置中部区域水资源显得更为重要。南水北调中线工程是国家重大水利工程，从汉江中上游的丹江口水库调水，主要向输水沿线的河南、河北、天津、北京4个省（市）的20多座大

---

* 1亩=666.7 m^2。

中城市提供生活和生产用水。南水北调中线一期工程使丹江口水库的总面积达 1022.75 km^2，库容 339.1 亿 m^3；一期工程规划年调水量 97 亿 m^3，最终将达到每年 130 亿 m^3，将有效缓解我国北方的水资源严重短缺局面。截至 2020 年 6 月 3 日，南水北调中线一期工程已经安全输水 2000 天，累计向北输水 300 亿 m^3，已使沿线 6000 万人口受益。其中，北京中心城区供水安全系数由 1 提升至 1.2，河北省浅层地下水水位由治理前的每年上升 0.48 m 增加到 0.74 m。

科学配置中部区域水资源，一方面通过实施“引江济汉”工程调度长江之水增加汉水流域水量；另一方面则需要通过人工增雨措施，开发中部区域空中云水资源增加地表水量。丹江口水库水源区是中部区域云水资源最为丰富地区，具有很大的开发利用潜力。大力开发利用空中水资源，增加水库集水区和调水补偿区降水量，有效补充地表水及地下水，增加流域和水库蓄水，可以有效增加丹江口水库蓄水量和水资源储备，确保南水北调中线工程有水可调，最大限度发挥工程综合效益、降低生态灾害风险。

1.1.2.3 改善生态环境、发展区域经济的迫切需要

中部区域地跨淮河、长江、黄河、海河四大流域，沿京杭大运河，分布着太湖、洪泽湖、巢湖、微山湖、东平湖等大型湖泊，全区森林覆盖率约 25.8%。由于经济社会的快速发展，该区域的生态承载力接近极限，水涵养能力严重不足，地下水超采和水污染问题突出，其中，鲁北、豫东、苏北平原地区地下水超采漏斗区面积超过 3.55 万 km^2。生态环境保护和恢复的压力巨大。

近年来，国家和中部区域各省十分重视生态保护与建设，各省均制定了生态省建设的有关规划，确立了多项以山地丘陵植树、农田林网建设、平原绿化、河湖水系生态保护与修复为重点的生态建设工程，山东省水系生态建设、大别山伏牛山生态保护区建设、太湖巢湖蓝藻防治区建设列入地方发展规划，但生态保护与建设的关键是需要有充足的水源保证。此外，中部区域还面临着森林防扑火、增强生态自然恢复能力、改善水质和城乡大气环境、抑制湖区蓝藻蔓延等需求，涉及经济社会发展的诸多方面，影响广泛深远，需要进一步提高人工影响天气服务的针对性和有效性。缓解上述生态环境压力的最重要的因素是增加水资源的供给，从根本上来说，陆地上的所有水资源都来自降水，因而提高人工增雨能力是改善生态环境的需求。

1.1.2.4 保障公共安全和重大社会活动的需求

随着城市化、工业化进程的加快，城市工业空气污染、江河水环境污染事件时有发生。中部地区是我国经济发展的重要区域，工业化和城市化进程一直走在全国前列，但大气环境形势不容乐观，在中部区域的六个省份中，2020 年就有三

个省份酸雨形势比较严重，位居全国前十名，分别是：安徽省、江苏省和湖北省的酸雨频次位列全国第八、九、十位（图 1. 3）。

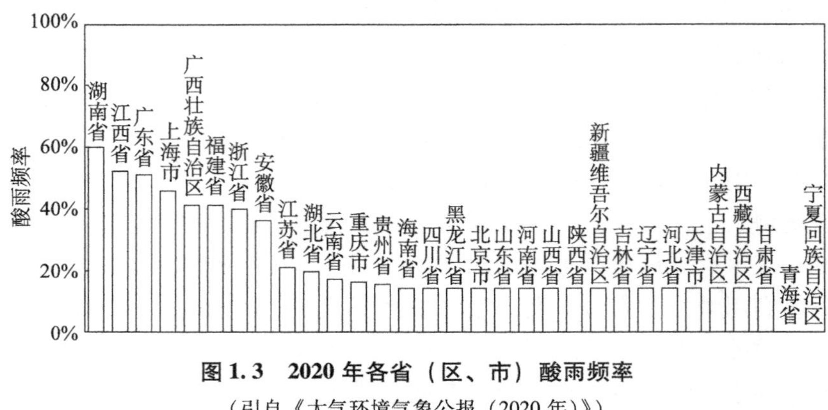

图 1. 3　2020 年各省（区、市）酸雨频率

（引自《大气环境气象公报（2020 年）》）

在全国环境空气质量相对较差的 20 个城市（从第 168 名到第 149 名）中，中部省份城市就有 11 个，依次为安阳、淄博、焦作、济南、聊城、新乡、鹤壁、临沂、洛阳、枣庄和郑州市，主要分布在山东和河南。因此，中部地区持续改善空气质量的任务非常艰巨，而实施人工影响天气，改善空气质量已经发展成为最有效的科学手段。对于突发性大范围污染事件，及时开展人工增雨，能消除污染、改善环境空气质量或减轻污染程度。

此外，冬春季节，中部区域大雾天气严重影响航空、公路、铁路等交通运输的正常运转，大雾引发的航班延误、公路交通事故频发，导致经济损失严重。开展机场和高速公路消雾将成为人工影响天气工作面临的重大课题。我国电力资源紧张，水力发电是电力供应的重要手段，中部地区的水电建设对人工增雨增加流域径流和水库蓄水，提高电力供应能力的需求日益增多。各级政府组织开展的重大社会活动天气保障对人工影响天气的需求也越来越多。因此，加强中部区域人工影响天气能力建设，是适应中部区域经济社会发展的客观需要。

1. 2　研究的区域范围与内容

1. 2. 1　研究的区域范围

1. 2. 1. 1　中部区域范围

我国人工影响天气作业区域划分，并不完全属于经济地理概念，与国家中部崛起战略区域范围既有重叠，也有差别，主要考虑气候特征和飞机作业协同。因此，《全国人工影响天气发展规划（2014—2020年）》（中国气象局，2014）中将全国分为东北、西北、华北、中部、西南和东南6个人工影响天气区域，其中中部区域包括河南、山东、安徽、江苏、湖北5省以及陕西南部（陕南三市）（图1.4），为我国粮食生产和生态保护的重点地区，是我国小麦、玉米和稻谷优势产区，区域内的丹江口水库集水区是我国南水北调中线工程调水的水源地，大别山为国家重点生态功能区。

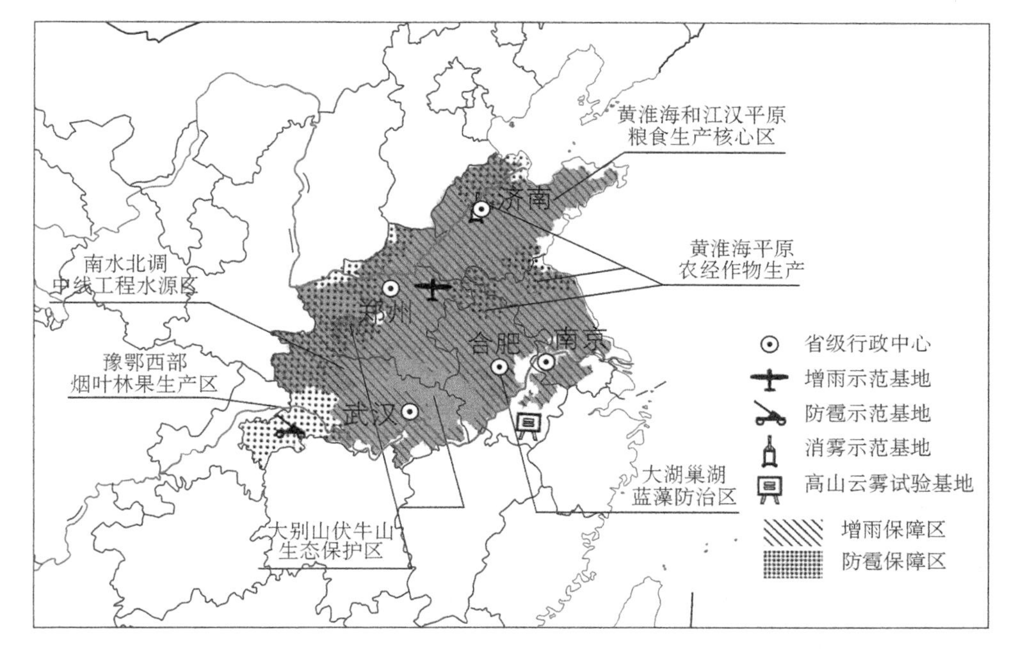

图1.4 中部区域人工影响天气功能布局

（引自《全国人工影响天气发展规划（2014—2020年）》）

中部区域包含78个市（地、州）、628个县（区、市），国土面积合计约为82.18万km²，占全国的8.56%。中部区域人口众多，拥有常住人口3.865亿人，占全国总人口的28.08%。经济社会发达，2012年度地区生产总值17.07万亿元，约占全国的32.87%。中部区域总人口为38650万人，其中城镇人口19266万人，非城镇人口19384万人。中部区域是我国粮食主产区，是商品粮生产的核心区，粮食总产量占全国的1/3，增产计划占全国的40%。

中部区域6省行政区域包括：河南省17个市，160个县区，面积16.7万km²；山东省16个市，137个县（区、市），面积15.79万km²；安徽省16个市，105个县（区、市），面积13.94万km²；江苏省13个市，95个县（区、市)，面积 10. 26 万 km^2；湖北省 13 市（州）、直管区（市），103 个县（区、市)，面积 18. 59 万 km^2；陕西省南部 3 市、28 个县（区、市），面积 6. 9 万 km^2。中部区域耕地面积 4. 5034 亿亩，占全国 24. 68%。具体统计见表 1. 1。

表 1. 1　中部区域基本情况统计表

项目	面积（万 km^2）	耕地面积（亿亩）	所辖市（州）	所辖县（区、市）
河南省	16. 70	1. 224	17	160
山东省	15. 79	1. 149	16	137
安徽省	13. 94	0. 800	16	105
江苏省	10. 26	0. 689	13	95
湖北省	18. 59	0. 585	13	103
陕西省（陕南 3 市）	6. 90	0. 056	3	28
中部区域	82. 18	4. 503	78	628
全国	960	18. 25		
占全国比例	8. 56%	24. 68%		

注：数据来源于山东统计信息网、河南统计网以及安徽、江苏、湖北、陕西统计局网站。

1. 2. 1. 2　中部区域经济社会发展概况

（1）经济发展情况

中部豫鲁皖苏鄂 5 省（不含陕西省），2012 年度地区生产总值 17. 07 万亿元，约占全国的 32. 87%。第一产业增加值约 1. 62 万亿元，约占全国的 31. 01%；第二产业增加值约 8. 93 万亿元，约占全国的 37. 97%；第三产业增加值约 6. 52 万亿元，约占全国的 28. 14%。地区公共财政收入 1. 78 万亿元，约占全国地区财政收入的 15. 21%（表 1. 2、图 1. 5）。2019 年度地区生产总值 30. 78 万亿元，约占全国的 31%。第一产业增加值 2. 07 亿元，约占全国的 29%；第二产业增加值 13. 06 亿元，约占全国的 34%；第三产业增加值 15. 64 亿元，约占全国的 29%。地区公共财政收入 2. 59 亿元，约占全国地区财政收入的 14%（表 1. 3、图 1. 5）。通过 2019 年与 2012 年对比，中部 5 省生产总值和公共财政收入虽均有较大提升，但占全国比重均略有下降，其中国内生产总值占比下降 1. 87%，公共财政收入占比下降 1. 21%。

表 1. 2　2012 年中部区域经济发展概况

项目	河南省	山东省	安徽省	江苏省	湖北省	中部区域	全国	占全国比例
国内生产总值（万亿元）	2. 72	5. 0	1. 72	5. 4	2. 23	17. 07	51. 93	32. 87%

续表

项目	河南省	山东省	安徽省	江苏省	湖北省	中部区域	全国	占全国比例
第一产业增加值（亿元）	3512. 06	4281. 7	2178. 7	3418. 3	2848. 77	16239. 53	52377	31. 01%
第二产业增加值（亿元）	15887. 39	25735. 7	9404	27121. 9	11190. 45	89339. 44	235319	37. 97%
第三产业增加值（亿元）	7832. 59	19995. 8	5629. 4	23518. 0	8210. 94	65186. 73	231626	28. 14%
公共财政收入（万亿元）	0. 29	0. 41	0. 3	0. 59	0. 19	1. 78	11. 7	15. 21%

注：数据来源于《中国统计年鉴 2013》。

表 1. 3　2019 年中部区域经济发展概况（万亿元）

项目	河南省	山东省	安徽省	江苏省	湖北省	中部区域	全国	占全国比例
国内生产总值	5. 43	7. 10	3. 71	9. 96	4. 58	30. 78	99. 08	31%
第一产业增加值	0. 46	0. 51	0. 29	0. 43	0. 38	2. 07	7. 05	29%
第二产业增加值	2. 36	2. 83	1. 53	4. 43	1. 91	13. 06	38. 62	34%
第三产业增加值	2. 60	3. 76	1. 89	5. 10	2. 29	15. 64	53. 42	29%
公共财政收入	0. 40	0. 65	0. 32	0. 88	0. 34	2. 59	19. 04	14%

注：数据来源于《中国统计年鉴 2020》。

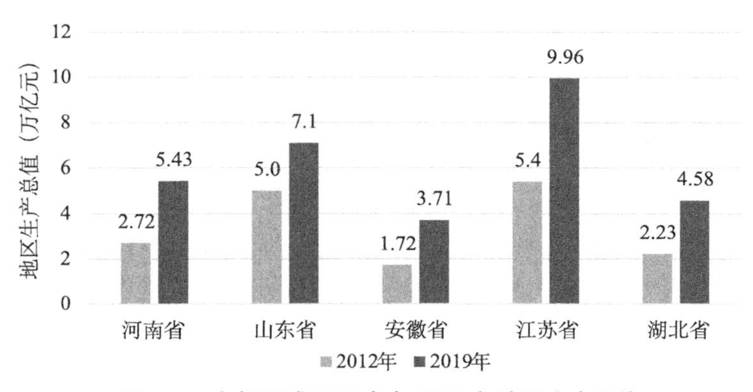

图 1. 5　中部区域 2012 年与 2019 年地区生产总值

（数据来源：河南省、山东省、安徽省、江苏省和湖北省省政府网站）

（2）人口和民族概况

据 2012 年统计，全国人口总数为 135404 万人，中部区域总人口为 39576 万人，约占全国总人口的 29%，其中城镇人口 19729 万人，非城镇人口 19847 万人，当年江苏省城市人口占比达到61.9%。根据下面两个表（表1.4、表1.5），2019年与2012年对比中部5省和陕南三市的总人口数增加1346万，增长3.4%，其中江苏省城市人口占比达到70.6%。

表1.4　2012年中部区域人口构成（万人）

地区	总人口	城镇人口	乡村人口	全国人口
河南省	9388	3809	5579	135404
山东省	9637	4910	4727	
安徽省	5968	2674	3294	
江苏省	7899	4889	3010	
湖北省	5758	2984	2774	
陕西（陕南3市）	926	463	463	
中部区域	39576	19729	19847	

注：数据来源于《中国统计年鉴2013》。

表1.5　2019年中部区域人口构成（万人）

地　区	总人口	城镇人口占比	乡村人口占比	全国人口
河南	9640	53.3%	46.7%	14005
山东	10070	61.5%	38.5%	
安徽	6366	55.8%	44.2%	
江苏	8070	70.6%	29.4%	
湖北	5927	61.0%	39.　0%	
陕西（陕南3市）	849	59.43%	40.57%	
中部区域	40922			

注：数据来源于《中国统计年鉴2020》。

1.2.2　研究的主要内容

本书将立足《全国人工影响天气发展规划（2014—2020年）》中的“中部区域人工影响天气能力建设”项目建设需求，对中部区域人工影响天气能力建设开展分析研究，以便更好地指导“中部区域人工影响天气能力建设”项目设计，并为中国区域级人工影响天气能力建设提供若干建设思路。研究主要内容包括六个方面。

（1）中部区域天气与气候特征。人工影响天气是指用人为的现代化科学技术手段使天气现象朝着人们预定的方向转化。根据《人工影响天气管理条例》的规定，人工影响天气是为避免或者减轻气象灾害，合理利用气候资源，在适当条件下通过科技手段对局部大气的物理过程进行人工影响，实现增雨雪、防雹、消雨、消雾、防霜等目的的活动。其主要科学原理，就是运用云和降水物理学原理，主要采用向云中撒播催化剂的方法，使某些局地天气过程朝着有利于人类的方向转化。

通过以上概念可知，在目前科学技术条件下，人们还只能“采用向云中撒播催化剂的方法”，而且只能影响局地天气过程。在不同天气气候条件下，云的特性有很大差别，根据云中水的特征分类，暖云里只有小水珠，温度在0 ℃以上。在上升气流的顶托下，这些水珠不会掉下来，而是飘浮在空中形成云层。如果在暖云中喷洒干冰，它的温度就会骤降，使水汽达到饱和程度，水珠不断增大变成了雨滴下来，便形成了人工降雨。冷云的气温可在0 ℃以下，里面充满着冰晶和水珠，但由于它们又小又轻，在上升气流顶托下也不会掉下来。如果在冷云中播撒干冰，就会使它变得更冷，冰晶越积越多，越来越大。空气托不住它，就会往下掉。这就是人工影响天气基本原理。但是，要高效实施人工增雨或影响天气，还必须分析云的其他特征，诸如云的高度、厚度、体量、湿度、含水量、流向，以及季节性、天气系统性特征等，这就必须研究和掌握一个地区的天气气候特点。因此，研究中部区域人工影响天气能力建设，必须首先应研究和把握中部区域天气与气候特征，根据中部区域的天气与气候特征，有针对性提出中部区域人工影响天气能力建设措施。

同时，人工影响天气主要是针对减轻天气气候灾害而采取一项科学技术措施，研究和把握中部区域天气与气候特征，除对这一区域天气系统和气候特征进行总结分析外，还包括利用人工影响天气手段可减轻的气象灾害情况分析。因此，在本专题的第2章对中部区域的天气与气候特征进行了研究分析，为中部区域人工影响天气能力建设提供基础性的科学支持。

（2）中部区域人工影响天气高相关领域发展状况。不同的经济行业对天气气候变化的敏感性有着显著差别，其中农业生产和水资源领域对天气气候变化最敏感最直接，而农业生产和水资源又是国民经济和社会发展的基础，国家必须采取各种有效措施降低或减轻农业生产和水资源领域的天气气候风险。人工影响天气科学试验表明，通过人工影响天气对农业生产干旱灾害、冰雹灾害和水资源增补是非常有效的措施。因此，国家已经把加强中部区域人工影响天气能力建设提到重要议程。

要推进中部区域人工影响天气能力建设，就必须把握好中部区域人工影响天气高相关领域，特别农业生产和水资源领域的发展状况。因为人工影响天气只有在具备相应天气条件，以及农业生产、水资源生产及其他经济社会活动需要的情景下开展作业。这就必须弄清区域人工影响天气高相关领域的发展情况，发展时空布局、发展需求特征，有针对性地推进人工影响天气能力建设，从而为精准高效的人工影响天气作业创造条件。因此，在本书的第3章重点分析研究了中部区域人工影响天气高相关领域发展状况，以为推进中部区域人工影响天气能力建设提供客观依据。

（3）中部区域人工影响天气能力现状。中部省份是我国粮食主要产区，由于粮食生产对天气气候变化的高度依赖性，因此一直以来中部省份都非常重视利用人工影响天气作业手段降低天气气候灾害影响对粮食生产的影响。目前，中部区域人工影响天气能力建设已经具有一定基础，并具备了一定的人工影响天气能力，要进一步通过区域性工程措施提升中部区域人工影响天气能力，就需要弄清现状，在此基础上通过或新增、或重建、或加强、或改进等综合性工程措施，推进中部区域人工影响天气能力建设。

长期以来，在我国，人工影响天气工作主要属于地方气象事业，人工影响天气能力建设主要由各地自主，无论在全国还是在中部省份，发展不平衡不充分的情况非常突出，区域和省份之间的差距非常大。因此，推进中部区域人工影响天气能力建设，必须摸清家底，把握现状，既应考虑把存量资源用活用好，又应考虑补齐短板，以实现中部区域人工影响天气能力建设效益最大化。在本研究的第4章重点分析研究了中部区域人工影响天气能力现状，为推进中部区域人工影响天气能力建设效益最大化奠定坚实基础。

（4）中部区域人工影响天气短板与需求分析。中部区域人工影响天气能力建设是一项系统工程，考虑到建设投资效益的最大化，有效补齐人工影响天气能力建设短板可能是最有效捷径。过去由于人工影响天气主要由各地自主建设和发展，尽管取得显著成效，但中部区域各省份统筹不足，人工影响天气能力建设的短板还比较明显。同时，中部区域人工影响天气能力建设还需要面向需求，不同的需求决定了不同的能力建设标准和方案选择。因此，在本研究的第5章重点分析研究了中部区域人工影响天气短板与需求分析，为形成中部区域人工影响天气能力建设主要思路和对策提供了充分依据。

（5）中部区域人工影响天气能力建设主要思路。在前面研究分析了中部区域天气与气候特征、中部区域人工影响天气高相关领域发展状况、中部区域人工影响天气能力现状、中部区域人工影响天气短板与需求的基础上，结合国务院对人工影响天气工作高质量发展提出的新要求，主要围绕强化农业生产服务、支持生态保护与修复、做好重大应急保障服务提升监测能力、提升作业能力、提升指挥能力、聚焦关键核心技术攻关、改善科学试验基础条件、落实安全生产责任、加强重点环节安全监管提高安全技术水平，提出了中部区域人工影响天气能力建设的主要思路，内容涉及整体功能定位、结构设计、总体设计、布局原则、总体布局、信息流程设计，以及飞机作业能力建设、地面作业能力建设、作业指挥能力建设、试验示范能力建设、运行保障能力建设等。在本研究的第6章重点研究提出了中部区域人工影响天气能力建设主要思路，为科学推进中部区域人工影响天气能力建设提供了系统方案。

（6）中部区域人工影响天气能力建设主要建议。人工影响天气能力建设的预期效益情况，是建设投资论证必须关注的问题，也是实施建设投资的重要依据。本专题研究第7章对人工影响天气能力建设的预期效益进行了客观分析。为有效达到预期效果，在第7章就开展人工影响天气能力建设还有针对性地提出了建议，为决策提供参考。

第 2 章　中国中部区域天气与气候特征

在目前科学技术条件下，人工影响天气还只能“采用向云中撒播催化剂的方法”，而且只能影响局地天气过程。在不同天气气候条件下，云的特性有很大差别。研究中部区域人工影响天气能力建设，必须首先研究和把握中部区域天气与气候特征，并根据中部区域的天气与气候特征，有针对性地提出中部区域人工影响天气能力建设措施。

2.1　中部区域地理与气候概况

2.1.1　中部区域自然地理

中部区域包括河南、山东、安徽、江苏、湖北 5 省以及陕西南部，包含 78 个市（地、州）、628 个县（区、市），国土面积合计约 82.18 万 km^2。中部区域地处中纬度地带（105°31′~122°43′E，29°05′~38°23′N），地域辽阔，地形多样，水网密布，湖泊众多，东濒黄海、渤海，海岸线长达 3978 km，地跨黄河、长江、淮河、海河 4 大流域，地势西高东低，位于我国第二级地貌台阶向第三级地貌台阶的过渡地带及第三级地貌台阶，涉及太行山、秦岭、大巴山、大别山、桐柏山、伏牛山、泰沂山、黄山等山系，以多山地和平原为特色，具有山地、丘陵、岗地、平原 4 种地貌类型。各省自然地理概况如下。

河南省界位于 31°23′~36°22′N，110°21′~116°39′E，东接安徽、山东，北接河北、山西，西连陕西，南临湖北，总面积 16.7 万 km^2。河南省地势呈望北向南、承东启西之势，地势西高东低，由平原和盆地、山地、丘陵、水面构成；地跨海河、黄河、淮河、长江四大流域。河南地处沿海开放地区与中西部地区的结合部，是中国经济由东向西梯次推进发展的中间地带。河南省下辖 18 个市（其中 1 个副省级市），160 个县区。

山东省位于中国东部沿海 34°22.9′~38°24.01′N，114°47.5′~122°42.3′E，自北而南与河北、河南、安徽、江苏 4 省接壤，东西长 721.03 km，南北长 437.28

km，全省陆域面积约15.6万km^2。山东中部山地突起，泰山雄踞中部，主峰海拔1532.7 m，西南、西北低洼平坦，东部缓丘起伏，地形以山地丘陵为主，东部是山东半岛，西部及北部属华北平原，中南部为山地丘陵；地跨淮河、黄河、海河、小清河和胶东五大水系；境内地貌复杂，大体可分为中山、低山、丘陵、台地、盆地、山前平原、黄河冲积扇、黄河平原、黄河三角洲9个基本地貌类型；属暖温带季风气候。山东省辖17个地级市（1个副省级市），138个县（区、市）。664个街道、1092个镇、68个乡，合计1824个乡级行政区。

安徽省位于长江三角洲地区，介于114°54′~119°37′E，29°41′~34°38′N，东连江苏，西接河南、湖北，东南接浙江，南邻江西，北靠山东，总面积13.94万km^2。省内平原、台地（岗地）、丘陵、山地等类型齐全，可将全省分成淮河平原区、江淮台地丘陵区、皖西丘陵山地区、沿江平原区、皖南丘陵山地五个地貌区。安徽有天目-白际、黄山和九华山，三大山脉之间为新安江、水阳江、青弋江谷地，地势由山地核心向谷地渐次下降，分别由中山、低山、丘陵、台地和平原组成层状地貌格局。山地多呈北东向和近东西向展布，其中最高峰为黄山莲花峰海拔1873 m。山间大小盆地镶嵌其间，其中以休歙盆地为最大。安徽省共有16个省辖地级市，9个县级市，50个县，45个市辖区，249个街道办事处，1239个乡镇。

江苏省位于长江三角洲地区，中国大陆东部沿海，地跨30°45′~35°08′N，116°21′~121°56′E，与上海市、浙江省、安徽省、山东省接壤，总面积10.26万km^2。江苏跨江滨海，湖泊众多，地势平坦，地貌由平原、水域、低山丘陵构成；东临黄海，地跨长江、淮河两大水系。江苏省地理上跨越南北，气候、植被同时具有南方和北方的特征。江苏省共辖13个设区市、95个县（市、区），其中19个县、21个县级市、55个市辖区，743个乡镇（其中乡31个，镇712个），503个街道。市（县）中包含昆山市、泰兴市、沭阳县3个江苏试点省直管市（县）。

湖北省地处中国中部地区，东邻安徽，西连重庆，西北与陕西接壤，南接江西、湖南，北与河南毗邻，介于29°01′53″~33°6′47″N、108°21′42″~116°07′50″E，东西长约740 km，南北宽约470 km，总面积18.59万km^2。湖北省地势大致为东、西、北三面环山，中间低平，略呈向南敞开的不完整盆地。湖北省地处亚热带，全省除高山地区属高山气候外，大部分地区属亚热带季风性湿润气候。湖北省17个市（州）、直管区（市），103个县（区、市）。

陕南是指陕西南部地区，北靠秦岭、南倚大巴山，汉江自西向东穿流而过。陕南从西往东依次是汉中、安康、商洛三地。汉中位于陕西省西南部，汉江上游，北倚秦岭、南屏大巴山，地势南北高，中间低，中部是汉中盆地，现辖10县1区。安康市地处祖国内陆腹地，陕西省东南部，居川、陕、鄂、渝交接部，位于108°00′58″-110°12′E，31°42′24″-33°50′34″N，南依巴山北坡，北靠秦岭主脊，东与湖北省的郧县、郧西县接壤，东南与湖北省的竹溪县、竹山县毗邻，南接重庆市的巫溪县，西南与重庆市的城口县、四川省的万源市相接，西与汉中市的镇巴县、西乡县、洋县相连，西北与汉中市的佛坪县、西安市的周至县为邻，北与西安市的鄠邑区、长安区接壤，东北与商洛市的柞水县、镇安县毗连，现辖8县1区1县级市。商洛位于陕西省东南部，主要河流为丹江，为汉水，又称汉江流域的一部分，现辖6县1区。

2.1.2　中部区域自然气候

中部区域位于亚热带至暖温带湿润、半湿润季风气候过渡区，以伏牛山和淮河为界，其南部属亚热带气候，其北部为暖温带气候。该区域年平均降水量611.2～1268.3 mm，降水量自南向北呈递减趋势，南部降水超过1500 mm，北部不足500 mm，60%以上降水集中在夏季，常有暴雨，容易造成洪涝灾害。尤其东部、北部是典型的东亚季风气候区，四季分明，雨热同期，冬季寒冷少雨雪，夏季炎热多雨，春秋季干旱多发，降水的季节性特征十分明显。

中部区域年平均气温12.3～16.0 ℃，气温年较差、日较差均较大，区域内差异大，四季分明，夏季温度高，冬季较寒冷，春季温暖干燥，秋季凉爽。区域内年均日照时数1748.6～2556.0 h，全年无霜期222 d，无霜期较长，热量充足，雨热同季，适宜种植多种农作物。中部区域六省自然气候概况如表2.1。

表2.1　中部区域六省自然气候概况

省份	气温	降水与旱涝	光照与热量	气候类型
河南	全省年平均气温一般在12～16 ℃。气温年较差、日较差均较大，极端最低气温发生在1951年1月12日的安阳，温度低至－21.7℃；极端最高气温发生在1966年6月20日的洛阳，高达44.2℃。全省气温分布大体是东高西低，南高北低，山地与平原间差异比较明显	年平均降水量约为500～900 mm，南部及西部山地较多，大别山区可达1100 mm以上。全年降水的50%集中在夏季，常有暴雨	年均日照1285.7～2292.9 h，全年无霜期201～285 d，适宜多种农作物生长	属于湿润－半湿润季风气候：春季干旱而风沙较多，夏季炎热且降雨大，秋季晴天多日照充足，冬季寒冷且雨雪较少

续表

省份	气温	降水与旱涝	光照与热量	气候类型
山东	年平均气温11～14℃，气温地区差异东西大于南北	年平均降水量一般在550～950 mm，由东南向西北递减。降水季节分布很不均衡，全年降水量有60%～70%集中于夏季，易形成涝灾，冬、春及晚秋易发生旱象，对农业生产影响最大	光照资源充足，光照时数年均2290～2890 h，热量条件可满足农作物一年两作的需要。全年无霜期由东北沿海向西南递增，鲁北和胶东一般为180 d，鲁西南地区可达220 d	属暖温带季风气候类型：降水集中，雨热同季，春秋短暂，冬夏较长
安徽	年平均气温为14～17℃，1月平均气温零下1～4℃，7月平均气温28～29℃	全年平均降水量在773～1670 mm，有南多北少，山区多、平原丘陵少的特点，夏季降水丰沛，占年降水量的40%～60%	平均日照1800～2500 h，全年无霜期200～250 d，10℃活动积温在4600～5300℃·d左右	属暖温带与亚热带的过渡地区：季风明显，四季分明，春暖多变，夏雨集中，秋高气爽，冬季寒冷
江苏	各地平均气温介于13～16℃，江南15～16℃，江淮流域14～15℃，淮北及沿海13～14℃，由东北向西南逐渐增高。最冷月为1月份，平均气温-1.0～3.3℃，其等温线与纬度平行，由南向北递减，7月份为最热月，沿海部分地区和里下河腹地最热月在8月份，平均气温26.0～28.8℃，其等温线与海岸线平行，温度由沿海向内陆增加	全省年降水量为704～1250 mm，降水量季节分布特征明显，其中夏季降水量集中，基本占全年降水量的一半，冬季降水量最少，占全年降水量的十分之一左右，春季和秋季降水量各占全年降水量的20%左右。夏季6月和7月间，受东亚季风的影响，淮河以南地区进入梅雨期，梅雨期降水量常年平均值大部地区在250 mm左右；一般在江淮梅雨开始之后的一周左右，江苏省淮北地区进入"淮北雨季"，此时往往是江苏省暴雨频发，强降水集中的时段	年日照时数在1816～2503 h，其分布由北向南减少。无霜期年平均长达233 d	属东亚季风气候区，处在亚热带和暖温带的气候过渡地带：气候温和，雨量适中，四季气候分明

续表

省份	气温	降水与旱涝	光照与热量	气候类型
湖北	年平均气温 15～17 ℃，大部分地区冬冷夏热，春季气温多变，秋季气温下降迅速。一年之中，1 月最冷，大部分地区平均气温 2～4 ℃；7 月最热，除高山地区外，平均气温 27～29 ℃，极端最高气温可达40 ℃以上	全省平均降水量在 800～1600 mm。降水地域分布呈由南向北递减趋势，鄂西南最多达 1400～1600 mm，鄂西北最少为 800～1000 mm。降水量分布有明显的季节变化，一般是夏季最多，冬季最少，夏季雨量在 300～700 mm，冬季雨量在 30～190 mm。6 月中旬至 7 月中旬雨量最多，强度最大，是梅雨期	部分地区太阳年辐射总量为 85～114 kcal*/cm^3，多年平均实际日照时数为 1100～2150 h。其地域分布是鄂东北向鄂西南递减，鄂北、鄂东北最多，为 2000～2150 h；鄂西南最少，为 1100～1400 h	位于典型的季风区内，大部分为亚热带季风性湿润气候，光能充足，热量丰富，无霜期长，降水充沛，雨热同季
陕西	全省年平均气温 9～16 ℃，自南向北、自东向西递减；陕北年平均气温 7～12 ℃，关中年平均气温 12～14 ℃，陕南年平均气温 14～16 ℃	年平均降水量 340～1240 mm。降水南多北少，陕南为湿润区，关中为半湿润区，陕北为半干旱区	年均日照时数 2200～3000 h，年平均无霜期 218 d	陕南属北亚热带气候。气候总特点是：春暖干燥，降水较少，气温回升快而不稳定，多风沙天气；夏季炎热多雨，间有伏旱；秋季凉爽，较湿润，气温下降快；冬季寒冷干燥，气温低，雨雪稀少

2.1.3　中部区域主要天气系统

中部区域主要降水天气系统包括低槽冷锋（西风带短波槽、南支槽）、切变线、气旋（江淮气旋、黄淮气旋、蒙古气旋）和冷涡等。

（1）低槽冷锋和切变线。中部区域低槽冷锋、切变线影响最频繁，其云系多为大范围层状云或积层混合云，云系稳定且移动较慢。其中，低槽冷锋是来自中

* 1 kcal＝4. 182 kJ。

纬度地区，影响中部区域的主要天气系统，一年四季均有出现，春秋季活动尤为频繁，常带来降水、大风、降温天气。南支槽系统主要影响安徽、江苏、河南南部和湖北。

切变线是伴随西南气流北上，影响中部区域的天气系统，一年四季均可出现，但以冷暖空气频繁活动的晚春、初夏为多。

江淮准静止锋是影响长江中下游和淮河流域的关键天气系统，多出现在每年初夏 6—7 月，造成连续阴雨天气，降水量大，降水次数多。

（2）气旋。发生在中部区域的气旋天气较多。其中江淮气旋主要发生在长江中下游，春季和初夏出现最多，4、5 月活动最盛，易造成江淮地区大风、暴雨和雷暴。江淮气旋主要影响安徽、江苏、河南南部和湖北；黄淮气旋、黄河气旋和冷涡主要影响山东、苏北及河南东北部。

蒙古气旋发生于蒙古中部和东部高原一带，约在 40°～50°N，100°～115°E，春秋季出现次数最多，冬季次之，主要影响山东及河南北部。

黄河气旋也称“黄河低压”，是在黄河流域生成的气旋。生成于河套及黄河下游地区的锋面气旋。全年均可出现，以 6—9 月为最多。其路径大体沿黄河东移进入渤海湾或黄海北部，再向东北进入朝鲜和日本海，或偏北移动进入松辽平原。在中部区域主要影响山东地区。

东北冷涡是活动于我国东北地区或其附近的高空大型冷性涡旋，能维持 3～4 d 或更长时间的深厚天气系统，每年 5—6 月活动频繁，在中部区域主要影响山东、苏北及河南东北部，冬季可出现很大的阵雪，夏季可产生雷雨、冰雹及低温冷害等灾害性天气。

（3）除以上主要降水天气系统外，5—9 月，西太平洋副热带高压脊线位置与移动变化，决定着中部区域雨季的开始、结束，而且直接影响到一次降水过程的降水强弱与分布。西南低涡偏东路径易影响湖北、江苏、安徽和河南南部，东北路径易影响河南和山东。高原低槽东移易影响中部区域，是 5—9 月产生降水天气的重要系统。

2.2 中部区域干旱与天气灾害

影响中部区域粮食生产的主要气象灾害是干旱、冰雹，由其造成的灾害损失占全部灾害损失的 70% 以上。近年来，大范围严重雾霾天气成为影响人们健康的重要杀手。

2.2.1　中部区域干旱灾害

受季风气候影响，导致中部区域旱灾频发重发，且具有明显的季节性、区域性和年际变化特征。大面积、长历时干旱时有发生，素有“十年九旱”之说。1942 年夏到 1943 年春，河南发生大旱灾，夏秋两季大部绝收。大旱之后，又遇蝗灾。天灾加人祸（日本入侵、黄河决口、政府强征税不救灾），饥荒遍及全省 110 个县。据估计，河南省 1000 万人中有 300 万人饿死，成为全国人民永久的伤痛。

新中国成立以来，尽管一直非常重视农田水利建设，中部省份农业抗旱能力得到极大提升，但是较重和轻度旱情仍然年年有发生。中部区域干旱主要是由降水量的季节分配不均、空间分布差异及年际间波动等气候特点所决定。通常，春旱频率北部高于南部（黄河以北春旱频率在 30% 以上），初夏旱频率为 30% ~ 50%，伏旱频率为 25%（南部和丘陵地区伏旱最为严重），秋旱频率为 20% ~35%。

近年来，气候变暖趋势明显，极端天气气候事件增多，持续性大范围严重干旱时有发生，旱涝急转、旱涝并发特点十分明显。如 2011 年初，河南、山东、安徽、江苏等粮食主产区出现 1951 年以来最严重全区域、持续性秋冬春连旱，除抗旱灌溉缓解部分农田旱情外，全区还有 8000 多万亩受旱农田无法及时浇灌，上百万人口和大牲畜出现饮水困难，上千座水库干涸。安徽、江苏、湖北每年还发生不同程度的夏季伏旱。

从表 2. 2 中可以看出从 2010 年到 2019 年，中部区域旱灾面积占全国比例均在 7% 以上，占全国的比例平均为约 22%，2019 年占全国比例最大为 39. 55%，2018 年占全国比例最小为 7. 11%，2019、2014、2013、2012 年旱灾面积中部区域分别都占 30% 以上，2018、2015、2010 年旱灾面积中部区域占 10% 以下，其余年份在 10% ~30%。从各省来看，河南省年平均旱灾面积为 65. 928 万 hm^2，2014 年旱灾面积最大为 180. 93 万 hm^2，2018 年旱灾面积最小为 0. 43 万 hm^2；山东省年平均旱灾面积为 53. 801 万 hm^2，2011 年旱灾面积最大为 129. 49 万 hm^2，2018 年旱灾面积最小为 2. 29 万 hm^2；安徽省年平均旱灾面积为 50. 581 万 hm^2，2013 年旱灾面积最大为 116. 5 万 hm^2，2010 年旱灾面积最小为 4. 13 万 hm^2；江苏省年平均旱灾面积为 22. 414 万 hm^2，2011 年旱灾面积最大为 48. 16 万 hm^2，2018 年旱灾面积最小为 0. 58 万 hm^2；湖北省年平均旱灾面积为 75. 992 万 hm^2，2013 年旱灾面积最大为 186. 19 万 hm^2，2015 年旱灾面积最小为 11. 77 万 hm^2。总的来说，2010—2019 年，中部整体区域十年旱灾总面积为 2475. 24 万 hm^2，年平均旱灾面积为 247. 524 万 hm^2，2011 年干旱较为严重，旱灾面积最大为 468. 96 万 hm^2，2018 年旱灾面积最小为 54. 81 万 hm^2。

表 2.2　中部区域近年来旱灾面积统计　单位：万 hm^2

年份＼省份	河南	山东	安徽	江苏	湖北	中部区域	全国	占全国的比例
2019	80.71	28.25	85.71	/	115.34	310.01	783.80	39.55%
2018	0.43	2.29	/	0.58	51.51	54.81	771.18	7.11%
2017	21.91	53.10	21.69	3.73	62.67	163.10	987.48	16.52%
2016	17.33	21.16	17.95	13.43	34.19	104.06	987.27	10.54%
2015	/	88.32	/	/	11.77	100.09	1060.97	9.43%
2014	180.93	68.85	28.33	47.39	63.35	388.85	1227.17	31.69%
2013	84.81	20.67	116.50	22.31	186.19	430.48	1410.04	30.53%
2012	100.15	67.33	61.61	36.67	93.92	359.68	933.98	38.51%
2011	102.04	129.49	68.73	48.16	120.54	468.96	1630.42	28.76%
2010	5.04	58.55	4.13	7.04	20.44	95.20	1325.86	7.18%

注：数据来源于国家统计局，未含陕南 3 市。

从 2011 年中部区域干旱灾害情况统计分析可以看出（表 2.3），总的来看，全国农作物受灾情况中受灾面积 1630.7 万 hm^2，绝收面积 150.6 万 hm^2，中部区域受灾面积、绝收面积分别占全国 30.35%、7.10%；人口受灾情况中全国受灾人口 20271.0 万人、饮水困难人口 3145.1 万人，中部区域受灾人口、饮水困难人口分别占全国 38.67%、11.48%；全国直接经济损失达到了 927.5 亿元，仅中部六省直接经济损失就占全国 29.77%。其中，山东农作物受灾面积最严重的达到了 129.5 万 hm^2，湖北、河南、安徽、江苏、陕西受灾面积分别为 120.5 万、102.0 万、68.7 万、48.2 万、26.0 万 hm^2；湖北绝收面积最大达到了 4.9 万 hm^2，江苏、山东、河南、陕西、安徽绝收面积依次为 2.0 万、1.7 万、1.3 万、0.5 万、0.3 万 hm^2。中部人口受灾情况 7838 万人，受灾人口最多的为安徽达到了 2001.9 万人，山东、河南、江苏、湖北、陕西受灾人口依次为 1812.0 万、1340.3 万、1135.7 万、1087.4 万、460.7 万人；干旱导致的饮水困难人口最多的是湖北 175.0 万人，河南、安徽、山东、陕西、江苏饮水困难人口依次为 68.4 万、47.4 万、33.2 万、24.4 万、12.8 万人；干旱导致直接经济损失最大的湖北为 76.7 亿元，山东、江苏、安徽、河南、陕西依次为 59.0 亿、50.7 亿、49.6 亿、24.9 亿、15.2 亿元。

表 2.3　2011 年中部区域干旱灾害情况统计

地区	农作物受灾情况		人口受灾情况		直接经济损失（亿元）
	受灾面积（万 hm^2）	绝收面积（万 hm^2）	受灾人口（万人）	饮水困难人口（万人）	
全国	1630.7	150.6	20271.0	3145.1	927.5

续表

地区	农作物受灾情况		人口受灾情况		直接经济损失（亿元）
	受灾面积（万 hm^2）	绝收面积（万 hm^2）	受灾人口（万人）	饮水困难人口（万人）	
江苏	48.2	2.0	1135.7	12.8	50.7
安徽	68.7	0.3	2001.9	47.4	49.6
山东	129.5	1.7	1812.0	33.2	59.0
河南	102.0	1.3	1340.3	68.4	24.9
湖北	120.5	4.9	1087.4	175.0	76.7
陕西	26.0	0.5	460.7	24.4	15.2

注：数据来源于中华人民共和国民政部、中国气象局等。

从2018年中部区域干旱灾害情况统计分析可以看出（表2.4），总的来看，全国农作物受灾情况中受灾面积771.18万 hm^2，绝收面积92.24万 hm^2，中部区域受灾面积、绝收面积分别占全国7.16%、6.02%；人口受灾情况中全国受灾人口2742.7万人、饮水困难人口121.7万人，中部区域受灾人口、饮水困难人口分别占全国45.84%、15.78%；全国直接经济损失达到了255.3亿元，中部六省直接经济损失为9.05%。其中，湖北东农作物受灾面积最严重的达到了51.51万 hm^2，山东、江苏、河南、陕西受灾面积分别为2.29万、0.58万、0.43万、0.42万 hm^2；湖北绝收面积最大达到了5.42万 hm^2，河南、山东、江苏绝收面积依次为0.08万、0.03万、0.02万 hm^2。中部人口受灾情况为1257.2万人，受灾人口最多的为安徽达到了728.3万人，湖北、山东、河南、江苏、陕西受灾人口依次为480.5万、22.1万、10.9万、8.0万、7.4万人；干旱导致湖北的饮水困难人口为19.2万人；干旱导致直接经济损失最大的是湖北为21.7亿元，山东、陕西、江苏、河南依次为0.7亿、0.3亿、0.2亿、0.2亿元。

从2019年中部区域干旱灾害情况统计分析可以看出（表2.5），2019年较2018年干旱影响农作物和人口受灾情况程度较高，直接经济损失也较大。总的来看，全国农作物受灾情况中受灾面积783.80万 hm^2，绝收面积111.36万 hm^2，中部六省受灾面积、绝收面积分别占全国45.39%、42.33%；人口受灾情况中全国受灾人口6030.2万人、饮水困难人口560.2万人，中部六省受灾人口、饮水困难人口分别占全国53.59%、38.68%；全国直接经济损失达到了457.4亿元，仅中部区域直接经济损失就达到了38.46%。其中，湖北农作物受灾面积最严重的达到了115.34万 hm^2，安徽、河南、陕西、山东受灾面积分别为85.71万、80.71万、45.75万、28.25万 hm^2；湖北绝收面积最大达到了17.36万 hm^2，安徽、河南、陕西、山东绝收面积依次为11.63万、9.00万、7.14万、2.01万 hm^2。中部人口受灾情况6030.2万人，受灾人口最多的为河南达到了1021.1万人，湖北、安徽、陕西、山东受灾人口依次为999万、688.3万、269.4万、253.9万人；干旱导致的饮水困难人口最多的是安徽100.7万人，湖北、河南、山东、陕西饮水困难人口依次为98.1万、11.5万、5.3万、1.1万人；干旱导致直接经济损失最大的是湖北为66.2亿元，安徽、河南、陕西、山东依次为40.6亿、34.9亿、18.5亿、15.7亿元。

表2.4　2018年中部区域干旱灾害情况统计

地区	农作物受灾情况		人口受灾情况		直接经济损失（亿元）
	受灾面积（万 hm^2）	绝收面积（万 hm^2）	受灾人口（万人）	饮水困难人口（万人）	
全国	771.18	92.24	2742.7	121.7	255.3
江苏	0.58	0.02	8.0	/	0.2
安徽	/	/	728.3	/	/
山东	2.29	0.03	22.1	/	0.7
河南	0.43	0.08	10.9	/	0.2
湖北	51.51	5.42	480.5	19.2	21.7
陕西	0.42	/	7.4	/	0.3

注：数据来源于中华人民共和国民政部、中国气象局等。

表2.5　2019年中部区域干旱灾害情况统计

地区	农作物受灾情况		人口受灾情况		直接经济损失（亿元）
	受灾面积（万 hm^2）	绝收面积（万 hm^2）	受灾人口（万人）	饮水困难人口（万人）	
全国总计	783.80	111.36	6030.2	560.2	457.4
江苏	/	/	/	/	/
安徽	85.71	11.63	688.3	100.7	40.6
山东	28.25	2.01	253.9	5.3	15.7
河南	80.71	9.00	1021.1	11.5	34.9
湖北	115.34	17.36	999.0	98.1	66.2
陕西	45.75	7.14	269.4	1.1	18.5

注：数据来源于中华人民共和国应急管理部、中国气象局等。

2011年、2019年对于中部区域均为旱灾影响较大年份，对比分析2011年及2019年可以看出，就全国区域而言，2011年旱灾对于中部区域受灾面积、绝收面积与2019年相比占全国比重较大，其中，中部区域2011年山东农作物受灾面积最严重的达到了129.5万 hm^2，陕西最少为26.0万 hm^2；2019年农作物受灾面积山东最少为28.25万 hm^2，湖北最严重的达到了115.34万 hm^2。2019年中部区域绝收面积总体来说比2011年要大，湖北2011年与2019年绝收面积都是中部区域中最大的，分别达到了17.36万和4.9万 hm^2。

2011年中部区域人口受灾情况、饮水困难人口较2019年占全国比重较小，其中2019年中部区域受灾人口占比达到了53.59%，超过全国旱灾受灾人口的一半，仅直接经济损失就达到了38.46%，但2011年旱灾十分严重，人口受灾情况、饮水困难人口数量较2019年大，接近2019年数量的5~6倍，直接经济损失达到了927.5亿元。其中2011年中部人口受灾情况较2019年数量多，2011年受灾人口最多的为安徽，较2019年受灾人口最多的河南多1000余万人，山东、河南、江苏、湖北、陕西各省2011年均大于2019年受灾人口数量。2011年干旱导致的饮水困难人口最多的是湖北175.0万人。除安徽以外，2011年饮水困难人口均大于2019年数量。2011年、2019年干旱导致湖北省直接经济损失均为中部区域最大，分别达到了76.7亿和66.2亿元，2011年山东、安徽干旱导致直接经济损失较2019年大，河南、陕西较2019年小。

2.2.2 中部区域冰雹灾害

中部区域雹灾范围广、灾害重。对中部区域冰雹日数多寡、冰雹强度大小和危害程度的统计分析表明，豫西山区、太行山地、大巴山东部、鲁西北是中部区域重要冰雹源地，鲁北黄河三角洲、豫西伏牛山区、豫鲁皖苏毗邻区、鄂西、苏北等地是中部区域冰雹高发区，局部地区年年降雹或一年数次降雹，且范围大、灾害重。2002年“7·19”郑州强冰雹灾害造成郑州市区和巩义市、登封市等地18人死亡、212人受伤，倒塌房屋4500多间，农田受灾面积达到120万亩，直接经济损失达4.9亿元。2006年“4·28”鲁南强冰雹过程，影响山东大部和江苏北部，局地冰雹直径达2~3 cm，仅山东因灾死亡17人，直接经济损失16.5亿元。

冰雹是中部各省晚春至夏季最常见的气象灾害之一，常发生在夏粮收割、秋粮生长、拔节的重要时期，一场急剧而强烈的降雹过程，能对农业、工业、交通、通信以及城市建筑等造成严重的危害和损失，特别是在农作物快到成熟、收割的季节，突如其来的一场冰雹，可摧毁大片庄稼，给农业生产造成巨大的损失（黄岩 等，2006）。

从2011年，中部区域大风、冰雹灾害情况统计分析（表2.6），总的来看，全国农作物受灾情况中受灾面积331.2万 hm^2，绝收面积30.4万 hm^2，中部区域受灾面积、绝收面积分别占全国25.21%、8.88%；人口受灾情况中全国受灾人口3895.8万人、死亡人口323人，中部区域受灾人口、死亡人口分别占全国

36.65%、22.60%；全国倒塌房屋3.7万间，损坏房屋46.9万间，直接经济损失达到了318.2亿元，仅中部六省直接经济损失就达到了23.88%。其中，江苏农作物受灾面积最严重的达到了20.5万hm^2，湖北、河南、陕西、安徽受灾面积分别为16.1万、14.6万、12.7万、10.7万、8.9万hm^2；湖北绝收面积最大达到了1.2万hm^2，安徽、河南、陕西、山东绝收面积依次为0.5万、0.5万、0.3万、0.2万hm^2。中部人口受灾情况1428万人，受灾人口最多的为湖北达到了342.3万人，江苏、安徽、陕西、河南、山东受灾人口依次为281.8万、224.2万、219.7万、187.3万、172.7万人；大风、冰雹灾害导致的死亡人口最多的是江苏21人，河南、湖北、安徽、陕西、山东死亡人口依次为18、17、12、3、2人；大风、冰雹灾害导致江苏、河南、湖北、陕西0.3万间房屋倒塌，安徽、山东0.1万间房屋倒塌；大风、冰雹灾害导致损坏房屋最多的是湖北6.0万间，陕西、江苏、山东、安徽、河南损坏房屋依次为2.4万、1.5万、0.9万、0.7万、0.5万间；直接经济损失最大的是陕西为25.0亿元，江苏、湖北、山东、河南、安徽依次为15.3亿、13.3亿、9.0亿、7.4亿、6.0亿元。

表2.6 2011年中部区域大风、冰雹灾害情况统计

地区	农作物受灾情况		人口受灾情况		倒塌房屋（万间）	损坏房屋（万间）	直接经济损失（亿元）
	受灾面积（万hm^2）	绝收面积（万hm^2）	受灾人口（万人）	死亡人口（人）			
全国合计	331.2	30.4	3895.8	323	3.7	46.9	318.2
江苏	20.5		281.8	21	0.3	1.5	15.3
安徽	8.9	0.5	224.2	12	0.1	0.7	6.0
山东	10.7	0.2	172.7	2	0.1	0.9	9.0
河南	14.6	0.5	187.3	18	0.3	0.5	7.4
湖北	16.1	1.2	342.3	17	0.3	6.0	13.3
陕西	12.7	0.3	219.7	3	0.3	2.4	25.0

注：数据来源于中华人民共和国民政部、中国气象局等。

从2018年中部区域大风、冰雹灾害情况统计分析（表2.7），总的来看，全国农作物受灾情况中受灾面积240.68万hm^2，绝收面积19.66万hm^2，中部区域受灾面积、绝收面积分别占全国16.99%、13.73%；人口受灾情况中，全国受灾人口1493万人、死亡人口126人，中部区域受灾人口、死亡人口分别占全国29.99%、22.22%；全国倒塌房屋0.3万间，损坏房屋29.8万间，直接经济损失达到了168.5亿元，仅中部六省直接经济损失就占全国的22.55%。其中，山东农作物受灾面积最严重，达到了10.32万hm^2，江苏、河南、陕西、安徽、湖北受灾面积分别为 9.94 万、9.91 万、5.12 万、3.69 万、1.92 万 hm^2；陕西绝收面积最大达到了 0.86 万 hm^2，山东、湖北、河南、江苏、安徽绝收面积依次为 0.78 万、0.37 万、0.36 万、0.28 万、0.05 万 hm^2。中部人口受灾情况 447.7 万人，受灾人口最多的为河南达到了 136.3 万人，山东、江苏、陕西、安徽、湖北受灾人口依次为 118.9 万、71.5 万、46.9 万、43.0 万、31.1 万人；大风、冰雹灾害导致的死亡人口最多的是山东 8 人，江苏、河南、湖北、陕西、安徽死亡人口依次为 7、5、3、3、2 人；大风、冰雹灾害导致损坏房屋最多的是山东 1.1 万间，江苏、湖北、安徽、河南、陕西损坏房屋依次为 0.6 万、0.6 万、0.3 万、0.2 万、0.2 万间；直接经济损失最大的是山东为 18.6 亿元，陕西、江苏、河南、湖北、安徽依次为 5.4 亿、4.7 亿、4.6 亿、3.1 亿、1.6 亿元。

表 2.7　2018 年中部区域大风、冰雹及雷电灾害情况统计

地区	农作物受灾情况		人口受灾情况		倒塌房屋（万间）	损坏房屋（万间）	直接经济损失（亿元）
	受灾面积（万 hm^2）	绝收面积（万 hm^2）	受灾人口（万人次）	死亡人口（人）			
全国总计	240.68	19.66	1493	126	0.3	29.8	168.5
江苏	9.94	0.28	71.5	7		0.6	4.7
安徽	3.69	0.05	43.0	2		0.3	1.6
山东	10.32	0.78	118.9	8		1.1	18.6
河南	9.91	0.36	136.3	5		0.2	4.6
湖北	1.92	0.37	31.1	3		0.6	3.1
陕西	5.12	0.86	46.9	3		0.2	5.4

注：数据来源于中华人民共和国民政部、中国气象局等。

从 2019 年中部区域大风、冰雹灾害情况统计分析（表 2.8），总的来看，全国农作物受灾情况中受灾面积 222.84 万 hm^2，绝收面积 17.14 万 hm^2，中部区域受灾面积、绝收面积分别占全国 16.60%、20.89%；人口受灾情况中全国受灾人口 1027.3 万人、死亡人口 92 人，中部区域受灾人口、死亡人口分别占全国 37.46%、21.74%；全国倒塌房屋 0.3 万间，损坏房屋 19.0 万间，直接经济损失达到了 183.4 亿元，仅中部六省直接经济损失就占其 19.25%。其中，山东农作物受灾面积最严重，达到了 11.18 万 hm^2，河南、江苏、安徽、湖北、陕西受灾面积分别为 7.58 万、6.86 万、5.25 万、4.58 万、1.55 万 hm^2；山东绝收面积最大达到了 1.87 万 hm^2，湖北、河南、江苏、安徽、陕西绝收面积依次为 0.52 万、0.43 万、0.32 万、0.27 万、0.17 万 hm^2。中部人口受灾情况 384.8 万人，受灾人口最多的为山东达到了 121.9 万人，河南、江苏、湖北、安徽、陕西受灾人口依次为 89.7

万、65.2万、53.2万、42.5万、12.3万人；大风、冰雹灾害导致的死亡人口最多的是江苏8人，河南、湖北、安徽死亡人口均为4人；大风、冰雹灾害导致湖北房屋倒塌0.1万间；大风、冰雹灾害导致损坏房屋最多的是江苏2.9万间，湖北、山东、江苏、安徽、河南、陕西损坏房屋依次为2.8万、0.9万、2.9万、0.6万、0.1万、0.1万间；直接经济损失最大的是山东为11.5亿元，湖北、安徽、江苏、河南、陕西依次为6.7亿、5.9亿、4.9亿、3.6亿、2.7亿元。

表2.8 2019年中部区域大风、冰雹及雷电灾害情况统计

地区	农作物受灾情况		人口受灾情况		倒塌房屋（万间）	损坏房屋（万间）	直接经济损失（亿元）
	受灾面积（万 hm^2）	绝收面积（万 hm^2）	受灾人口（万人次）	死亡人口（人）			
全国总计	222.84	17.14	1027.3	92	0.3	19.0	183.4
江苏	6.86	0.32	65.2	8		2.9	4.9
安徽	5.25	0.27	42.5	4		0.6	5.9
山东	11.18	1.87	121.9			0.9	11.5
河南	7.58	0.43	89.7	4		0.1	3.6
湖北	4.58	0.52	53.2	4	0.1	2.8	6.7
陕西	1.55	0.17	12.3			0.1	2.7

注：数据来源于中华人民共和国应急管理部、中国气象局等。

2011年、2019年同样对于中部区域均为大风、冰雹及雷电灾害较多年份，对比分析2011年及2019年可以看出，就全国区域而言，2011年大风、冰雹及雷电灾害与2019年相比，中部区域受灾面积占全国比重较大、绝收面积占全国比重较小，其中，中部区域2011年江苏农作物受灾面积最严重的达到了20.5万 hm^2，安徽最少为8.9万 hm^2；2019年农作物受灾面积陕西最少为1.55万 hm^2，山东最严重达到了11.18万 hm^2。2019年中部区域绝收面积总体来说比2011年要大，湖北2011年绝收面积是中部区域中最大的为1.2万 hm^2，山东2019年绝收面积是中部区域中最大的为1.87万 hm^2。

2011年中部区域人口受灾情况较2019年占全国比重较小，2011年及2019年死亡人口占全国比重较为接近，但死亡人数2011年较2019年多，分别为73人、20人。从表上数据来看，倒塌房屋2011年较2019年少，房屋损坏2011年高于2019年，2011年大风、冰雹及雷电导致直接经济损失高于2019年，占全国比重同样高于2019年。其中2011年中部人口受灾情况较2019年数量多，2011年受灾人口最多的为湖北，较2019年受灾人口最多的山东多200余万人，安徽、山东、河南、江苏、陕西各省2011年均大于2019年受灾人口数量。2011年大风、冰雹及雷电导致的死亡人口最多的是江苏 21 人，从表上数据来看，中部区域各省 2011 年死亡人口均大于 2019 年数量。2011 年江苏省直接经济损失为中部区域最大，达到了 15.3 亿元，2019 年山东直接经济损失较 2011 年大，中部区域其他省 2011 年直接经济损失较 2019 年大。

2.2.3 中部区域生态气象灾害

中部区域水资源严重短缺。豫鲁皖苏鄂 5 省多年平均水资源量约 3222 亿 m³，水资源总体短缺、分布不均，同时存在季节性、水质性短缺。中部区域多年人均拥有水资源量，湖北最多，为 1658 m³；山东最少，为 334 m³，属严重缺水地区；河南、山东两省年水资源缺口超过 90 亿 m³，主要处于全国半湿润区。

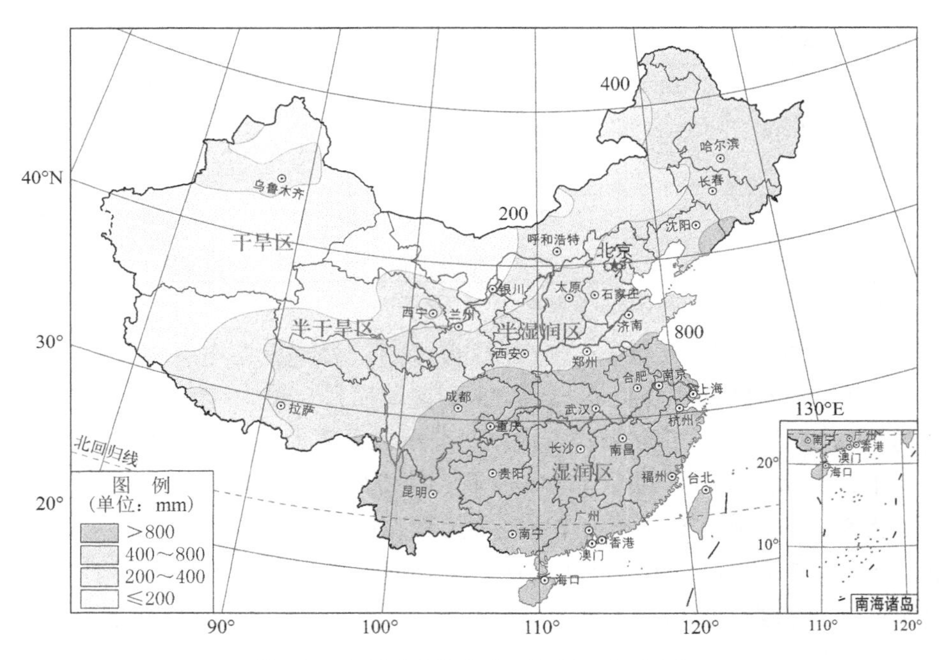

图 2.1 全国降水量分布（1981—2010 年）

（数据来源：国家气象信息中心—气象大数据云平台·天擎）

2011 年，中部区域地表及地下水资源总量为 2527.8 亿 m³，约占全国的 10.87%。人均水资源量低于全国水平（表 2.9、图 2.1），尤其河南、山东和江苏人均水资源量远远低于全国水平（图 2.2）。中部区域可供生产生活利用的供水总量少，仅占全国 1/4，但中部区域人口众多，粮食和农经作物生产密集，人均用水量达 408.9 m³/人，占全国人均用水量的 90.82%，供需严重不平衡。到 2019 年，中部区域地表及地下水资源总量为2141.1亿m^3，约占全国的5.92%，人均水资源量仍低于全国平均水平（表2.10）。

中部区域降水主要集中在汛期，许多汛期降水形成径流后流出，如湖北降水时空分布不均、汛期过境水较多，未得到有效利用。中部区域大中城市聚集、人口众多、工农业发达，用水量大，加剧了水资源短缺，进一步造成林草植被减少、湿地及河湖萎缩、水体污染和富营养化，引起水质性缺水，如太湖等地蓝藻频发，导致长三角地区生态环境恶化和饮用水安全等系列问题频繁出现，更加剧了可用水资源供给的紧缺。随着工业化、城镇化深入发展，未来水资源紧缺矛盾将更加突出，成为中部区域保持经济社会可持续发展的关键瓶颈。

表2.9 中部区域水资源概况

项目＼省份	河南	山东	安徽	江苏	湖北	中部区域	全国	占全国的比例
水资源总量（亿m^3）	328	347.6	602.3	492.4	757.5	2527.8	23258.5	10.87%
地表水资源总量（亿m^3）	222.5	237.5	544.2	399.0	725.4	2128.6	22215.2	9.58%
地下水资源总量（亿m^3）	191.8	195.9	143.5	115.1	251.9	898.2	7214.8	12.45%
人均水资源量（m^3/人）	349.0	361.6	1010.1	624.6	1319.1	654.0	1730.4	37.80%
供水总量（亿m^3）	224.6	222.5	293.1	552.2	288.0	1580.4	6022.0	26.24%
人均用水量（m^3/人）	237.8	233.5	485.0	704.4	503.1	408.9	450.2	90.82%

注：数据来源于《中国统计年鉴2012》。

表2.10 2019年中部区域水资源概况

项目＼省份	河南	山东	安徽	江苏	湖北	中部区域	全国	占全国比例
地表水资源总量（亿m^3）	105.8	119.7	482.1	163.0	583.4	1454.0	27993.3	5.19%
地下水资源总量（亿m^3）	119.1	128.4	144.8	77.5	217.3	687.1	8191.5	8.39%
合计	224.9	248.1	626.9	240.5	800.7	2141.1	36184.8	5.92%

注：数据来源于《中国水资源公报2019》。

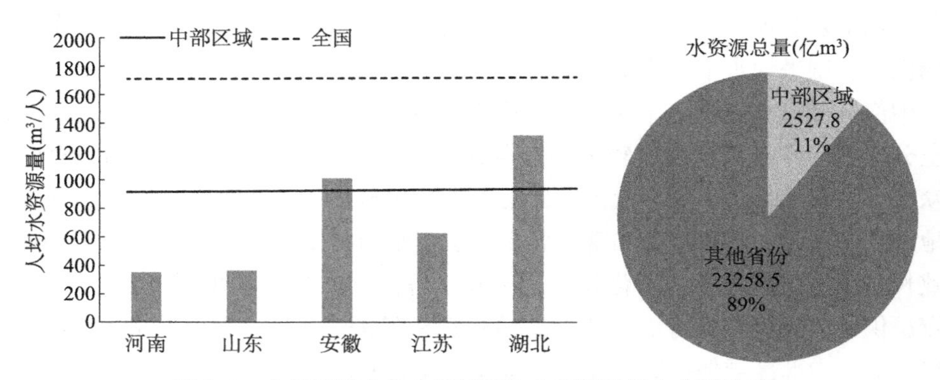

图 2.2　中部区域人均水资源量和水资源总量占全国比重

中部区域生态环境脆弱。中部区域位于中国南北方的过渡之处，气候上的南北过渡特征十分明显，且地貌类型多样，山地、丘陵、平原、岗地兼备，东临渤海、黄海，自然环境复杂多样，从而使植物和动物资源十分丰富而多样。区域内树种较多，而且起源古老，迄今仍保存有不少珍贵、稀有孑遗植物。除有国家一级保护树种水杉、珙桐、秃杉外，还有国家二级保护树种香果树、水青树、连香树、银杏、杜仲、金钱松、鹅掌楸等20余种。湖北省由于海拔高低悬殊，森林植被呈现出普遍性与多样性的特点，全省已发现的木本植物有105科、370属、1300种，其中乔木425种、灌木760种、木质藤本115种。这在全球同一纬度所占比重是最大的。区域内动物资源丰富，属国家一类保护的动物有金丝猴、白鹳、扬子鳄、白暨豚等约30种；属国家二类保护的有江豚、猕猴、金猫、小天鹅、大鲵、白鹮、卷羽鹈鹕等百余种。由于区域内水系发达、海域广阔，水生动物资源极为丰富，盛产黄鱼、带鱼、鲳鱼、虾类、蟹类及贝藻类等海产品，淡水鱼中被称为“长江三鲜”的鲥鱼、刀鱼、河豚，“太湖三白”的白鱼、银鱼、白虾，都是水中珍品。

中部区域森林面积1637.45万hm^2，约占全国的8.4%，主要分布于河南南部、山东中部及半岛、湖北北部和西部、安徽南部一带，森林覆盖率远远低于全国平均水平；自然保护区316个，约占全国的12%，保护区面积388.2万hm^2，约占全国的2.6%。中部区域较为丰富的森林、湿地等资源，发挥了重要的生态保护作用，构筑了长江、黄河中下游及淮河的生态屏障。具体数据见表2.11。

表 2.11　2011年中部区域生态资源概况

省份 项目	河南	山东	安徽	江苏	湖北	中部区域	全国	占全国比例
森林面积（万hm^2）	336.59	254.46	360.07	107.51	578.82	1637.45	19545.22	8.4%

续表

省份 项目	河南	山东	安徽	江苏	湖北	中部区域	全国	占全国比例
森林覆盖率（%）	20.16	16.72	26.06	10.48	31.14	21.68	20.36	106.5%
自然保护区个数（个）	34	86	102	30	64	316	2640	12.0%
自然保护区面积（万 hm^2）	73.5	109.8	52.5	56.5	95.9	388.2	14971.1	2.6%
湿地面积（万 hm^2）	62.41	178.41	65.39	167.47	92.73	566.41	3848.55	14.72%

注：数据来源于《中国统计年鉴 2012》。

中部区域大中城市聚集、城镇化进程快，随着全球变暖，城市和工农业生产用水增加，维持森林、湿地、河湖生态系统的水量更加短缺，出现湿地、湖泊、河流萎缩，加之森林火灾频发、水污染加重，中部区域生态环境十分脆弱，生态建设与保护的任务艰巨。

中部区域雾与霾天气增多。近年来，雾与霾天气的频发，对中部区域所在区域交通的影响和危害以及造成的灾难达到了空前的程度，成为严重影响高速公路、航空和水运安全的重要因素。此外，连续的雾与霾天气，对人民群众身体健康、生产生活和生态环境带来严重破坏。

2010 年 11 月下旬，我国中东部出现了影响范围较大持续时间长的大雾天气，12 月，在西南地区东部、江南、江淮地区及陕、鄂等地多次大雾笼罩。2011 年“雾霾天气频繁，预警不断”主题入选“中国十大天气气候事件”，雾与霾天气引起公众广泛关注。2012 年 6 月 11—12 日和 15 日湖北东部出现了严重的雾霾天气，邻省秸秆燃烧造成的污染物随气流输送造成能见度下降成为各地关注的话题。2013 年 1 月中国中部地区出现了多次严重的雾与霾天气，并伴有严重的空气污染，其中江苏省 13—14 日全省大部分地区能见度低于 0.5 km，持续的雾 - 霾天气对高速公路、航空、水上交通等运输造成较大影响，1 月 14 日凌晨，江苏大部分高速公路封闭，90 多趟长途班车晚点，158 班车次被迫停开；京杭运河苏北段封航，长江汽渡实施交通管制，停止摆渡，500 余艘船舶滞留；机场航班大面积延误。同时对公众健康也造成严重影响，1 月 13—14 日儿童咳嗽、哮喘的就诊量是过去同期的 2 倍，呼吸道门诊人数比平时多 10% ~20%，呼吸科的病人也增加了 3 ~5 成。

根据 2013—2015 年的《中国气候公报》统计，2013—2015 年中部区域雾与霾日数较多，特别是 2013、2014 年雾与霾明显多于往年。2013 年，中部区域雾与霾均呈多中心分布（图 2.3）。2015、2016 年中部区域霾大多在 5 d 以上，其中 2016

年河南的部分区域达到了 100 d 以上（图 2.4，图 2.5）。

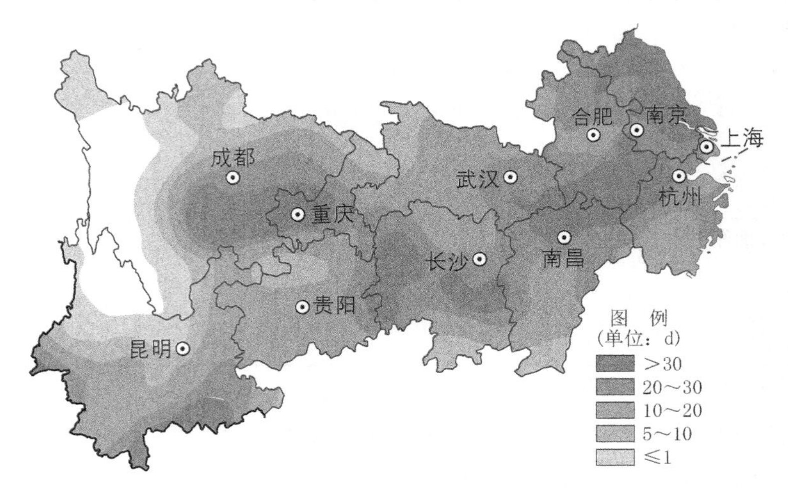

图 2.3　2013 年中部区域霾日数分布

（引自《2013 年中国气候公报》）

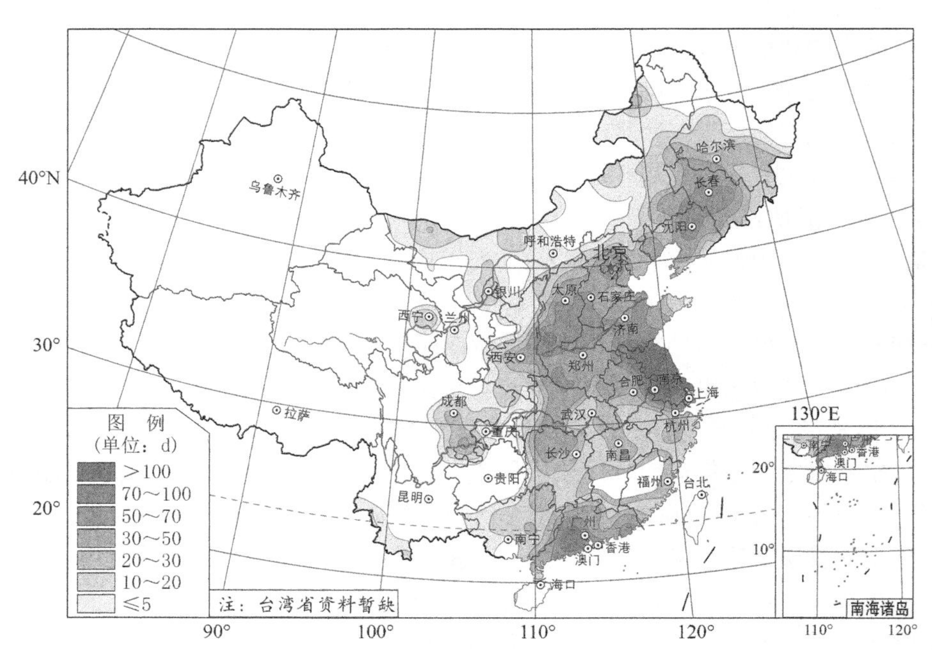

图 2.4　2015 年全国霾日数分布

（引自《2015 年中国气候公报》）

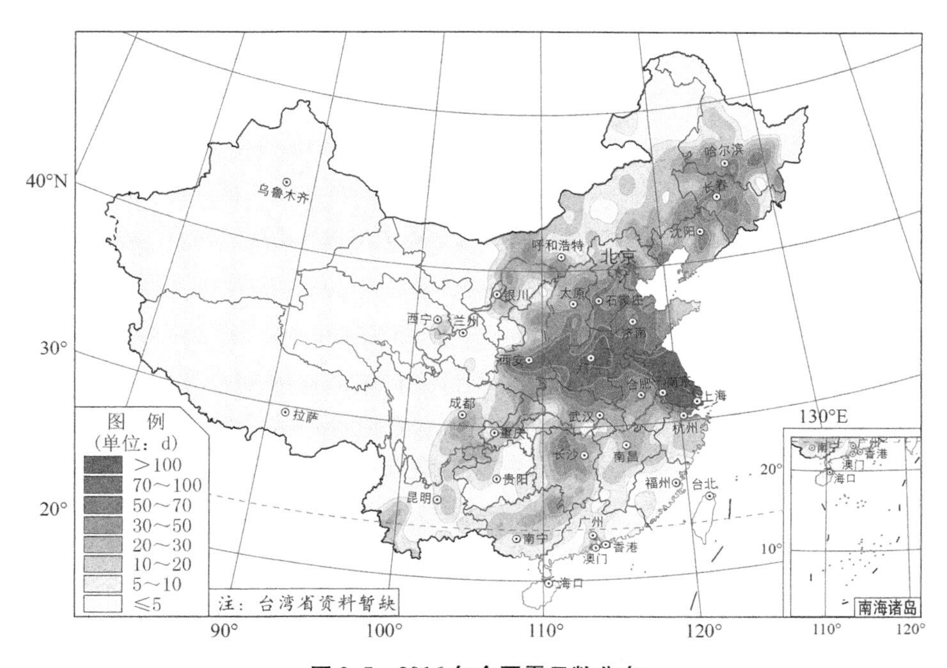

图2.5　2016年全国霾日数分布

(引自《2016年中国气候公报》)

第3章　中部区域人工影响天气高相关领域发展状况

不同的经济行业对天气气候变化的敏感性有着显著差别，其中农业生产和水资源领域对天气气候变化最敏感最直接，而农业生产和水资源又是国民经济和社会发展的基础，国家必须采取各种有效措施降低或减轻农业生产和水资源领域的天气气候风险。要推进中部区域人工影响天气能力建设，就必须把握好中部区域人工影响天气高相关领域，特别农业生产和水资源领域的发展状况。

3.1　中部区域农业生产状况及气候制约

3.1.1　中部区域农业生产状况

“民以食为天”，粮食不仅是人们赖以生存的基础，而且是一个国家长治久安的重要基础。中部区域是我国粮食主产区，承担着保障国家粮食安全和实现农产品有效供给的重任。中部区域农业的兴衰，事关我国农业持续发展和国家粮食安全。

近些年来，随着东部沿海地区工业化、城市化快速发展，大量耕地被征用和农业结构调整占用，以及实施西部大开发战略，推进退耕还林还草工程的宏观背景下，东部和西部地区耕地面积持续减少、粮食产量显著下降，中国农业生产与流通的“南粮北调”格局已经打破，我国粮食生产重心出现了“北进东移”之势。相比之下，我国中部区域的农业生产能力与水平则稳中有升，对于保障国家粮食安全的重要地位日益凸显。中部区域农业生产具有自然禀赋较好、耕地资源在全国的地位提升，水土资源利用水平、农业生产投入与机械化水平、农业劳动力资源整体素质提高，以及科技与政策支持力度明显增强的区域优势。近些年来，中部区域农业结构战略性调整中重视农产品生产的优质化、基地化，农业生产逐渐向优势产区集中，并在全国农业生产中的地位明显提升（刘彦随和彭留英，2008）。

党中央十分重视中部区域农村经济的发展，党的十六大报告中指出：中部区域要发挥承东启西，纵贯南北的区位优势和综合资源优势，加大结构调整力度，推进农业产业化，改造传统农业，培养新的经济增长点，加快工业化和城镇化进程。2004年12月召开的中央经济工作会议明确将“中部崛起”列入当年经济工作的重点任务。2006年，国务院颁布实施《关于促进中部区域崛起的若干意见》，文件明确了中部区域全国重要粮食生产基地、能源原材料基地、现代装备制造及高技术产业基地和综合交通运输枢纽的定位，简称“三基地、一枢纽”；2016年，印发《促进中部区域崛起规划（2016—2025年）》，明确了中部区域“一中心（全国重要先进制造业中心）、四区（全国新型城镇化重点区、全国现代农业发展核心区、全国生态文明建设示范区、全方位开放重要支撑区）”的战略定位，明确了创新发展、转型升级、现代农业等方面的重点任务和保障措施。自中部崛起战略实施以来，中部区域经济迅速发展。

3.1.1.1　中部区域粮食生产能力

（1）中部区域粮食生产县区。根据全国粮食安全生产布局，中部区域粮食生产县区共计292县区，其中河南89县区、山东73县区、安徽42县区、江苏42县区、湖北46县区（表3.1、图3.1）

表3.1　中部区域粮食主产县（区、市）

地区	粮食主产县（区、市）
河南（89县区）	杞县、通许、尉氏、开封、兰考、孟津、宜阳、洛宁、伊川、叶县、郏县、汝州、安阳、汤阴、滑县、内黄、浚县、淇县、新乡、获嘉、原阳、延津、封丘、长垣、卫辉、辉县、修武、博爱、武陟、温县、沁阳、孟州、清丰、南乐、范县、濮阳、台前、许昌、鄢陵、襄城、禹州、长葛、郾城、舞阳、临颍、宛城、方城、镇平、社旗、唐河、桐柏、邓州、新野、睢阳、民权、睢县、宁陵、柘城、虞城、夏邑、永城、梁园、平桥、罗山、光山、固始、潢川、淮滨、息县、商城、扶沟、西华、商水、沈丘、郸城、淮阳、太康、鹿邑、项城、西平、上蔡、平舆、正阳、确山、泌阳、汝南、遂平、驿城、新蔡
山东（73县区）	长清、平阴、济阳、商河、章丘，胶州、即墨、平度、莱西，桓台、高青，滕州，栖霞、莱阳、莱州、招远、海阳，昌乐、青州、诸城、寿光、安丘、高密、昌邑，微山、鱼台、嘉祥、汶上、梁山、曲阜、兖州、邹城，岱岳、宁阳、东平、肥城，文登、乳山，沂南、郯城、苍山、临沭，陵县、宁津、庆云、临邑、齐河、平原、武城、乐陵、禹城，东昌府、阳谷、莘县、茌平、东阿、冠县、高唐、临清，惠民、阳信、无棣、博兴、邹平，牡丹、曹县、单县、成武、郓城、鄄城、定陶、东明，莒县。
安徽（42县区）	长丰、肥东、肥西、芜湖、天长、明光、临泉、太和、南陵、怀远、五河、固镇、潘集、阜南、颍上、埇桥、萧县、灵璧、凤台、当涂、濉溪、怀宁、枞阳、泗县、庐江、和县、金安、寿县、望江、桐城、南谯、来安、金椒、定远、凤阳、霍邱、谯城、涡阳、蒙城、利辛、宣州、郎溪。

续表

地区	粮食主产县（区、市）
江苏 （42县区）	铜山、睢宁、新沂、海安、如东、如皋、通州、东海、灌云、灌南、楚州、淮阴、涟水、洪泽、盱眙、金湖、盐都、响水、滨海、阜宁、射阳、建湖、东台、大丰、宝应、仪征、高邮、江都、邗江、丹阳、句容、兴化、泰兴、姜堰、靖江、宿豫、沭阳、泗阳、泗洪、溧水、溧阳、金坛
湖北 （46县区）	黄陂、新洲、江夏，大冶、阳新，夷陵、当阳、枝江，枣阳、襄阳、宜城、老河口、南漳、谷城，鄂州，沙洋、京山、钟祥孝南、应城、汉川、云梦、安陆、孝昌，荆州、监利、江陵、洪湖、公安、石首、松滋，麻城、浠水、黄梅、蕲春、团风、武穴，咸安、赤壁、崇阳、嘉鱼，曾都、广水，仙桃，潜江，天门。

注：陕西3市无相关资料。

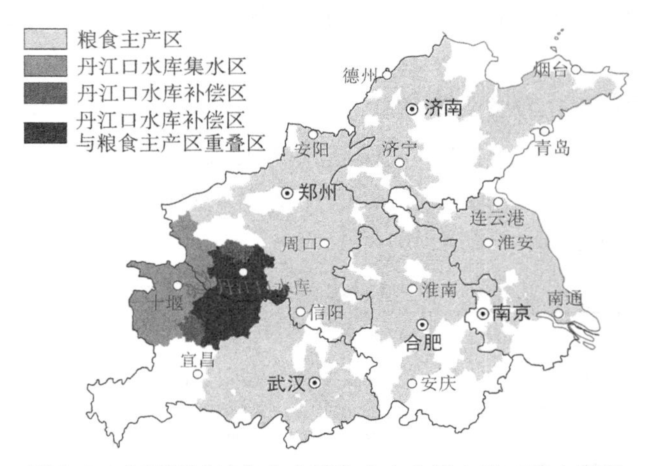

图3.1　中部区域粮食主产区和南水北调中线工程水源区

（2）中部区域粮食生产能力。中部区域是商品粮生产的核心区，粮食总产量占全国的1/3，增产计划占全国的40%，主要粮食作物有小麦、稻谷、玉米。其中小麦21638.8万亩、稻谷10917.2万亩、玉米11705.5万亩，分别占全国小麦、稻谷、玉米种植面积的59.4%、24.2%、23.3%。此外，大豆、花生、棉花、烟叶、蔬菜、果品等种植品种多、产量高，均在全国占有重要地位。区域内共有耕地约4.26亿亩，占全国耕地面积的23.3%。2011年，区域粮食总产量19081.08万t（表3.2、图3.2），占全国粮食总产量的33%，人均粮食产量达483.0539 kg，高于全国的人均粮食产量，其中，小麦、油料、棉花产量分别为1581亿斤、307亿斤、46.32亿斤，分别约为全国总产量的67.3%、46.5%、35.2%。本区域粮食生产不仅供给区域内3.85亿人口，也为全国提供了大量原粮和粮食加工产品，仅河南每年就输出原粮及制品300亿斤以上。

2008年11月13日，国家发改委公布了《国家粮食安全中长期规划纲要

(2008—2020 年)》，提出粮食自给率要稳定在 95% 以上，到 2020 年全国粮食生产能力达到 11000 亿斤以上，比 2008 年增产 1000 亿斤的关键性指标。《全国新增 1000 亿斤粮食生产能力规划（2009—2020 年)》确定的全国 13 个粮食主产省中，中部区域豫鲁皖苏鄂 5 省列在其中，占 38. 5%；在粮食主产省的 680 个产能任务县（区、市、场）中，中部区域拥有 285 个，占 43. 4%。为落实国家粮食增产规划，中部区域省份确定的粮食增产任务超过 400 亿斤，约占全国增产计划的 40%。区域内的丹江口水库是我国南水北调中线工程调水的水源地。受全球气候变暖影响，干旱、冰雹等灾害天气明显增多，再加上水资源污染，严重影响了中部区域粮食生产安全。从 2011 年、2019 年中部区域（表 3. 3）省份实际粮食产量分析，2011 年，中部省份占全国比重达到 33%，人均产量增长 14%；2019 年占全国比重则达到 36%，人均产量则增长 9%。

表 3. 2　2011 年中部区域粮食产量

地区	粮食总产量（万 t）	人均粮食产量（kg）
河南	5542. 50	590. 3813
山东	4426. 29	459. 3016
安徽	3135. 50	525. 3854
江苏	3307. 76	605. 4842
湖北	2388. 53	414. 8554
陕南 3 市	280. 50	302. 9158
中部区域	19081. 08	483. 0539
全国	57120. 80	423. 9492
中部粮食产量占全国比重	33%	114%

注：数据来源《中国统计年鉴 2012》。

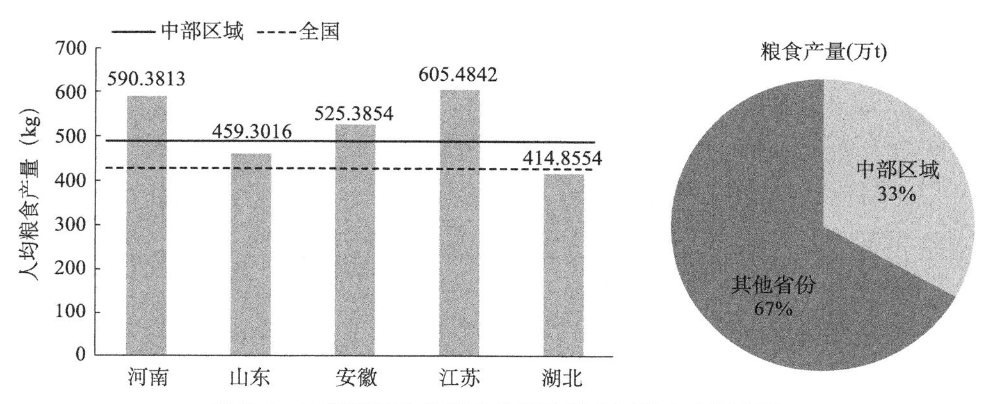

图 3. 2　中部区域人均粮食产量和粮食产量占全国比重

表 3.3　2019 年中部区域粮食产量

地区	粮食总产量（万 t）	人均粮食产量（kg）
河南	6695.4	696
山东	5357.0	533
安徽	4054.0	639
江苏	3706.2	460
湖北	2725.0	460
陕西	1231.1	318
中部区域	23768.7	518
全国	66384.3	475
中部粮食产量占全国比重	36%	109%

注：资料来源于《中国统计年鉴 2020》。

3.1.1.2　中部区域农业经济作物生产水平

中部区域是我国重要经济作物和特色农业生产区域，区域内农经作物种类丰富，是全国谷类、油料、棉花、蔬菜等生产基地，豆类、麻类、烟叶、茶园和果园种植面积均占有一定的比重（表 3.4）。

表 3.4　2011 年中部区域农经作物播种面积（万 hm^2）

项目	河南	山东	安徽	江苏	湖北	中部区域	全国	占全国的比例（%）
农作物总播种面积	1425.86	1086.54	902.29	766.32	800.96	4981.97	16228.3	30.7
谷物	905.54	673.90	548.50	492.66	362.77	2983.37	9101.6	32.8
豆类	50.59	16.62	96.90	33.31	19.07	216.49	1065.1	20.3
薯类	29.87	24.07	16.76	5.94	30.36	107.00	890.6	12.0
油料	157.89	80.67	87.83	55.23	142.96	524.58	1385.5	37.9
棉花	39.67	75.26	35.04	23.92	48.87	222.76	503.8	44.2
麻类	0.81	0.01	0.94	0.08	1.45	3.29	11.8	27.9
糖类	0.40		0.54	0.16	0.78	1.88	194.8	0.97
烟叶	12.47	3.36	1.14	0.01	6.72	23.70	146.1	16.2
蔬菜	172.01	179.12	78.90	126.02	106.22	662.27	1963.9	33.7
茶园面积	78.50	18.80	138.00	32.30	243.00	510.60	2113.0	24.2
果园面积	465.50	592.00	110.00	203.00	398.80	1769.30	11831.0	15.0

注：数据来源于《中国统计年鉴 2012》。

从 2020 年情况分析，中部区域通过推进农业高质量发展，区域农业经济作物生产达到较高水平。

河南省 2020 年通过稳定提高粮食生产能力，新建高标准农田 660 万亩，粮食产量达到 1365 亿斤，再创历史新高。大力发展优势特色产业集群，推进绿色食品业转型升级，推动优质农产品进军高端市场。优质专用小麦、优质花生种植面积分别达到1533万亩和1893万亩，优势特色农业产值占比57%。新创建灵宝、内乡2个国家级和30个省级现代农业产业园，中国（驻马店）国际农产品加工产业园加快建设。作为我国农业大省，河南粮食总产量连续4年稳定在1300亿斤以上。2020年，河南省粮食产量达到1365亿斤，首次跨越1350亿斤台阶，是全国产粮第一大省。

山东省2020年全年农业产值首次突破1万亿元，成为全国首个农业总产值过万亿元的省份。“三农”政策支持有力，农业发展步伐不断加快，经济总量率先迈上万亿新台阶。农林牧渔业全年总产值达到10190.6亿元，按可比价格计算，增长3.0%，增幅比上年提高2.2个百分点。全年粮食总产量5446.8万t，比上年增加89.8万t，增长1.7%，总产量始终位居全国前列。粮食单产实现新突破，全年亩产达到438.5 kg，比上年增加8.9 kg，增长2.1%。蔬菜产量连续6年超过8000万t，多年稳居全国第一。

安徽省2020年粮食总产达到803.8亿斤，持续稳定在800亿斤以上，实现“十七连丰”。全面落实藏粮于地、藏粮于技战略，全省累计新增耕地81.3万亩。在全国率先完成5200万亩粮食生产功能区和1900万亩重要农产品生产保护区划定任务，累计建成高标准农田4800多万亩。深入开展绿色高质高效行动，集成创新绿色高质高效技术模式，加快粮食结构调整，提升粮食种植效益。2020年全省落实优质专用水稻2425.8万亩，占水稻播种面积62.8%；优质专用小麦2682万亩，占小麦播种面积63.3%。

江苏省2020年农林牧渔业总产值7952.5亿元，较上年回升1.3个百分点。全省粮食总产量达745.8亿斤，较上年增长0.6%。粮食总面积8108.5万亩，较上年增长0.4%。乡村优势特色产业加快培育，全省优良食味稻种植面积1450万亩，新增稻田综合种养超100万亩。蔬菜及食用菌全年累计播种面积为2165.7万亩，较上年同期增长1.4%；总产量5728万t，较上年同期增加1.5%。瓜果类全年累计播种面积为238.8万亩，较上年同期下降2.5%；总产量651.3万t，较上年同期下降1.5%。

湖北省2020年全年全省农林牧渔业增加值4358.69亿元，按可比价格计算，比上年增长0.3%。粮食产能保持稳定。全省粮食总产量2727.43万t，增长0.1%，连续8年稳定在500亿斤以上；种植面积464.527万hm^2，增长0.8%。特色优势经济作物保持增长。油料产量344.45万t，增长9.7%；茶叶产量36.08万t，增长2.4%；园林水果产量716.38万t，增长8.4%。

与此同时，中部区域农业生产方式开始转变，传统的粗放式农业增长方式导致农业资源严重浪费，生态环境也受到破坏。过去农业的增长主要依靠劳动力、土地和物资的投入，属于典型的劳动密集型增长。随着乡村振兴战略的实施，农业的高质量发展受到广泛关注，农业增长将向资本、技术密集型转化，农业生产方式也由传统人畜力为主朝机械作业为主的方向转变。

3.1.1.3 中部区域农业机械化发展水平

进入新时代，我国农业机械化主动适应经济发展新常态、农业农村发展新要求，不断创新调控引导和扶持方式，各方面工作稳步推进，农机装备结构有新改善，中部区域农业机械化发展达到较高水平。

河南省农业机械化水平走在全国前列，2017 年，全省农业机械总动力超过 1 亿 kW，拥有拖拉机 363 万台，联合收获机械 28.3 万台，耕种收综合机械化水平达到 80.8%，高出全国平均水平 14 个百分点。耕种收基本实现了机械化，小麦机播、机收水平均稳定在 98%，玉米机播水平 95%、机收水平 83%，水稻机收水平 83%；机械耕整地做到了应耕尽耕；经济作物、畜牧养殖、设施农业机械化加快推进；机械化水平全国领先，农业生产方式进入了机械化为主的新时代。河南省农机部门积极探索互联网、智慧农机、精准农机信息化建设，启动了“河南省农机跨区作业信息网络设施和智能调度服务平台”项目建设，建设了“河南省智慧农机信息管理平台”，开发了手机终端 APP，实现了远程监控、调度、轨迹查询、面积产量计算等等。大力开展土地深耕深松信息化监测建设，全省 1300 万亩土地深松作业，全部用上了信息监测平台和监测终端，实现 100% 信息监测（金桥，2020）。

山东省大力推动农业机械化发展，近年来已经逐渐形成了较为完善的农机工业体系，为山东农业的现代化、集约化、产业化发展提供了可靠动力。2017 年，山东省农业机械总动力达到1亿 kW。拥有大中型拖拉机 59.5 万台，小型拖拉机 188.5 万台，联合收获机30万台，农机合作社达 7699 家，农作物耕种收综合机械化率达到 83% 以上，比全国平均水平高出 17 个百分点。从农机工业产品产量方面来看，山东农机产品目前有 3500 多个品种，涵盖种植业、畜牧业、渔业、林业、农产品加工、农用运输及可再生能源利用机械等 7 个门类（徐兆伟 等，2018）。

安徽省农机化工作以“提质增效转方式、稳粮增收可持续”为主线，着力落实强农惠农富农政策，深入推进农机化供给侧结构性改革，加快促进农机农艺农信融合，农机化发展取得显著成效，为粮食增产、农业增效和农民增收提供了有力的装备科技支撑。2020 年，全省农机总动力达到 6800万 kW，居全国第四位；农作物耕种收综合机械化率 81%。小麦生产基本实现全程机械化，耕种收综合机械化率达到 96.81%。水稻、玉米耕种收综合机械化率分别达到 87.74% 和 88.6%。2020 年全省农机合作社发展到 5647 家，农机服务收入 538.6 亿元。深松整地、精量播种、化肥深施、高效植保、秸秆还田等节本增效、绿色环保机械化技术得到广泛应用，全年推广应用机械化深松深翻整地、精量播种面积、机械化化肥深施面积分别达到693.2万亩、3339.2万亩、2323.7万亩。

江苏的农业机械制造是《中国制造2025江苏行动纲要》的重点领域之一，江苏省是全国首批粮食生产全程机械化整体推进示范省。在不断深入实施“粮食生产全程机械化整省推进行动”“设施农业‘机器换人’工程”“绿色环保农机装备与技术示范应用工程”的过程中，已形成扎实的农业全程、全面、高质、高效机械化基础。2020年，全省新建高标准农田360万亩，农作物耕种收机械化率达80%，农业科技进步贡献率达70%。年末农业机械总动力5193.9万kW。高效设施农业面积966.5万hm^2；有效灌溉面积达422.4万hm^2，新增有效灌溉面积1.8万hm^2；新增设施农业面积3.4万hm^2。

湖北省在全国率先实施农机作业水平提升工程，开启全面全程机械化示范创建的新征程，到2020年，农机总动力将达到5000万kW，拖拉机保有量达到145万台，湖北省主要农作物耕种收综合机械化水平年均增长2个百分点，以水稻为主的种植业机械化水平将继续在全国排名前五。湖北农业科技进步贡献率达到59.02%，主要农作物综合机械化水平达到72.8%（金桥，2020）。

3.1.2　中部区域农业生态概况

农业生态环境污染主要指在农业生产过程中，农药、化肥、地膜等农业物资的不合理和过量使用，以及禽畜粪便、农村生活污水、固体垃圾、农作物秸秆等农业废弃物的任意排放而造成水体、土壤、生物和大气的污染。

3.1.2.1　中部区域农业生态条件

农业生态条件是在一定时间和地区内，人类从事农业生产，利用农业生物与非生物环境之间以及与生物种群之间的关系，在人工调节和控制下，建立起来的各种形式和不同发展水平的农业生产体系。与自然生态系统一样，农业生态条件是由农业环境因素、绿色植物、各种动物和各种微生物四大基本要素构成的物质循环和能量转化系统，具备生产力、稳定性和持续性三大特性。

中部区域具备农业生产的有利条件，大部分地区位于亚热带与温带过渡区，气候温和，日照充足，雨量充沛，很适宜农作物生长。整体自然生态环境良好，水系丰富，中国最重要的三大河流：长江、黄河、淮河都流经中部，水资源总量占全国的23.5%。气候以亚热带季风气候为主，地处长江中下游和黄河中游，年平均降水量达800 mm，光照充足、土质较好，为农作物生长提供了良好的先天条件。南部的省份是亚热带湿润性季风气候，北部则是亚热带大陆性季风气候，差异性的气候条件有利于农作物多样性生长。农业发展需要农业资源的投入，受地理位置影响，中部区域有着丰富的水、光、土等自然资源，农业的自然资源禀赋制约着农业发展，同时农业经济活动也对自然环境产生重要影响。

气候资源的光、热、水、气为农业生产提供最基础的物质和能量，既不能缺少，也不能代替。气候资源数量的多少和质量的优劣以及利用得是否合理等，都会直接或间接的制约着农业生产的发展。因此，农业生产必须顺应气候规律，因地制宜，合理布局，重大开发和引进新的作物、品种等。应该经过气候适应性和可行性论证，才能趋利避害，获得良好的效果。

从总体上讲，我国中部区域农业生态条件比较优越，中部区域的农业环境因素，即光能、水分、空气、土壤、营养元素和生物种群比较丰富，非常适合于农业生产，农业生态条件相对其他区域较为优越。中部区域农业生态条件具有高产性的特征，整个中部区域多为一年两熟产区，在人们的干预下，农业生态条件能实现提供远远高于自然条件下的产量。但是，由于长期要求丰产高产，以及采用一些过度使用的农药、化肥、地膜措施，中部区域农业生产也呈较大的波动性。由于农业生态条件已经发生较大变化，管理措施不够及时，农业发展不能满足自然循环条件，一些作物、植物和生态的生长发育原有的适应性和抗逆性受到影响，从而导致产量和品质下降。因此，推进中部区域农业的生产发展，必须考虑农业生态条件的不稳定性或波动性。这也说明了必须采取各种技术措施，包括人工影响天气措施，对农业生态条件进行调节、控制，以减少这种波动性。

3.1.2.2　中部区域农业面源污染

农业面源污染，即由于不合理使用农药、化肥、地膜等农业投入品，以及农业残留物不能有效循环利用而对农业生态环境造成的污染，使农产品的安全受到威胁，制约着农业的高质量发展。其主要特征为：发生区域的随机性、排放途径及排放污染物的不确定性及污染负荷空间分布的差异性（楼迎华 等，2007）。

中部区域是中国农业主产区，随着农业生产的工业化和现代化，杀虫剂和除草剂的大量使用，使得农田害虫和田间杂草消除，可以提高劳动生产率．节约大量的人力和物力，减轻农民过重的体力负担。但是随着这些药物的不断使用，造成了以害虫和杂草为食的大量有益生物的死亡，打断生物界的食物链，打破了自然界固有的平衡。然而杂草和害虫的抗药性越来越强，这样就陷入了恶性循环。

在广大的中部区域，化肥的普及率和使用量也非常大。在很多农村，农民根据自己的经验不合理地施用化肥，造成土壤板结，土地资源得不到有效保护，农产品单位产量下降，以河南省为例，对 1978—2016 年的化肥使用量、有效灌溉面积及粮食产量数据进行调查分析。结果表明，河南省单位土地面积化肥增产率波动下降，2000年后趋近于0.1万t，化肥对应的产粮量基本维持在8.59万t，继续增加化肥使用量并不会带来产量的大幅增加。今后若要继续提高农田粮食产量，应进一步增加粮田有效灌溉面积，优化肥料投入结构，改进肥料投入方式，推广使用有机肥，而不只是单纯施用化肥（金新港 等，2019）。

中部区域农膜的广泛使用，也是农业面源污染的重要来源之一。近些年来，随着农膜的广泛应用，其用量和覆膜年限的累加，在土壤中残存的农膜碎片已经对农业土壤环境产生了严重的危害，在局部地区农膜残体已经使农业生产无法正常运作。目前我国常用的农膜（地膜）多为超薄膜，延展性差，耐性弱，利用期限短等，这些都是不符合国家最新标准的低等劣质农膜。碎片化后，在土壤耕层中极不容易清理，残存土壤中，随着逐年的使用，其残留量也将不断加增。根据我国农业环境质量监测部门及国内相关研究人员对我国农膜残留情况进行的全面调查显示，在普遍应用区，显示出了不同程度的残留现状（王意杰，2021）。残留的地膜具有难降解性，也致使在使用过后残留土壤中，改变土壤结构，土壤板结化，导致农作物减产，又形成了不同程度的白色污染，破坏了生态环境。

除了上述污染，农村地区每年夏秋两季双抢时节，大量的秸秆堆放在田间路旁，得不到及时妥善处理。据调查，小麦秸秆约70%被就地焚烧处理，真正被利用的，如直接还田、工业原料和能源燃料等，不足20%。在田间焚烧秸秆既造成大气污染，又降低了土壤的肥力，而抛弃在田间地头的秸秆腐烂后也造成了一定的环境污染（楼迎华 等，2007）。

近年来，中部农业已经出现了不可持续的发展态势，农业耕地表土流失，土壤肥力降低，土地生产力下降，下游河道、水库淤积等环境问题日益突出，耕地生态赤字严重（袁久和，2013）。农药和化肥的使用，使农业面临可持续发展的威胁，这些重金属、氮、磷等元素、残膜等，污染了河流、土壤和地下水，且在农产品上有过多残留，对人类健康造成重大威胁，直接影响人类社会的可持续发展。中部区域应持续提升农业农村绿色发展水平，稳步推进农业废弃物资源化利用，提高废旧农膜回收率，农作物秸秆综合利用率，畜禽粪污综合利用率，县（市、区）开展农药包装废弃物回收处置工作，开展生态循环农业试点。全面推进长江流域禁捕退捕，完成长江干流及保护区渔船、渔民退捕任务，实现退捕渔民、退捕渔船、渔民就业、渔民安置保障。

3.1.3　中部区域农业生产与气候制约

由于农业生产（包括设施农业）置身于自然条件控制下，必然要受到天气、气候、土壤、植被等自然条件影响，其中尤以天气、气候条件作用最为重要，也就是人们常说农业生产“靠天吃饭”。

3.1.3.1　中部区域农业气候制约

一般人认为，气象对农业的影响主要在露天生产期，气象服务就是天气预报。其实这里面存在两方面误解。

第一，气象对农业生产的影响远不只限于露天生长期，从人们常说的农业规划、农业产业投资、设施农业投资，到育种、制种、引种、作物季节安排、生长期全程管理、收割、晾晒、加工、储存、运输，甚至销售、期货交易等均受到天气或气候条件的极大影响。不仅仅是农作物生产，林业、畜牧业、水产养殖业等均受到气象条件的影响。这种影响有长、中、短期之分：

长期气象条件即气候背景（几年甚至10年以上），往往决定着大范围农业规划布局、优势动植物的认定（包括引种适应性）、昂贵的农业产业投资方向、农产品贸易对策等；

中期气象条件即短期气候（几个月到一年），往往影响品种、茬口选择和搭配、农时的安排、农产品贸易的实施（含期）等；

短期气象条件即天气，对应一至几天，几乎是所有农事活动如播种、灌溉、施肥、喷药、收割、晾晒等的风向标。

以中期气象条件为例，凡是风调雨顺的年成，农业生产可以省肥、省工、省成本，产量高、质量优；气象灾害多的年成，费肥、费工，而产量低、质量差。

所以，政府、农业产业单位、农民必须根据当地气候特点和农业活动的需要，制订干预和促进农业生产的各项措施，做到因地制宜和因时制宜，充分用好有利气象条件，避开或减轻气象灾害，才能达到高产、优质、高效、生态、安全和提高农业劳动生产率的目的。

第二，气象为农业服务的方式方法其实是多种多样的，其中既包括传统的农用天气预报、气候和农业气候资料服务，农业气候资源分析与区划，农业气象情报与信息服务，农业气象预报，专用气象预报以及各种农业气象科研成果的推广应用等，也可为农业种植结构调整，发展优势农产品和产业带，农业产业化甚至城乡一体化等提供气象服务（陈正洪，2005）。

3.1.3.2　气候变化对中部区域农业生产的影响

近年来，以气温升高为主要特征的全球气候变化已经成为全世界关注的焦点问题。中国是全球气候变化的敏感区和影响显著区，《第三次气候变化国家评估报告》（《第三次气候变化国家评估报告》编写委员会，2015）指出，1909—2011年我国陆地区域平均增温0.9～1.5 ℃，高于全球同期增温平均水平，预计到21世纪末，我国的增温幅度可能达到1.3～5.0 ℃。《中国气候变化蓝皮书（2018）》（中国气象局，2018）也明确表示，1951—2017年中国地表年均气温平均每10年升高0.24 ℃，升温率明显高于同期全球平均水平，而且最近20年是一个多世纪以来的最暖时期，我国气候变暖形势异常严峻。

由于农业生产极度依赖天气、气候等气象条件，这一脆弱性使得农业成为受气候变化影响最为敏感和显著的部门之一。农业生产事关全世界人类口粮问题和绝大多数发展中国家家庭生计问题，气候变化对农业部门的影响备受学术界关注。权威研究显示，气候变暖已经严重影响到了全世界农业生产和粮食供给，气候变化“已极大地拖累了全球主要农作物产量增长”。气候变化引起的洪涝、干旱等极端天气，对发展中国家和中低收入国家农业生产的影响要远远高于发达国家和高收入国家，粮食短缺风险依然存在，气候变化对我国农业生产的不利影响已经逐渐显现，水稻生长期的高温热害，玉米和小麦主产区的干旱，以及暴雨、病虫害等，致使农业生产脆弱性增加，粮食生产面临的风险加大。20世纪80年代以来，我国12%～22%的耕地受困于干旱影响，小麦、玉米和大豆粮食作物单产分别降低了1.27%、1.73%和0.41%。我国每年因气象灾害而损失的粮食产量超过500亿kg，其中因旱灾而损失的部分占到了近六成。如果不采取任何适应性措施，那么到2030年，我国农业种植业生产能力在总体上将因气候变暖下降5%～10%。

气候变化对中部区域农业生产的影响主要体现在：

（1）气候变化对我国农业气候资源影响的主要特点为有助于改善农业热量条件，表现为平均气温升高、0℃或10℃以上积温增加。

（2）气候变化对农业种植制度的影响主要表现为气候变暖使得水稻、小麦和玉米等我国主要农作物可种植区域或安全种植区域界限的北移与面积的扩大，而且这种趋势仍将持续。

（3）气候变化对农作物生长发育的影响主要表现在以下几个方面：第一，农业热量资源改善，农作物生长发育过程加速，全生育期普遍缩短；第二，农作物适宜播期提前，成熟期推迟，因此为了充分利用生长季热量资源，一年一熟作物比如单季稻，全生育期可能延长；第三，农作物生长期内的极端气候现象，尤其是高温热害，对农作物生长发育影响较大，并最终影响到农作物产量以及品质。

（4）气候变化对农作物产量影响的研究目前主要集中在水稻、小麦和玉米三种主粮作物，而对其他农作物的关注还有所欠缺，相关研究还不丰富。绝大多数研究倾向于认为气候变化对农作物产量存在负面影响，但学术界仍未就气候变化对农业生产影响的结论形成较为统一的意见，主要原因在于：一方面，气温、降水量以及日照时长等主要气候要素变化对不同地区影响自然存在着一定差异；另一方面，研究方法和所用数据尺度的差异，以及是否考虑气候变化中CO_2浓度升高带来的肥效作用等，同样会使研究结论存在出入甚至完全相反。但是对于未来气候变化对农业生产可能产生的影响，现有研究一致认定：以气候变暖为主要特征的气候变化在长期内会严重影响到农作物生产，造成不可忽视的减产（俞书傲，2020）。

3.1.3.3 近年突破气候对农业生产发展制约的举措

气象为农服务工作历来是气象服务工作的重点。为不断突破天气气候和气候变化对农业生产发展制约，党的十八大以来，历年的中央一号文件对气象工作提出这些要求：2013 年，“加快推进农村气象信息服务和人工影响天气工作体系与能力建设，提高农业气象服务和农村气象灾害防御水平”；2014 年，“完善农村基层气象防灾减灾组织体系，开展面向新型农业经营主体的直通式气象服务”；2015 年，“创新气象为农服务机制，推动融入农业社会化服务体系”；2016 年，“大力发展智慧气象服务和农业遥感技术应用”和“加强气象为农服务体系建设”；2017 年，“发展智慧气象，提高气象灾害监测预报预警水平”；2018 年，“提升气象为农服务能力。加强农村防灾减灾救灾能力建设”；2019 年，“建设现代气象为农服务体系”；2020 年，“加强现代农业设施建设，加快智慧气象等现代信息技术在农业领域的应用；加快建设现代气象为农服务体系，强化科技支撑作用”。

中国气象局历来高度重视气象为农服务工作。2019 年，气象部门大力发展智慧农业气象服务，发布 81 项 5 km 分辨率的农业气象基础产品，直通式服务覆盖近百万新型农业经营主体；与农业农村部联合启动第二批特色农业气象服务中心建设；推进农业气象服务供给侧结构性改革，108 个县开展了“气候好产品”评估工作，各地气象部门研发大宗粮油、特色林果等农业保险天气指数近 80 项；各实施县面向 19.5 万新型农业经营主体开展直通式服务，注册用户覆盖 57% 的新型农业经营主体。如何为农业提供更好的气象服务，以及农业生产如何适应气候变化，成为国内气象工作者和研究人员越来越关注的问题。

（1）农业气象业务服务产品系列不断细化。2020 年以“中国气候好产品”品牌建设为依托，联合特色农业气象服务中心及社会企业共建农业气象服务团队，探索新型气象为农服务解决方案。完成中国兴农网改版，加强关键农时农事气象服务和重大节日旅游气象安全提示，实现基于位置实时推送 261 个美丽乡村、115 家“中国天然氧吧”的灾害性天气预警。* 2020 年全年粮食产量预报准确率达 99.7%。开展季、年尺度主要农业气象灾害风险预估技术研发，重点研发作物模型

---

* 中国气象局公共气象服务中心 2020 年工作总结和 2021 年工作计划。

与观测资料同化技术，发展主要粮食作物生长模拟、灾害影响评估、产量动态预测一体化集成技术体系，开展全国100 m分辨率主要粮食作物、特色农产品精细化区划。构建全国一体化农业气象数据产品应用平台，开发基于“云＋端”的国、省、市、县集约化业务服务平台，持续推进全国农业气象“一张网”格点产品体系建设。基于农业气象业务格点客观产品，利用互联网、APP等平台，开展智慧农业气象直通式服务。目前，通过农业气象数据服务平台，农业生产部门、农业生产经营者和农户就可获取包括全国农业气象预报、全国农业气象周报、全国农业气象月报、生态气象监测评估、作物生长周期、春耕春播/夏收夏种/秋收秋种、农业气象监测、土壤相对湿度监测、农业干旱综合监测、光伏发电资源实况、乡村旅游精细化预报、突发气象灾害预警、农业气象影响预报与评估、渍涝风险气象预警、高标准农田气象预报等农业气象服务产品。由各省级气象部门提供的农业气象服务产品则更具有针对性和本地实用性。

（2）现代农业气象服务组织体系不断完善。目前，形成了健全的“省级—区域—市级—县级”的农业气象业务服务组织体系，形成了逐级指导、上下联动的服务模式。以智慧农业气象服务平台为基础，构建以数据为中心、适应农业气象服务布局、国省市县上下贯通、结构扁平的农业气象业务流程。实现数据在业务链条中运转。完善业务监控流程，按照数据流节点编制数据业务的全链条监控，实现由人工制作转变为自动化生成、业务员审核的全新业务体系。

（3）现代农业气象业务技术体系基本构建。近些年，推动研究型农业气象业务发展，优化升级业务制作系统，目前已经实现定时生成农业气象光、温、水，作物长势、格点化产量预报等基础数据的格点化自动制作发布。制作主要作物农业气象指标库，编制网格化指标图。整合卫星遥感数据、地面高光谱数据和地面实测数据等多源信息，通过遥感数据时空融合技术，制作发布作物长势遥感监测产品。持续推动“耕云”行动计划实施，组织编制人工增雨抗旱和防雹服务作战图、周年服务一览表、年度工作计划（“一图一表一计划”）。

（4）地方特色农业产业体系优化布局。根据服务需求，国家级利用省级制作的重要农产品、特色农产品气象监测评估预报产品，加工形成面向全国重要农产品保护区、特色农产品优势区的气象监测评估与预报服务产品。同时基于省级的农业气象业务格点客观产品，利用互联网、APP等平台，开展智慧特色农业气象直通式服务。提升特色农业气象服务支撑能力。省级深入开展需求调研，找准各级业务定位，围绕省委省政府农业产业发展布局，选取地方特色产业开展农业气象供给侧结构性改革试点，形成上下联动，以点带面的农业气象服务新格局。探索建立研究型业务开展环境及相关保障机制，试验开展国、省、市县、农业气象试验站及特色农业产品中心成员单位协同运作的研究型业务。2020年，继续以特色农业气象数据共享为抓手，建设完成全国特色农业气象农田小气候、作物实景观测数据共享平台；分二批成立了特色农业气象服务中心 15 个；建设完成全国特色农业气象业务系统二次开发基础框架平台，支持构建柑橘、茶叶、棉花三个特色气象中心业务系统。

（5）推进农业气象大数据和一体化业务平台建设。2020 年，组织开发 Web-CAgMSS 农业气象评价子系统和数据查询统计子系统，以及全国农业气象数据共享平台，实现地面气象、土壤水分、作物生长观测数据以及文档产品在全国范围内的共享，22 项农业气象条件监测格点产品和 14 项预报产品纳入系统，完成 8 大粮棉油作物产量分省指导预报，初步实现全国农业气象数据“一张网”。进一步升级改版“农业天气通”APP。正式发布“农业天气通”APP2. 0 版本，实现全国气象灾害、作物长势预报和全国逐月光、温、水等格点产品的分省切割发布，增加了个性化提醒、互动和查询功能，实现跨区发布柑橘服务产品。印发数据应用接入说明，接入 18 省 36 个本地特色功能和 13 个省的服务产品。目前注册用户 37. 4 万，发布产品 1. 5 万份。

（6）农业气象服务精准化水平不断提升。2020 年，气象部门与中国农业大学联合开展冬小麦面积估算合作，生成 10 m 空间分辨率的冬小麦空间分布图，进行冬小麦主产区的种植面积监测，提高了冬小麦面积估算的准确性。对北方冬小麦主产区 700 余县进行了产量预报，实现了基于县级行政区的产量预报方法，提高了产量预报的精细化程度。遴选完成《农业气象适用技术汇编》（山东省气象学会农业气象委员会，1993）。根据 2020 年农业气象服务精准化水平统计，全国省级农用天气预报精细化评分 77. 4 分*，其中有 27 个省份为 80 分，表明这些省份农用天气预报已经精细到县级，占 87. 1%；4 个省份农用天气预报只精细到市级，占 12. 9%；省级主要农作物农用天气预报还没有精细到乡镇。

（7）农业气象服务供给侧结构性改革成果显著。2020 年，国家级和省级气象部门深化农业气象服务供给侧结构性改革，中部区域安徽、河南、陕西等农业气象服务供给侧结构性改革试点取得了初步成果，并在业务服务中应用。一是试点单位进行了用户需求调研，梳理了服务需求清单，初步实现根据不同用户的需求制作差异化服务产品，去除或合并了部分内容重复或针对性较差的服务产品，提高服务产品的可用性和针对性。二是调整优化大田作物普适性气象服务和特色农业个性化服务流程。主要农作物农业气象服务产品加工制作集约到国省两级，国家级下发客观网格指导产品，省级结合本省的实际制作本省业务服务产品和市县

---

* 省（区、市）气象现代化建设指标评估方法规定：省级主要农作物农用天气预报精细到乡镇，评分为 100；精细到县级，评分为 80；精细到市级，评分为 60；未开展该项工作，评分为 0。

服务指导产品，市县两级应用上级指导产品开展本地化服务。市县两级根据当地农业产业发展需求，因地制宜开展特色农业气象服务，国省两级提供技术支撑。三是推进研究型业务发展，提升了农业气象业务服务科技支撑能力。开展了农业气象指标、技术方法和模型的研发，以及农业气象自动观测和卫星遥感监测的资料融合。强化大数据、物联网等新技术的应用。其中，安徽建立汇集涉农部门综合性数据资源的"农气徽云"；建立决策服务类、公众服务类、社会化服务类的分类服务产品清单；形成"1+3+16+63"业务服务布局。河南探索商水"业务在云、服务在端"农业气象服务模式和梁园"资源中心化、服务去中心化、产品分众化"的融入式社会化多元化服务模式。陕西组建全国苹果气象观测联盟和陕西农业气象观测团队，构建省市县三级一体化农业气象业务平台和全国苹果业务服务系统。国家气象中心优化国家级农业气象基础客观产品体系和业务技术流程，下发八大粮棉油作物产量预报分省客观指导产品，全国农业气象数据共享平台实现相关数据产品共享共用。

3.2 中部区域水资源匹配与开发利用

水是生命之源、生产之要、生态之基。水资源及其承载能力是一个国家综合实力的重要组成部分，水资源安全状况是衡量一个国家或地区发展水平的重要标志。中部地区水资源非常丰富，但多年来的资源开发，导致中部区域资源呈一定程度的枯竭。开展中部区域水资源匹配及其开发利用工作，摸清水资源家底，为对水资源进行统筹规划、优化配置、全面结缘、有效保护和科学管理奠定坚实基础（水利部水利水电规划设计总院，2014）。

3.2.1 中部区域水资源概况

豫鲁皖苏鄂陕6省多年平均水资源量约3093亿 m^3，水资源总体短缺、分布不均，同时存在季节性、水质性短缺。中部区域多年人均拥有水资源量，湖北最多，为1658 m^3；山东最少，为334 m^3，属严重缺水地区；河南、山东两省年水资源缺口超过90亿 m^3。

2011年，中部区域地表及地下水资源总量为3132.2亿 m^3，约占全国的13.47%。人均水资源量低于全国水平（表3.5），尤其河南、山东和江苏人均水资源量远远低于全国水平。中部区域可供生产生活利用的供水总量少，仅占全国1/4，但中部区域人口众多，粮食和农经作物生产密集，人均用水量达397.9 m^3，占全国人均用水量的 88. 38%，严重的供需不平衡。

2019 年，中部区域地表及地下水资源总量为 2244. 4 亿 m^3，降至占全国的 8%。人均水资源量降至全国水平 31%（表 3. 6），尤其河南、山东人均水资源量远远低于全国水平。

中部区域降水主要集中在汛期，许多汛期降水形成径流后流出，如湖北降水时空分布不均、汛期过境水较多，未得到有效利用。中部区域大中城市聚集、人口众多、工农业发达，用水量大，加剧了水资源短缺，进一步造成林草植被减少、湿地及河湖萎缩、水体污染和富营养化，引起水质性缺水，如太湖等地蓝藻频发，导致长三角地区生态环境恶化和饮用水安全等系列问题频繁出现，更加剧了可用水资源供给的紧缺。随着工业化、城镇化深入发展，未来水资源紧缺矛盾将更加突出，成为中部区域保持经济社会可持续发展的关键瓶颈。

表 3. 5　2011 年中部区域水资源概况

省份 项目	河南	山东	安徽	江苏	湖北	陕西	中部区域	全国	占全国的比例
水资源总量（亿 m^3）	328. 0	347. 6	602. 3	492. 4	757. 5	604. 4	3132. 2	23258. 5	13. 47%
地表水资源总量（亿 m^3）	222. 5	237. 5	544. 2	399. 0	725. 4	575. 5	2704. 1	22215. 2	12. 17%
地下水资源总量（亿 m^3）	191. 8	195. 9	143. 5	115. 1	251. 9	164. 3	1062. 5	7214. 8	14. 73%
人均水资源量（m^3/人）	349. 0	361. 6	1010. 1	624. 6	1319. 1	1616. 6	880. 17	1730. 4	50. 86%
供水总量（亿 m^3）	224. 6	222. 5	293. 1	552. 2	288. 0	83. 4	1663. 8	6022. 0	27. 63%
人均用水量（m^3/人）	237. 8	233. 5	485. 0	704. 4	503. 1	223. 5	397. 9	450. 2	88. 38%

注：数据来源于《统计年鉴 2012》。

表 3. 6　2019 年中部区域水资源概况

省份 项目	江苏	山东	河南	安徽	湖北	陕西	中部区域	全国	占全国的比例
水资源总量（亿 m^3）	231. 7	195. 2	168. 6	539. 9	613. 7	495. 3	2244. 4	29041	8%
地表水资源总量（亿 m^3）	163. 0	119. 7	105. 8	482. 1	583. 4	469. 7	1923. 7	27993. 3	7%

续表

项目＼省份	江苏	山东	河南	安徽	湖北	陕西	中部区域	全国	占全国的比例
地下水资源总量（亿 m^3）	77.5	128.4	119.1	144.8	217.3	139.4	826.5	8191.5	10%
人均水资源量（m^3/人）	287.5	194.1	175.2	850.9	1036.3	1279.8	637.3	2077.7	31%
供水总量（亿 m^3）	619.1	225.3	237.8	277.7	303.2	92.6	1755.7	6021.2	29%
人均用水量（m^3/人）	768.1	224.0	247.1	437.7	512.0	239.3	404.7	430.8	94%

注：数据来源于《统计年鉴2020》。

3.2.1.1　中部区域地理构成、水系及降水量

中部地区的主要水资源区域包括长江中下游流域、黄河中游流域、淮河流域、巢湖流域、洞庭湖流域和鄱阳湖流域。

湖北省地处长江中游、洞庭湖以北，自然面积18.59万 km^2。全省江河纵横，水系发达。长江由四川巫山进入湖北省，自西向东横跨全省，至黄梅县出境，全长1200余千米。全省5 km以上的河流总计4230条，其中河长大于100 km的有40条。湖北省平原水网区湖泊众多，素有“千湖之省”之称。其中，洪湖位于北亚热带湿润季风气候区，是一个兼有调蓄、灌溉、渔业、航运、供水等功能的多功能湖泊。湖北省多年平均降水量为1180 mm，折合降水量2193亿 m^3。受到水汽来向和地形分布的影响，省内年降水量的地区分布很不均匀，年降水量的地区分布特点为南多北少（湖北省水利厅，2019）。

山东省位于中国东部沿海、黄河下游，山东东西长721.03 km，南北长437.28 km，全省陆域面积15.58万 km^2。山东省分属于黄河、淮河、海河三大流域，境内主要河流除黄河横贯东西、大运河纵穿南北外，其余中小河流密布山东省，主要湖泊有南四湖、东平湖、白云湖、青沙湖、麻大湖等。山东省1956—2000年平均年降水总量为1060亿 m^3，多年平均年降水量679.5 mm（山东省水利厅，2019）。

江苏省地属淮河流域下游，境内有长江、太湖、淮河、沂沭泗四大水系交汇，省内水网密布、河湖众多，大部分河道水系融会贯通，其中京杭大运河由北向南纵贯全省，沟通了微山湖、骆马湖、洪泽湖、高宝湖、邵伯湖和太湖六大湖泊，成为江苏省跨流域调水的骨干河道。同时，江苏处在南北气候过渡地区，降雨时空分布不均匀，特殊的地理位置和气候条件决定了江苏省水资源有着明显的特征。江苏省降水丰沛，水资源丰富，但可利用的水资源量却有限。2018年，全省年降

水量 1088. 1 mm，折合降水总量 1109. 2 亿 m^3，比上年多 8. 1%，比多年平均多 9. 3%，属平水年份（江苏省水利厅，2019）。

河南省地处我国中东部，黄河中下游，总面积 16. 6 万 km^2，是全国总面积的 1. 74%。全省地跨长江、黄河、淮河、海河四大流域。省内河流流域面积超过 100 km^2的有 493 条，超过 10000 km^2的有 9 条。受到地形的影响，多数河流发源于西部、西北部以及东南部的山区，流经河南省。其中，黄河干流于灵宝市入境，经三门峡、洛阳等 7 个市的 24 个县。淮河流域主要有淮河干流及其淮南支流、洪河和豫东平原河道。河南省地表水资源不甚丰富，全省多年来平均降雨量为 776. 3 mm。地表水资源分布极其不均，且与土地和人口的分布不吻合，这又进一步加剧了水资源的供需矛盾（河南省水利厅，2019）。

陕西省位于中国的西北地区，全省总面积为 20. 56 km^2，全省年平均气温为 11. 6℃，平均降水量为 653 mm，主要集中于夏季的 7—9 月，冬季是枯水期，年均蒸发量为 1608 mm。以秦岭为界，分属于黄河、长江两大流域，拥有渭河、泾河和汉江较大河流，水资源总量为 445 亿 m^3，时空分布严重不均，外流水系约占全省面积的 97. 7%，而内流水系仅占全省总面积的 2. 3%，且主要分布在陕北高原风沙草滩区；2019 年陕西省年平均降水量 759. 4 mm，折合降水总量 1561. 35 亿 m^3（陕西省水利厅，2019）。

安徽省地处华东西北部，地跨长江、淮河。全省地势西南高、东北低，地貌复杂多样，面积有 13. 96 万 km^2，省内河流多属长江、淮河两大水系。巢湖东西长 54. 5 km，南北宽 21 km，水域面积约 750 km^2，为我国五大淡水湖之一。安徽省 2019 年平均降水量 944 mm，降水量南北差异不大，淮河流域降水量大于长江流域降水量（安徽省水利厅，2019）。

3. 2. 1. 2　中部区域水资源总量

湖北省水资源总量的空间分布特征与其地表水资源的分布基本一致，自南向北，由东、西向江汉平原腹地，由山区向平原逐渐减少。2011—2019 年多年以来平均的水资源总量为 945. 43 亿 m^3，其中地表水资源量 914. 48 亿 m^3，地下水资源量 263. 9 亿 m^3，人均水资源量 1510. 93 m^3。

山东省 2011—2019 年多年平均水资源总量 246. 09 亿 m^3，平均地表水资源量 153. 59 亿 m^3，平均地下水资源量 158. 16 亿 m^3，多年平均人均水资源量为 250. 52 m^3，远远低于全国平均水平。

江苏省 2011—2019 年多年平均水资源总量 429. 48 亿 m^3，平均地表水资源量 330. 98 亿 m^3，平均地下水资源量 117. 71 亿 m^3，多年平均人均水资源量为 540. 44 m^3。

河南省 2011—2019 年多年平均水资源总量 294 亿 m^3，平均地表水资源量

195.69亿m^3，平均地下水资源量171.58亿m^3，多年平均人均水资源量为310.02 m^3，远远低于全国的平均水平，水资源相当匮乏。此外，河南的水资源还存在着年际变化大，年内分布集中和地区分布不均等特点。

陕西省2011—2019年多年平均水资源总量402.29亿m^3，平均地表水资源量377.68亿m^3，平均地下水资源量130.12亿m^3，多年平均人均水资源量为1060.74 m^3。

安徽省2011—2019年多年平均水资源总量776.37亿m^3，平均地表水资源量713.23亿m^3，平均地下水资源量176.52亿m^3，多年平均人均水资源量为1266.31 m^3。

3.2.2　中部区域水资源匹配

联合国《世界水资源综合评估报告》指出，水问题是制约21世纪全球经济与社会发展的主要问题之一。为实现水资源的可持续利用，经济更好更快发展，定量分析区域水资源与社会经济间的匹配状况显得尤为重要（郑敏，2012）。

山东省2019年全省平均年降水量558.9 mm，比上年789.5 mm偏少29.2%，比多年平均679.5 mm偏少17.8%，属偏枯年份。2019年全省水资源总量为195.21亿m^3，其中地表水资源量为119.66亿m^3、地下水资源与地表水资源不重复量为75.54亿m^3。当地降水形成的入海、出境水量为102.07亿m^3。2019年年末全省大中型水库蓄水总量38.15亿m^3，比年初蓄水总量44.47亿m^3减少6.32亿m^3。2019年年末与年初相比，全省平原区浅层地下水位总体上有所下降，平均下降幅度为0.70 m，地下水蓄水量减少16.81亿m^3。2019年末全省平原区浅层地下水位漏斗区面积为14203 km^2，比年初增加1033 km^2。2019年全省总供水量为225.26亿m^3。其中，当地地表水供水量占22.18%、跨流域调水量（引黄、引江）占38.66%，地下水供水量占34.92%、其他水源供水量占4.24%。海水直接利用量为79.61亿m^3。2019年全省总用水量为225.26亿m^3。其中，农田灌溉用水占53.16%、林牧渔畜用水占8.20%、工业用水占14.15%、城镇公共用水占3.55%、居民生活用水占13.01%、生态环境用水占7.93%。

河南省水资源利用总量与地区生产总值的匹配程度处于相对匹配状态。这表明在既有的水资源条件下，河南省水资源利用总量与地区GDP的分布相对均衡；同时，也表明河南省利用一定比例的水资源能够带来相同比例的地区GDP。但河南省个别区域也存在不平衡现象。郑州市水资源利用总量占全省的8.53%，地区GDP占全省的19.8%，而南阳市水资源利用总量占全省的10.87%，地区GDP仅占全省的6.85%，二者相差较为悬殊。因此，河南省由水资源利用所带来的地区GDP有进一步提升的空间。

河南省农业用水量与第一产业值、工业用水量与第二产业值间的匹配程度均处于相对匹配状态，农业、工业在生产过程中耗用一定比例的水资源时能够带来相同比例的 GDP 值。这表明河南省农业用水量与第一产业值、工业用水量与第二产业值的分配相对均衡。安阳市占全省 8. 70% 的农业用水量贡献了全省 3. 58% 的第一产业值，三门峡市仅占全省 1. 38% 的农业用水量却贡献了全省 2. 98% 的第一产业值；郑州市占全省 10. 67% 的工业用水量贡献了全省 2. 37% 的第二产业值，而漯河市仅占全省 1. 42% 的工业用水量却贡献了全省 4. 07% 的第二产业值。从计算结果来看，河南省个别地区在水资源利用量与要素间的分配不均衡，没有实现经济社会发展与水资源利用之间的高效配置，说明河南省水资源利用效率还具备提高的潜力（祁丽霞，2017）。

河南省农业用水量与农业劳动力资源的匹配程度处于相对匹配状态。这表明河南省各市农业劳动力人口人均可利用的水资源分配相对均衡。人口有向大城市集中的趋势。如周口市经济社会发展在河南省各市中排名靠前，周口市农业用水量占全省的 7. 65% ，但周口市农业劳动力人口占全省的比例却高于这一比例。这说明，在河南省经济发达的地区，随着农业劳动力数量的攀升，缺水的状况越来越严重，河南省部分城市缺水现象已然呈现，过度追求城市化发展而导致了土地的水资源涵养能力差；农业劳动力人口在用水方面也表现出缺乏节水意识，导致水资源循环利用率很低；农业用水量与农业劳动力资源分配不平衡，人均可利用水资源分配不均衡，说明河南省在水资源利用与农业劳动力资源的配置上仍存在进一步优化的空间。

河南省农业用水量与耕地面积的匹配程度处于相对合理状态，对水资源的利用与耕地面积的分布相对比较均衡。焦作市占全省 6. 18% 的农业用水量灌溉了全省 2. 40% 的耕地面积，而驻马店市仅占全省 4. 36% 的农业用水量却灌溉了全省 11. 68% 的耕地面积。二者相差悬殊，说明河南省个别地区的水资源与耕地面积分配不平衡。同时也说明在既有的水资源条件下，个别地区没有合理灌溉，还在采取传统的土渠输水和漫灌方式。因此，河南省在水资源利用与耕地面积的分配上还有提升的空间。

陕西省水资源量与耕地面积匹配程度高度不均衡，在现有水资源量的情况下，陕西省水资源量与耕地面积的分布不均衡，显著的不平衡表现在陕南地区的商洛市、安康市及汉中市水资源较为丰富，水资源比重分别占水资源总量的 10. 69% 、25. 14% 、37. 55% ，但耕地面积仅分别占陕西省总耕地面积的 4. 66% 、6. 90% 和 7. 17% ，而耕地资源较为丰富的陕北地区，水资源却非常匮乏。这表明受地理位置和水系分布的影响，水土资源没有充分合理匹配，表现为在水资源相对充裕的地区反而存在水资源灌溉效率低的现象（冯颖，2017）。

陕西省水资源量与人口匹配程度也较好，属于相对平均状态，不同行政区内人均可利用的水资源量较为均衡，这与人口多在水源地附近分布的状况相吻合。也有部分地区呈现出不均衡的状态，如关中地区的显示人口占陕西省人口比重高达22.76%，但其水资源却仅占全省总量的5.7%；渭南市人口数量占陕西省人口比重14.17%，水资源却仅占全省总量的2.56%。在全省属于相对缺水地区，但是人口占全省的比例却远远高于这一数值，表明在陕西省经济发达的区域，随着其他区域人口的涌入，缺水的状况可能会越来越严重。从社会发展进程来看，人口向大城市迁移的趋势在短期内不会逆转，这就要求在城市水资源利用上采取更多有效的节水措施，否则，现阶段陕西省水资源量与人口匹配程度较好的状态会随着城市化进程逐渐被打破。

陕西省水资源量与GDP匹配程度严重不均衡，远超警戒线，陕西省多个区域出现了水资源难以满足经济发展的局面。如关中地区的西安市生产总值占全省生产总值比重高达30.86%，但其水资源却仅占全省总量的5.7%；一些水资源较为丰富的地区，如陕南地区的汉中市水资源占全省水资源总量的37.55%，但其GDP占全省GDP比重却只有5.36%，主要原因在于，陕南地区被纳入南水北调工程水资源涵养区，由于严格的环境保护要求，产业发展受到较大限制。陕北地区由于大规模开发，给当地造成了较为严重的环境破坏，导致水资源短缺等问题越发突出。

3.2.3 中部区域水资源开发利用

3.2.3.1 中部区域水资源利用概况

中部地区的主要水资源区域包括长江中下游流域、黄河中游流域、淮河流域、巢湖流域、洞庭湖流域和鄱阳湖流域，各省份的水资源分布和配置有很大差别，各省份都非常重视水资源开发利用工作，但在水资源开发利用措施方面则有较大差别。

湖北省到2019年全省已建成水库6935座，总库容1263.8亿m^3；全省总供水量为303.2亿m^3，人均用水量512.0 m^3。其中，当地地表水供水量占98.1%，地下水供水量占1.8%、其他水源供水量占0.1%。全省总用水量为303.2亿m^3。其中，农业用水占51.3%、工业用水占30.1%、居民生活用水占18.0%、生态环境用水占0.6%。湖北省平均年用水消耗总量127.63亿t，平均耗水率达到44.84%，平均有效供水率仅为55.16%，耗水量过大导致有效供水率过低且没有显著改善，水资源利用水平和水利设施建设水平也较低（肖加元 等，2016）。

山东省2019年全省总供水量为225.26亿m^3。其中，当地地表水供水量占22.18%、跨流域调水量（引黄、引江）占38.66%，地下水供水量占34.92%、其他水源供水量占4.24%。海水直接利用量为79.61亿m^3。全省总用水量为225.26亿m^3。其中，农田灌溉用水占53.16%、林牧渔畜用水占8.20%、工业用水占

14.15%、城镇公共用水占3.55%、居民生活用水占13.01%、生态环境用水占7.93%。水资源紧缺是山东的基本省情，也是国民经济和社会发展的重要制约因素。从总体上讲，山东省目前尚处于水资源开发利用的发展阶段，水资源利用效率低，不同地区间水资源开发利用程度不均衡（邵金花和刘贤赵，2007）。

江苏省2019年全省总供水量619.1亿m^3。其中，地表水源供水量602.3亿m^3，占总供水量的97.2%；地下水源供水量6.3亿m^3，占总供水量的1.01%；再生水供水量10.5亿m^3，占总供水量的1.7%。其中，农业用水303.1亿m^3，占总用水量的49.0%；工业用水248.3亿m^3，占总用水量的40.1%；生活用水64.0亿m^3，占总用水量的10.3%；生态用水3.7亿m^3，占总用水量的0.6%。2015－2019年，全省用水总量趋于稳定，万元地区生产总值用水量和万元工业增加值用水量呈逐年下降趋势，年均下降率分别达到7.2%和7.9%，农田灌溉水有效利用系数逐年上升，国家考核重点水功能区水质达标率逐年提高。由于江苏省各地发展不平衡，用水结构也有着明显差异，地下水资源开发利用程度还低于全国平均值。

河南省经多年的开发建设，其水资源利用已经达到了较高的水平。到2019年全省已建成水库2510座，总库容432.9亿m^3；全省总供水量为237.8亿m^3，人均用水量247.1 m^3。其中，当地地表水供水量占49.4%，地下水供水量占47.3%、其他水源供水量占3.3%。全省总用水量为237.8亿m^3。其中，农业用水占51.2%、工业用水占19.0%、居民生活用水占17.5%、生态环境用水占12.3%。河南水资源短缺，目前存在着地下水超采，水利工程老化等问题（赵珑迪，2018）。

陕西省2019年全省已建成水库1101座，总库容93.8亿m^3；全省总供水量为92.6亿m^3，人均用水量239.3 m^3。其中，当地地表水供水量占63.2%，地下水供水量占33.6%、其他水源供水量占3.2%。全省总用水量为92.6亿m^3。其中，农业用水占59.5%、工业用水占16.0%、居民生活用水占19.5%、生态环境用水占4.9%。陕西省水资源开发利用率低于全国平均值，用水效率不高，用水浪费问题仍较为突出（马亚峰，2012）。

安徽省自新中国成立以来兴建了大量水资源开发与利用的工程，其开发的地表水与地下水工程自成体系，在历年的防洪抗旱中发挥了巨大的作用。到2019年，安徽省已经修建了水库6080座，总库容数203.6亿m^3。2019年全省供水总量277.7亿m^3，其中地表水源供水量244.1亿m^3，占87.9%，地下水源供水量29.4亿m^3，占10.6%，其他水源供水量4.6亿m^3、占1.5%。2019年全省用水总量为277.7亿m^3，其中，农业用水占54.1%、工业用水占30.7%、居民生活用水占12.3%、生态环境用水占1.3%。目前安徽省在水资源开发利用中存在的问题有：水资源分布不均，与经济社会发展空间格局不协调；用水效率总体不高，加剧部分地区水资源紧缺形势；局部地区地下水超采，引发环境地质问题；淮河部分支流生态用水亏缺，生态安全受到威胁（张效武，2019）。

中部区域省份都非常重视水利设施建设。2011年，中部区域省份水库达到21510座，总容量达到2181亿 m^3（表3.7）。从2019年情况分析（表3.8），水库增加到23510座，水库总容量增加2249.7亿 m^3，水库和容量较2011年分别增加2000座和68.7亿 m^3，不仅承担着农业灌溉和人畜饮水的任务，而且发电和生态均需要消耗大量水资源。因此，人工增雨对农业、生态和水电开发和水库蓄水都能发挥积极作用。

表3.7　2011年中部区域水库统计表

省份	水库数（座）	总库容量（亿 m^3）
河南	2478	403
山东	6291	227
安徽	4927	286
江苏	907	189
湖北	5866	999
陕西	1041	77
合计	21510	2181

注：数据来源于《中国统计年鉴2012》。

表3.8　2019年中部区域水库统计表

省份	水库数（座）	总库容量（亿 m^3）
河南	2510	432.9
山东	5932	220.3
安徽	6080	203.6
江苏	952	35.3
湖北	6935	1263.8
陕西	1101	93.8
合计	23510	2249.7

注：数据来源于《中国统计年鉴2020》。

3.2.3.2　南水北调中线工程水源地及水电开发

（1）南水北调中线工程水源地。南水北调中线工程是我国调配水资源的重大工程。丹江口水库处于汉江中游，集水区位于陕西、河南、湖北3省境内，其水质达到Ⅱ类以上标准，是南水北调中线工程调水的水源地（图3.3）。

南水北调中线工程投入运行后，每年平均从丹江口水库调水95～130亿 m^3，相当于减少汉江中下游1/4的水量，将使下游河道水位下降0.6～1.0 m，直接影响到汉江中下游上千万人口生活和工农业用水，并对生态环境、灌溉、航运造成不利影响。这相应需要对汉江中下游流域进行水源补偿。为此国家实施“引江济汉”等工程，以解决汉江中下游广大地区水量不足的矛盾。但经对汉江上游和长江中游代表站531年旱涝等级进行对比分析发现，长江与汉江同枯频率较高，同枯年份“引江济汉”水源将难以得到有效保障。此外，丹江口水库集水区5—10月降水量占全年的70%，水资源分布不均，每年均有干旱发生。上述问题的存在对南水北调中线工程效益的发挥提出了挑战。

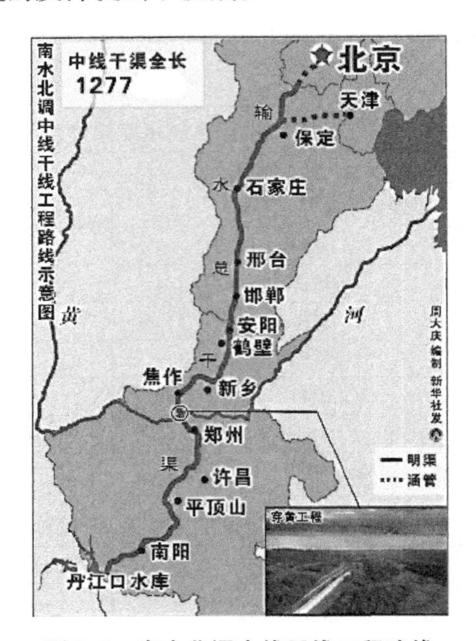

图3.3　南水北调中线干线工程路线

（资料来源：国务院南水北调工程建设委员会办公室）

（2）水电开发情况。中部区域是我国水能资源分布较为丰富的地区，目前中部区域5省30万kW以上的大中型水电站11个，均分布在湖北和河南。2012年，湖北累计水电发电量超过1400亿kW·h，处于全国第二。（图3.4）

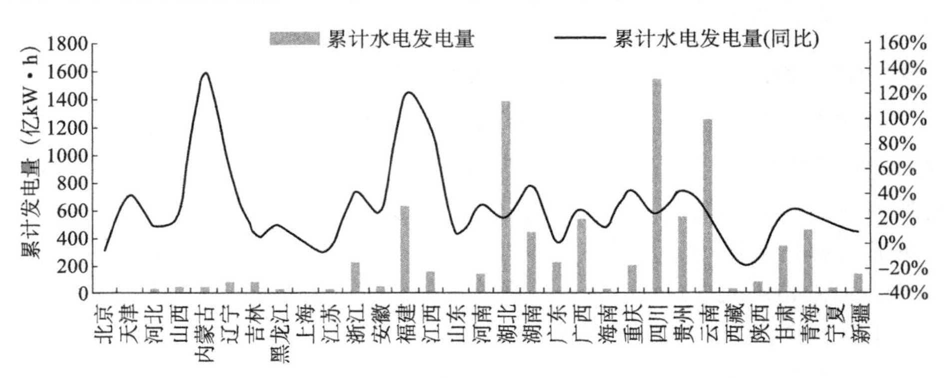

图3.4　2012年各省水电累计发电量以及增速比较

2018年，中部区域六省份水力发电量达到1775.6亿kW·h，占全国水电发电量的14%，其中湖北达到1449.8亿kW·h，占中部六省份总量的83.65%，全国排位第3名（表3.9）。

表3.9　2018年中部区域省份水力发电（单位：亿kW·h）

省份	水力发电量	全国排名
湖北	1449.8	3
河南	138.3	13
陕西	115.4	15
江苏	32.6	22
安徽	35.2	20
山东	4.3	29
中部省合计	1775.6	
全国	12318	
中部水利发电量占全国比例	14.41%	

3.3　中部区域生态分布与面临的形势

3.3.1　中部区域生态分布

中部区域位于中国南北方的过渡之处，气候上的南北过渡特征十分明显，且地貌类型多样，山地、丘陵、平原岗地兼备，东临渤海、黄海，自然环境复杂多样，从而使植物和动物资源十分丰富而多样。

河南省内河流大多发源于西部、西北部和东南部，境内有1500多条主干河流纵横交错，其中流域面积100 km^2以上的河流有493条。河南省多年平均水资源总量405亿m^3，常年人均水资源拥有量440 m^3。河南省水力资源蕴藏量490.5万kW，可供开发量315万kW。河南是国家特大型水利重点工程——南水北调中线工程的核心水源地、主要受水地以及输水总干渠工程渠首所在地，开通以来河南段常年平均受水量达8.7亿m^3。河南省植物兼有南北种类，维管植物有198科、1142属、3979种，占全国维管植物的10%，其中蕨类植物29科、70属、205种及变种多裸子植物10科、28属、74种及变种多被子植物159科、1044属、3670种及变种，其中国家级珍稀濒危保护植物63种，省级保护植物64种，它们共同组成了河南的植物区系。2017年，河南省共营造林48.167万hm^2，其中人工造林12.628万hm^2。年末共有自然保护区30个，面积76.2万hm^2，其中国家级自然保护区 13 个。森林公园 118 个，其中国家级森林公园 31 个，森林覆盖率 24.53%。

山东省分属于黄河、淮河、海河三大流域。根据山东 1956—2000 年实测资料分析，山东省多年平均年降水量为 679.5 mm，多年平均水资源总量为 303.9 亿 m^3，其中地表水资源量为 198.3 亿 m^3，多年平均地下水资源量为 165.4 亿 m^3（地表水、地下水重复计算量 59.8 亿 m^3）。黄河水是山东主要可以利用的客水资源，每年进入山东水量为 359.5 亿 m^3，按国务院办公厅批复的黄河分水方案，一般来水年份山东可引用黄河水 70 亿 m^3。长江水是南水北调东线工程建成后山东省可以利用的另一主要客水资源。根据南水北调水资源规划，山东省一期将引江水 14.67 亿 m^3，二期引江水 34.52 亿 m^3。山东省水资源的主要特点是：水资源总量不足；人均、亩均占有量少；水资源地区分布不均匀；年际年内变化剧烈；地表水和地下水联系密切等。山东省水资源总量仅占全国水资源总量的 1.09%，人均水资源占有量 334 m^3，仅为全国人均占有量的 14.9%（小于 1/6），为世界人均占有量的 4.0%（1/25），位居全国各省（自治区、直辖市）倒数第 3 位，远远低于国际公认的维持一个地区经济社会发展所必需的 1000 m^3 的临界值，属于人均占有量小于 500 m^3 的严重缺水地区。

安徽省共有河流 2000 多条，河流除南部新安江水系属钱塘江流域外，其余均属长江、淮河流域。长江自江西省湖口进入安徽省境内至和县乌江后流入江苏省境内，由西南向东北斜贯安徽南部，在省境内 416 km，属长江下游，流域面积 6.6 万 km^2。长江流经安徽境内 400 km，淮河流经省内 430 km，新安江流经省内 242 km。安徽省共有湖泊 580 多个，总面积为 1750 km^2，其大型 12 个、中型 37 个，湖泊主要分布于长江、淮河沿岸，湖泊面积为 1250 km^2，占全省湖泊总面积的 72.1%。淮河流域有八里河、城西湖、城东湖、焦岗湖、瓦埠湖、高塘湖、花园湖、女山湖、七里湖、沂湖、洋湖 11 个湖泊，长江流域有巢湖、南漪湖、华阳河湖泊群、武昌湖、菜子湖、白荡湖、陈瑶湖、升金湖、黄陂湖、石臼湖 10 个湖泊。其中巢湖面积 770 km^2，为安徽省最大的湖泊，全国第五大淡水湖。

江苏省境内降雨年径流深在 150～400 mm。江苏省平原地区广泛分布着深厚的第四纪松散堆积物，地下水源丰富。江苏地处长江、淮河、沂沭泗流域下游和南北气候过渡带，河湖众多，水系复杂。江苏省本地水资源量 321 亿 m^3。全省多年平均过境水量 9492 亿 m^3，其中长江径流占 95% 以上。江苏省地下水资源量 142.4 亿 m^3，其中，平原区地下水资源量 134.4 亿 m^3，山丘区地下水资源量 13.1 亿 m^3，重复计算量 5.1 亿 m^3。截至 2016 年，江苏省森林面积 156 万 hm^2，林木覆盖率 22.8%，活立木总蓄积量 9609 万 m^3，国有林场 76 个、面积 10.67 万 hm^2。江苏省重点国家保护植物有金钱松、银缕梅、宝华玉兰、天目木兰、琅琊榆、香樟、青檀、榉树、香果树、银杏、短穗竹、秤锤树、明党参、珊瑚菜、独花兰、莼菜、野菱、野大豆、水蕨、中华水韭等，计20种，分属17科19属，其中中国特有种13种。全省共建立林木种质资源原地保存地46处，面积1.29万hm^2，主要分布在自然保护区和森林公园内，保护种质资源树种1063种，如金钱松、宝华玉兰、南京椴、楸树、青檀、黄连木、银杏、银缕梅等。

湖北省2015年地表水资源量991.15亿m^3，折合径流深533.2 mm，比2014年偏多11.9%。其中长江流域地表水资源量986.29亿m^3，折合径流深534.4 mm，偏多11.9%；淮河流域地表水资源量4.87亿m^3，折合径流深359.2 mm，偏多7.8%。湖北省已发现的木本植物有105科、370属、1300种，其中乔木425种、灌木760种、木质藤本115种。这在全球同一纬度所占比重是最大的。全省不仅树种较多，而且起源古老，迄今仍保存有不少珍贵、稀有孑遗植物。除有属于国家一级保护树种水杉、珙桐、秃杉外，还有二级保护树种香果树、水青树、连香树、银杏、杜仲、金钱松、鹅掌楸等20种和三级保护树种秦岭冷杉、垂枝云杉、穗花杉、金钱槭、领春木、红豆树、厚朴等21种。藤本植物种类多且分布广，价值较高的有爬藤榕、苦皮藤、中华猕猴桃、葛藤、瓜蒌等10多种。全省的草本植物有2500种以上，其中已被人们采制供作药材的有500种以上。

2020年4月2日，中国气象局发布《2020年全国生态气象公报》（以下简称《公报》）（中国气象局，2021）。《公报》指出，2020年全国水热条件总体好于常年和2019年，植被生态质量和固碳量达2000年以来最高，地表变“绿”、固碳能力显著增强。

2019年，中部区域林业用地面积2370.48万hm^2，约占全国7.27%，湖北最大为876.09万hm^2，江苏最小为174.98万hm^2；森林面积1957.8万hm^2，约占全国的8.9%，主要分布于河南南部、山东中部及半岛、湖北北部和西部、安徽南部一带，其中湖北森林面积为736.27万hm^2，江苏森林面积仅为155.99万hm^2；中部区域森林覆盖率远远低于全国水平，仅占全国的1.14%。同时，中部区域森林蓄积量为95619.55万m^3，占全国的5.44%，湖北森林蓄积量最大36507.91万m^3，江苏森林蓄积量最小7044.48万m^3。

中部区域国家级自然保护区53个，约占全国的11.2%，湖北最多为22个，江苏最少为3个；保护区面积166.2万hm^2，约占全国的1.7%，湖北最多为54.7万hm^2，安徽最少为14.7万hm^2；中部区域湿地面积共767.5万hm^2，约占全国的14.3%，江苏湿地面积最大为282.28万hm^2，河南湿地面积最小为62.79万hm^2。其中，自然湿地491.03万hm^2，约占全国的10.50%，人工湿地276.47万hm^2，约占全国的40.98%，湿地面积占辖区面积比重10.28%，占全国比例仅为1.84%。

中部区域草原为1449.99万hm^2，仅占全国的3.69%，其中湖北、河南草原面积较大，分别为635.22万、443.38万hm^2，江苏最少为41.27万hm^2。

从全国范围来看，总的来说，中部区域的森林、湿地、自然保护区、草原发挥了重要的生态保护作用，构筑了长江、黄河中下游及淮河的生态屏障，但其所占全国比例仍然偏低。具体数据见表3.10至表3.13（国家统计局，2020）、图3.5至图3.7。

表3.10　中部区域森林资源概况

项目＼省份	河南	山东	安徽	江苏	湖北	中部区域	全国	占全国比例
林业用地面积（万 hm^2）	520.74	349.34	449.33	174.98	876.09	2370.48	32591.12	7.27%
森林面积（万 hm^2）	403.18	266.51	395.85	155.99	736.27	1957.80	22044.62	8.9%
森林覆盖率（%）	24.14	17.51	28.65	15.20	39.61	26.24	22.96	1.14
森林蓄积量（万 m^3）	20719.12	9161.49	22186.55	7044.48	36507.91	95619.55	1756022.99	5.44%

表3.11　中部区域自然保护概况

项目＼省份	河南	山东	安徽	江苏	湖北	中部区域	全国	占全国比例
国家级自然保护区个数（个）	13	7	8	3	22	53	474	11.2%
国家级自然保护区面积（万 hm^2）	44.8	22.0	14.7	30.0	54.7	166.2	9811.4	1.7%

表3.12　中部区域湿地分布概况　　单位：万 hm^2

项目＼省份	河南	山东	安徽	江苏	湖北	中部区域	全国	占全国比例
湿地面积	62.79	173.75	104.18	282.28	144.50	767.50	5360.26	14.30%
自然湿地	38.07	110.30	71.36	194.88	76.42	491.03	4667.47	10.50%
人工湿地	24.72	63.45	32.82	87.40	68.08	276.47	674.59	40.98%
湿地面积占辖区面积比重	3.76%	11.07%	7.46%	27.51%	7.77%	10.28%	5.58%	1.84%

表3.13　中部区域草原分布概况　　单位：万 hm^2

项目＼省份	河南	山东	安徽	江苏	湖北	中部区域	全国	占全国比例
草原面积	443.38	163.80	166.32	41.27	635.22	1449.99	39283.27	3.69%

注：数据来源于《中国统计年鉴2020》。

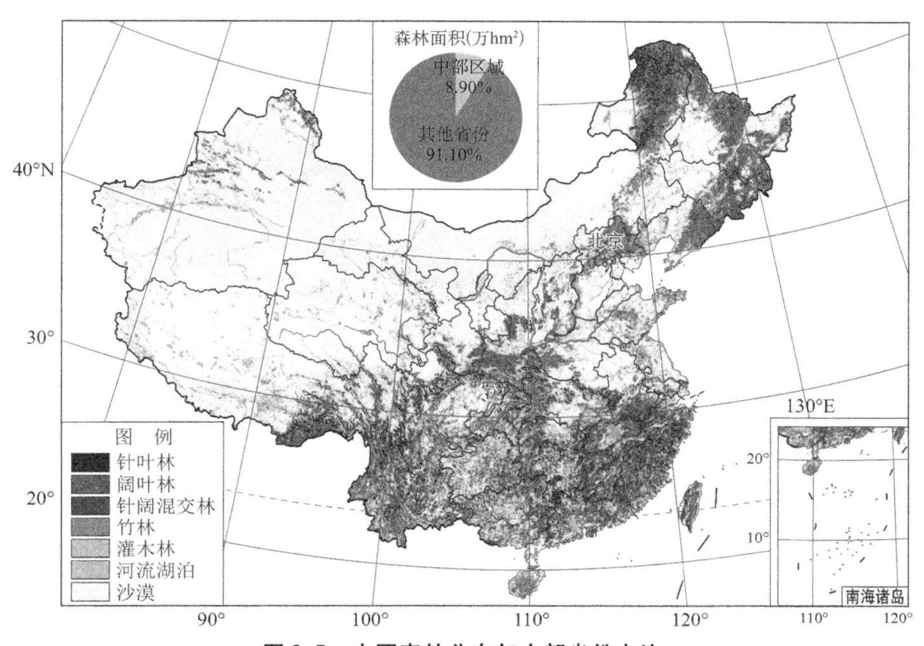

图 3.5　中国森林分布与中部省份占比

（图片来源：中国林业网，国家森林资源清查数据发布与展示条注）

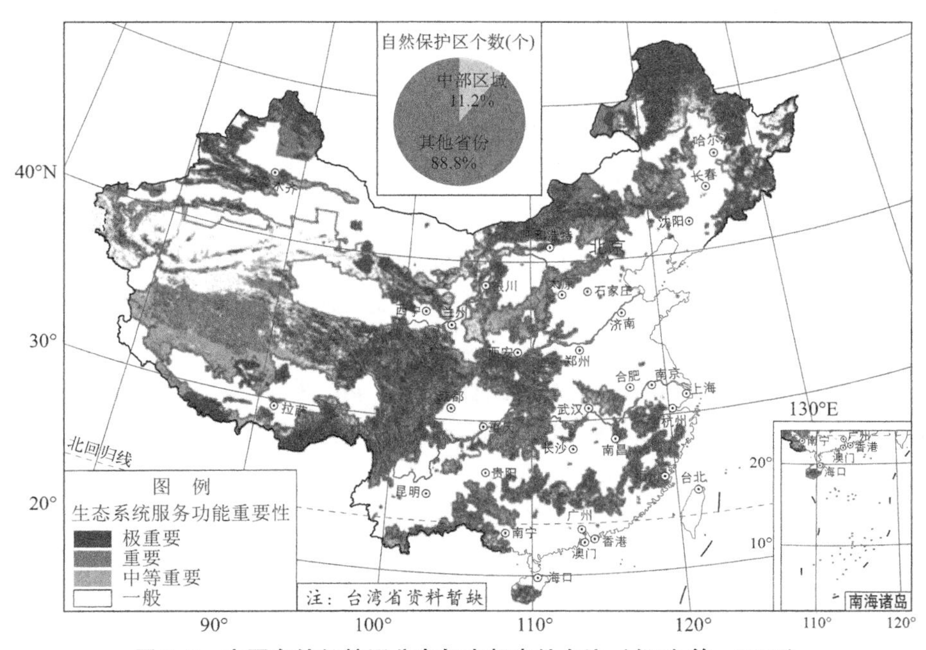

图 3.6　中国自然保护区分布与中部省份占比（候鹏 等，2017）

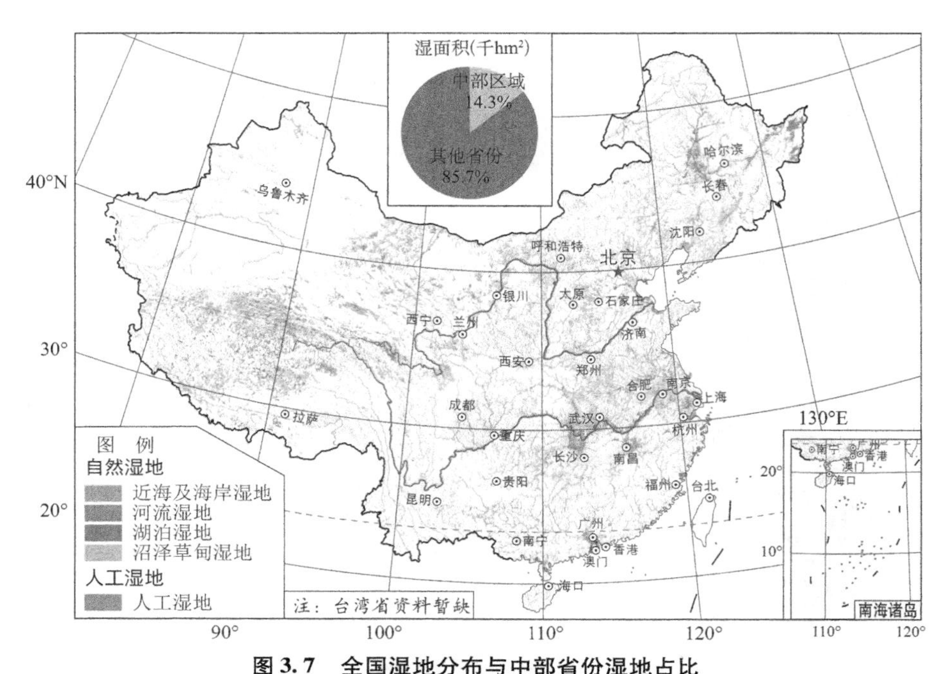

图 3.7　全国湿地分布与中部省份湿地占比

（图片来源：自然资源部中国地质调查局，中国自然资源图案）

3.3.2　中部区域生态面临的形势

中部区域大中城市聚集、城镇化进程快，随着全球变暖，城市和工农业生产用水增加，维持森林、湿地、河湖生态系统的水量更加短缺，出现湿地、湖泊、河流萎缩，加之森林火灾频发、水污染加重，中部区域生态环境十分脆弱，生态建设与保护的任务艰巨。目前，在国家推进生态文明建设中，尽管中部区域生态状况有一定好转，一些地区甚至出现增长性恢复，但生态面临的危害仍然需要引起高度重视。

（1）水环境恶化严重。一方面，工业污染严重。据资料显示，分布在中部区域化工企业多，还分布有钢铁基地、炼油厂，以及南京、仪征等石油化工基地。大量的石油和化学工业生产因航运便利，都集聚在长江沿岸，直接造成了长江水体污染。据中国水资源公报数据，长江流域污水排放量一直呈现不断增多的趋势，20 世纪 70 年代污水排放量不足 100 亿 t，2000 年为 230 亿 t，2007 年突破 300 亿 t，2014 年则高达 338. 8 亿 t，占全国近 50% ，相当于每年一条黄河水量的污水被排入长江。同时，中部区域城市生活污染严重，生活污染水、化肥和农药污染间接影响长江、黄河、淮河水环境，水体中的氮、磷等营养物质含量水平较高，表明以农药、化肥为主的非点源污染已成为影响中部区域水体水质的重要因素。

（2）生态用水紧张。尽管目前长江干流总体水质较好，但局部地区环境容量已经接近或达到发展的临界点，长江干流Ⅳ类、Ⅴ类、劣Ⅴ类水质频现，部分城市干流污染严重。中下游流域河流、湖泊已出现严重的水环境质量下降和水体富营养化趋势。长江干流500多个主要城市取水口均已不同程度地受到岸边污染带的影响，汉江等长江支流、太湖、巢湖“水华”频现，影响居民饮水安全事件频繁发生。2009年2月，由于水源受到化工污染，江苏省盐城市区发生大范围断水；2012年2月，江苏镇江自来水遭遇苯酚污染，引发居民抢购饮用水；2014年4月，汉江水质出现氨氮超标，紧急停水影响武汉30万居民用水。黄河水资源供需矛盾日益突出，农业灌溉仅能维持关键用水，生态用水更是极度匮乏，由此引发了北部沿海地区耕地盐碱化、小清河以南地区超采地下水、河湖生态不断恶化等系列问题。

（3）生物多样性下降。一方面，由于人类活动的干扰，导致了长江、黄河、淮河流域水生生物赖以栖息的生境改变，进而影响水生生物的繁衍与增殖，水生生物的多样性有明显的下降趋势，存在诸如鱼类面临濒危物种增加、种群数量萎缩、种质资源退化等问题。水质污染不仅影响鱼类生存环境，导致鱼类死亡，还对浮游生物、底栖生物等多种鱼类饵料生物造成危害，破坏鱼类食物链，间接影响江河鱼类资源，导致鱼类天然资源量减少。另一方面，水资源的开发利用对生物多样性的影响凸显。由于水利水电工程建设所产生的水库淹没、大坝阻隔、河流水文情势改变等因素，使长流域水生生物生存环境发生改变，对部分水生生物产生了负面影响，其结果是河流、湖泊形态的均一化和不连续化，使许多鱼类洄游通道受阻，生境多样性发生了改变，造成水生生物生境的异质性降低，水生态系统的结构与功能发生变化，生物群落多样性降低，引起生态系统退化。

（4）湿地面积锐减。中部区域长江、黄河、淮河流域沿岸分布广泛的湿地、河流湿地、湖泊湿地、沼泽湿地、人工库塘湿地五大类型湿地，是我国重要的湿地分布区域之一。由于过度的水资源开发和受气候变化的影响，中部区域的洞庭湖水域面积由1949年的4350 km^2，1984年下降为2145 km^2，2014年恢复到2740 km^2。根据黄河湿地变化监测分析，1975—2000年黄河流域湿地面积总体上呈减小趋势，近25年来共减小3868. 03 km^2，后期（1990—2000年）的减小速度和幅度明显大于前期（1975—1990年）。同时，也呈现湿地水质下降，湖泊湿地存在水环境质量下降、水体富营养化严重问题。由于湿地水生生物的栖息地萎缩，从而引发本来就脆弱的水域生态危机，水域生物链遭到破坏，造成水生生物大量消亡，部分物种面临灭绝的境地。

（5）水土流失严重。长江流域水土流失面积20世纪50年代为29. 95万 km^2，

1985年已增加到56.2万km^2，2010年为55.18万km^2，占流域土地面积的36.2%，年平均土壤侵蚀量为24亿t。近年来，各地不断加大对水土流失的治理，截至2015年底，全流域还有水土流失面积38.5万km^2，占流域总面积的21%。2016年长江流域内实施中央预算内投资的水土流失重点治理工程、坡耕地综合治理工程、岩溶地区石漠化治理工程及中央预算专项资金实施的国家农业综合开发水土保持项目和国家水土保持重点建设工程，共完成水土流失治理面积4293.81 km^2。黄河水利委员会公布的数据显示，截至2016年，黄土高原地区通过建设修筑梯田、造林种草等措施，累计治理水土流失面积21.84万km^2，占黄河流域水土流失总面积的47%，黄河流域水土流失还未治理面积仍有24.63万km^2。

（6）极端天气气候事件频发。由于人类活动与自然因素的综合影响，长江、黄河、淮河流域气候不断出现大范围的异常现象，极端天气气候事件频繁发生，给流域经济社会的可持续发展和人民群众的生命财产造成了严重影响。近些年来，中部区域省份极端天气气候事件呈现逐年增多的趋势，暴雨洪涝、干旱、台风、高温热浪、低温霜冻等极端天气时有发生。

第4章　中部区域人工影响天气能力建设现状

中部省份是我国粮食主要产区，由于粮食生产对天气气候变化的高度依赖性，因此一直以来中部省份都非常重视利用人工影响天气作业手段，以降低天气气候灾害对粮食生产的影响。目前，中部区域人工影响天气能力建设已经具有一定基础，并具备了一定的人工影响天气能力。本章重点分析研究中部区域人工影响天气能力现状，为推进中部区域人工影响天气能力建设效益最大化奠定坚实基础。

4.1　人工影响天气作业能力现状

人工影响天气业务是现代气象业务的基本组成部分，是公共气象服务的重要领域。该项业务是基于气象综合观测、预报预测和信息网络等基本业务系统，通过专业化的补充建立和开发，围绕人工增雨、防雹等人工影响天气业务目的，开展作业条件监测预报、作业决策指挥、效果评估、装备保障和安全管理等业务工作，分别在国家（区域）、省、市、县和作业站点各级开展，是保障国家粮食安全、水安全、生态安全的一项公益事业，是提高防灾减灾能力、应对气候变化能力、开发利用气候资源能力的一项重要的基础性业务工作。

中部区域各省从20世纪50年代末先后开展人工影响天气工作，至今已有60多年的历史。在党中央、国务院和中国气象局以及地方各级党委政府的正确领导下，在有关部门和军队的大力支持下，经过几十年尤其是近20多年的发展，中部区域人工影响天气服务能力和科技水平有了明显提高，在减轻干旱、冰雹对农业生产的损失，缓解水资源短缺，生态环境建设，重大活动保障等方面发挥了积极作用，取得了显著的经济、社会和生态效益，得到各级党委政府的充分肯定，受到人民群众的欢迎。中部区域人工影响天气服务需求迫切、潜力巨大，在组织管理体系、作业基础设施、科技支撑、人才队伍、区域协作等方面具有良好的工作基础，为中部区域人工影响天气能力建设的实施提供了支撑条件。

4.1.1　中部区域飞机作业能力

人工影响天气飞机作业是利用飞机直接入云，在具有一定条件的目标云中直接播撒含有冷云或暖云催化剂的物质，以影响云物理过程，达到人工增雨雪的目的。飞机作业中，可以根据条件配备适用于不同对象的播撒装置和催化剂，同时还可以利用安装的机载云粒子测量系统等先进装备，来实时观测作业对象特征、科学选择催化作业条件。

目前，中部区域各省级人工影响天气部门均建立了专业化飞机作业队伍，河南、山东、湖北常年租用飞机开展增雨作业，安徽、江苏根据抗旱需要开展季节性飞机增雨作业。中部区域（除陕西省）每年使用人工增雨作业飞机 6 架，均为租用飞机，日常主要停靠在河南郑州、山东济南和青岛、安徽蚌埠、江苏南京、湖北武汉（图 4.1）。从整体上看，飞机机型以“运－七”为主，分布存在着东部多、西部少的明显不足之处，布局与实际需求不尽合理。受客观条件制约，中部区域现租用的作业飞机使用年限较长，有的飞机还超期服役，飞机数量少，整体性能较差，飞行高度偏低、续航时间偏短、载重量偏小、机载探测设备配备明显不足，受租用飞机起降条件要求高、飞机运行方式不灵活等不利条件的限制，无法满足跟踪天气系统、跨省区、大范围、高密度、规模化飞机联合增雨（雪）作业和探测要求。根据近年的飞机作业情况统计，有约 30% 的作业机会因为飞机性能、起降条件等原因而丧失。因此，在保持现有租机基础上，急需购置多架高性能作业和探测飞机、地方作业飞机。更为严峻的是，目前湖北等地租用主要机型“运－七”飞机来源于驻鄂空军某部。据悉，该机型在较短时间内将逐步淘汰转

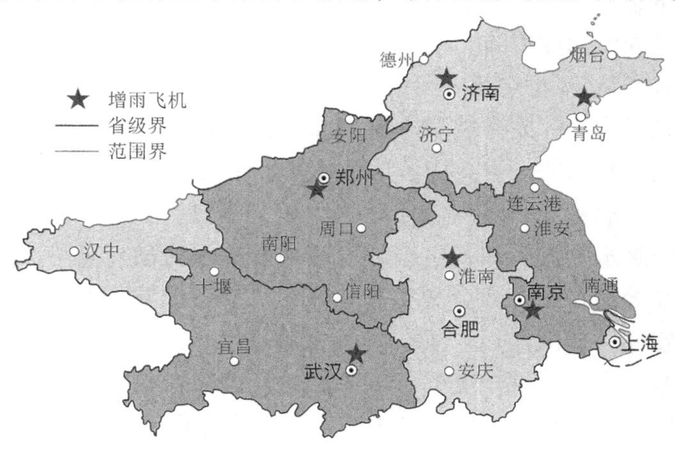

图 4.1　中部区域现有增雨飞机分布

移，今后可租用机源将更趋紧张。

2009 年以来，豫鲁皖苏 4 省密切合作，军地联合，探索建立了联合作业协作机制，每年在关键农时季节开展跨省飞机增雨作业 8 ~ 15 架次。2012 年，根据全国人工影响天气规划实施方案，湖北省加入中部区域。目前，经修订的《豫鲁皖苏鄂人工影响天气联合作业协作章程》《豫鲁皖苏鄂跨省人工影响天气联合作业实施方案》已正式施行，“豫鲁皖苏鄂人工影响天气联合作业指挥系统”也正在联合开发中，现已具备业务试用能力。

2010 年 9 月，河南、山东、安徽和江苏部分地区出现了不同程度的旱情。根据预报，12 月 12—13 日四省将出现一次降水过程。为了发挥跨区联合作业的优势、有效增加降水，12 月 11 日，四省紧急启动了联合作业方案。12 日，按照联合作业方案，安徽“806”飞机于 14 时 30 分至 16 时 30 分从蚌埠机场起飞，在安徽蚌埠到江苏徐州之间实施催化作业；河南“20546”飞机于 15 时 45 分至 17 时 54 分从郑州机场起飞，在河南息县到安徽亳州之间实施催化作业；山东“6046”飞机于 17 时至 20 时从济南机场起飞，在江苏宿迁到江苏徐州之间实施催化作业。实施作业后，影响区普降小雨雪。

为做好 2011 年春季豫鲁皖苏人工影响天气联合作业抗旱服务，2011 年 2 月 25 日 17 时，中国气象局应急减灾与公共服务司组织中国气象局人工影响天气中心、河南省人工影响天气办、山东省人工影响天气办、安徽省人工影响天气办、江苏省人工影响天气办进行首次豫鲁皖苏人工影响天气联合视频会商。各单位汇报了前期工作、分析了当前人工影响天气作业天气条件和开展联合作业的技术措施，形成了资源共享、联合实施人工影响天气跨区作业的具体方案。针对 2 月 25—28 日的降水天气过程，豫鲁皖苏四省密切协作，反复沟通协商，在中国气象局减灾司和人工影响天气中心的具体指导下，在济南军区空军和四省民航部门的大力支持下，连续多次进行人工影响天气飞机跨省作业。山东作业飞机 2 架次飞入河南东部、安徽北部、江苏北部，河南飞机 3 架次飞入山东南部、江苏北部、安徽北部，安徽飞机 4 架次飞入河南东部、山东南部、江苏北部，起到了互通有无、优势互补和最大限度发挥有限资源的作用。特别是 27 日上午，正值蚌埠机场降雨使能见度下降，安徽飞机无法起飞，河南飞机抓住作业时机，进入安徽进内实施跨区作业，取得良好增雨效果；28 日上午，安徽飞机从蚌埠机场起飞经河南中部作业后，在开封机场降落，明显延长了实际催化作业航程，实现了异地起降目的。

近几年，随着人工影响天气业务和服务手段的不断进步，除江苏省无单独开展飞机增雨作业外，中部各省每年实施飞机作业的飞机架次和作业时长都有稳步提升，且作业规模占全国飞机增雨作业架次的比重越来越大，说明飞机人工影响天气业务规模在不断扩大。如：2015 年中部区域合计作业架次 88 次，2016 年 142 次，2017 年 108 次，2018 年 143 次，2019 年 231 次，作业架次合计数占全国作业架次比例从 8.75% 提高到 18.72%，提升了近 10%（表 4.1）。

表 4.1 2015—2019 年中部区域飞机增雨作业架次统计

年份	全国总计	江苏	安徽	山东	河南	湖北	陕西	中部合计	中部占比
2015	1006	—	—	12	27	4	45	88	8.75%
2016	980	—	—	46	32	11	53	142	14.49%
2017	1077	—	18	21	23	7	39	108	10.03%
2018	1063	—	19	13	35	33	43	143	13.45%
2019	1234	—	53	17	25	88	48	231	18.72%

从 2011 年与 2019 年中部区域省份飞机增雨作业比较分析（表 4.2），2019 年中部 6 省飞机增雨作业次数，比 2011 年增加了 97 架次，其中湖北、安徽、陕西分别增加 69 架次、40 架次、7 架次，河南、山东分别减少 13 架次和 6 架次，湖北和安徽的人工影响天气飞机增雨作业业务量增长较迅速。

表 4.2 2011 年与 2019 年中部区域飞机增雨作业比较

地区和单位	全国总计	江苏	安徽	山东	河南	湖北	陕西	中部合计	中部占比
2011 年飞机人工增雨作业（架次）	1010		13	23	38	19	41	134	13%
2019 年飞机人工增雨作业（架次）	1234		53	17	25	88	48	231	19%
增减比较	224	——	40	-6	-13	69	7	97	6%

4.1.2 中部区域地面作业能力

人工影响天气地面作业是利用高炮、火箭、催化剂发生器等地面作业装备和手段，将催化剂播撒入云中，对局部云体进行人工影响，实现增雨防雹等目的的作业。目前，中部区域现有 37 高炮 1309 门、火箭作业装置 1683 套、地面烟炉 82 部，建成配有业务用房的固定作业点 1542 个（其中标准化作业点 821 个），常年开展地面增雨（雪）和防雹作业。全区现有人工影响天气管理、业务和作业人员均实现岗位培训考核、持证上岗，具有较扎实的专业基础知识和实际作业操作能力。中部区域人工影响天气作业高炮、火箭人工影响天气作业装备布局见图 4.2。

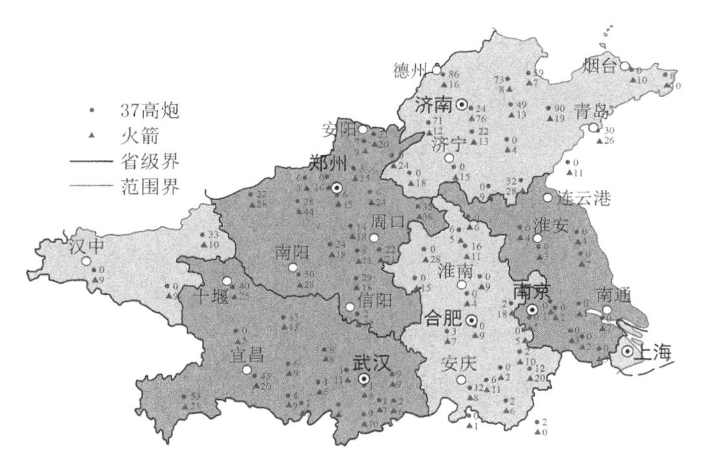

图 4.2　中部区域各地市现有高炮、火箭装备布局

从 2011 年与 2019 年中部区域省份增雨、防雹作业比较分析（表 4.3），2011 年中部六省飞机增雨、地面增雨、防雹作业次数分别为 134 次、7530 次、2981 次，增雨作业目标区面积达到 89.44 万 km^2，防雹作业可保护面积达到 14.42 万 km^2。2019 年中部六省飞机增雨、地面增雨、防雹作业次数分别为 231 次、6983 次、2300 次，增雨作业目标区面积达到 77.9 万 km^2，防雹作业可保护面积达到 13.1 万 km^2。上一节已经分析过中部区域飞机作业能力在近几年正在稳步地逐年提升（飞机增雨次数从 134 次增加到 231 次），新型飞机增雨装备逐步替代了传统高炮和火箭的部分地面作业规模，地面增雨和防雹作业次数呈下降趋势，但中部区域的合计作业量占全国作业量的比例呈增加趋势，说明中部区域人工影响天气业务相较于其他区域在不断发展，在国内的影响力也在不断扩大。

从 2011 年与 2019 年中部区域省份人工影响天气装备配置比较分析（表 4.3），2011 年中部六省可用高炮和火箭数分别为 1464 门和 1289 架，占全国比例分别为 22% 和 18%；2019 年中部六省可用高炮和火箭数分别为 1309 门和 1683 架，占全国比例分别为 22% 和 23%。从全国范围看，安全系数低、增雨效率低且维护成本高的人工影响天气高炮使用量正在逐年减少，已经由 2011 年 6636 门降至 2019 年 5858 门；而安全系数高、增雨效率高且维护成本低的人工影响天气火箭使用量在增加，由 2011 年 7109 架增加到 2019 年 7411 架。可见人工影响天气地面作业常规装备正在从以高炮作业为主转向以火箭作业为主，则中部区域人工影响天气能力建设的地面作业能力中的高炮装备建设应以更新为主，不新增设备；火箭装备建设可以按照各省实际情况适当考虑新增部分设备。

表 4.3　2011 年与 2019 年中部区域省份增雨、防雹作业及装备配置总计

分项	年份	飞机人工增雨作业（架次）	地面增雨作业（次数）	防雹作业（次数）	可用高炮（门数）	可用火箭（架数）
总计	2011	134	7530	2981	1464	1289
占全国比		13%	27%	9%	22%	18%
总计	2019	231	6983	2300	1309	1683
占全国比		19%	34%	10%	22%	23%
对比增减变化		6%	7%	1%	0%	5%

2011 年中部区域各省地面增雨、防雹作业及装备配置表（表 4.4）中，地面增雨作业次数最多的省份是山东省 2466 次，其次是河南省 2126 次，均比其他省份多出一倍以上，最少的省份是江苏省 204 次；地面防雹作业次数最多的省份是陕西省，但由于只有陕南三市在中部区域内，所以暂不做该省的分析，余下作业次数最高的是湖北省 706 次，其次是山东省 402 次，江苏和安徽无防雹作业。

表 4.4　2011 年中部区域各省地面增雨、防雹作业及装备配置表

地区和单位	地面增雨作业（次数）	防雹作业（次数）	可用高炮（门数）	可用火箭（架数）
全国总计	28322	33809	6636	7109
江苏	204	0	0	48
安徽	819	0	74	139
山东	2466	402	568	317
河南	2126	92	287	367
湖北	935	706	197	140
陕西	980	1771	338	278

2019 年中部区域各省份地面增雨、防雹作业及装备配置表（表 4.5）中，地面增雨作业次数最多的省份是山东省 2226 次，其次是安徽省 1451 次，最少的省份是江苏省 103 次；地面防雹作业次数最多的省份是陕西省，但由于只有陕南三市在中部区域内，所以暂不做该省的分析，余下作业次数最高的是湖北省 843 次，其次是山东省 455 次，江苏和安徽无防雹作业。从 2011 年和 2019 年中部区域各省地面增雨和防雹作业量的对比中可分析出，安徽、湖北地面增雨作业量呈明显增长趋势，河南、江苏地面增雨作业量呈明显下降趋势；人工影响天气地面防雹作业量普遍呈增长趋势，这与近年来中部区域的气候变化情况密切相关，极端气候出现频次增多。

从 2011 年与 2019 年中部各省拥有的高炮和火箭数也可看出，人工影响天气作业大省山东和河南的装备数量一直是区域内最多的。由于江苏省的气候条件和地理位置，其人工影响天气业务量在区域内是最低的，相应的人工影响天气作业装备也是最少的。

表 4.5　2019 年中部区域各省地面增雨、防雹作业及装备配置表

地区和单位	地面增雨作业（次数）	防雹作业（次数）	可用高炮（门数）	可用火箭（架数）
全国总计	20307	23545	5858	7411
江苏	103	0	0	59
安徽	1451	0	0	246
山东	2226	455	491	304
河南	974	107	267	380
湖北	1110	843	173	241
陕西	1119	895	378	453

4.1.3　中部区域人工影响天气监测保障能力

人工影响天气监测主要依托基本气象业务监测网，补充建设必要的云雾降水专项观测设备，综合地基、空基、天基观测手段，全面获取不同时空尺度、物理机制下各类人工影响天气作业对象宏微观特征及其发生发展规律的系统。实施人工影响天气作业必须具有完备的天气监测保障能力，自开展人工影响天气工作以来，气象部门有效的天气监测体系为各级实施人工影响天气提供了有效保障。中部区域省份已经形成较强的人工影响天气监测保障能力。

从 2011 年与 2019 年中部区域省份天气雷达监测保障能力建设分析（表 4.6），中部区域天气雷达总体数量呈小幅增长趋势，天气雷达保有量比较稳定，雷达观测业务长期稳定运行，中部地区的天气雷达覆盖网布局合理、监测有效。下一步，需要针对天气雷达双偏振技术升级、天气雷达反馈系统和配套基础设施改造，发展气象雷达精细化观测和快速扫描技术，增强中小尺度强对流天气快速捕获能力等方面进行优化提升。

表 4.6　2011 年、2019 年中部区域省份天气雷达装备情况

地区和单位	2011 年天气雷达合计（部）	2019 年天气雷达合计（部）	增减变化（部）
全国总计	249	303	54
江　苏	11	12	1
安　徽	10	9	－1

续表

地区和单位	2011 年天气雷达合计（部）	2019 年天气雷达合计（部）	增减变化（部）
山　东	13	14	1
河　南	12	17	5
湖　北	11	9	−2
陕　西	8	11	3
中部合计	65	72	7

从 2011 年与 2019 年中部区域省份地面观测站网能力建设分析（表 4.7、表 4.8），国家级地面气象观测站和区域气象观测站数量均呈大幅增加趋势。由于中国气象局观测站网布局更新，2019 年较 2011 年中部区域的国家级地面气象观测站由观象台、基准站、基本站、一般站和气象观测站组成，其中新增 4 个观象台、3 个基准站、1502 个一般站、5372 个区域站，减少 4 个基本站。

表 4.7　2011 年中部区域省份地面观测站网布局情况

地区和单位	国家级地面气象观测站（个）				区域站（个）
	合计	基准站	基本站	一般站	合计
全国总计	2419	143	684	1592	33259
江苏	70	3	21	46	1071
安徽	81	3	21	57	1377
山东	123	4	19	100	1372
河南	119	3	16	100	1952
湖北	81	4	27	50	1330
陕西	100	6	29	65	1321
中部合计	574	23	133	418	8423
占全国比	24%	16%	19%	26%	25%

表 4.8　2019 年中部区域省份地面观测网站布局情况

地区和单位	国家级地面气象观测站（个）					区域站（个）
	合计	观象台	基准站	基本站	一般站	合计
全国总计	10675	24	210	626	9839	66083
江苏	263	1	3	21	239	1755
安徽	294	1	3	20	271	3057
山东	430	1	6	16	408	1653
河南	368	1	3	15	350	2682
湖北	327		5	27	295	2663

续表

地区和单位	国家级地面气象观测站（个）					区域站（个）
	合计	观象台	基准站	基本站	一般站	合计
陕西	393		6	30	357	1985
中部合计	2075	4	26	129	1920	13795
占全国比	19%	17%	12%	21%	20%	21%

4.2　中部区域人工影响天气作业指挥系统现状

4.2.1　中部区域三级指挥系统建设

现代人工影响天气指挥是一项十分复杂的系统工程，它涉及对卫星、雷达、探空和飞机微物理探测等多源观测信息的实时处理、综合显示和融合处理分析，人工影响天气作业条件预报分析、监测预警、作业方案设计、跟踪指导和作业效果分析，以及实时采集存储管理、综合处理分析、产品共享发布和综合业务信息采集处理，作业指导、会商指挥、作业监控和信息收集等。因此，人工影响天气指挥系统建设，是增强人工影响天气能力的重要内容。

人工影响天气作业指挥是在作业条件预报和实时监测分析基础上，根据目标云系特征、作业目的和作业装备、空域情况，制定和修正作业方案、部署作业装备、发布作业指令、实时跟踪指挥调度飞机或地面作业。它是人工影响天气的关键业务环节。根据我国各地人工影响天气开展情况，飞机作业指挥主要在省级指挥中心。其指挥人员根据临近卫星云图演变、雷达加密观测信息、加密雨量资料和其他云物理探测资料，实时修正作业区域、作业高度和催化剂播撒量，并通过空－地通信传输系统通知外场飞机作业人员。飞机作业人员根据地面指令和机载云物理探测信息实施作业。地面作业指挥，大多数省份逐步构建形成了省市县三级指挥系统，在三级指挥中心的指挥人员按照制定的作业方案，根据临近卫星云图演变、雷达加密观测信息、加密雨量资料和其他云物理探测资料，确定作业准确时间，并向空域管制部门及时申请作业空域，通过地面通信网络指挥外场作业人员实施作业。

目前，河南、山东、安徽、江苏、湖北5省全境及陕西南部3个地市（商洛、汉中、安康），基本形成了省－市－县三级作业指挥业务系统，各省的人工影响天气作业指挥系统自成一体，相对独立运行，开展的人工影响天气作业以各自的行政区域为主，构建的作业指挥系统、通信系统、飞机保障系统只能满足本省作业指挥、通信，单架飞机的停场、转场、起降等指挥调度。现有人工影响天气业务系统中大部分缺乏对作业用火箭弹、高炮弹从出厂到使用的全程监控，缺乏对作业过程的监控，作业信息采集都靠人工报送，存在很大的安全管理隐患，离信息化、集约化、标准化的气象现代化要求还有较大差距。此外，中部区域各级指挥中心设备老化、功能落后、缺乏统一标准等，省－省之间缺乏有效的信息交流，难以有效组织实施跨区域联合作业。

目前，人工影响天气飞机与地面指挥中心通信手段主要采用甚高频和北斗卫星系统两种方式。在作业地区有甚高频地面中继站的情况下，利用甚高频电台的中短距离语音通信功能，可以实现飞机与作业区域地面指挥中心之间的语音交互通信功能，以及观测数据和图像图片等小数据量的实时双向传输。但甚高频通信方式受距离、电磁波等诸多要素的限制，当飞机飞出甚高频的覆盖范围，将失去监控的作用，当飞机到达没有甚高频地面中继站地区作业时，需要架设电台的基站等。

地面作业数据的前端采集全都来自指挥或作业人员口头报告或人工录入系统，进而电子入库存档，再向有关的业务或管理部门传报。由于实施作业通常在降水等不利天气条件下，加上人为报告、录入数据不可避免地易发生疏漏，极易导致收集上报的作业数据准确性无法保证。指挥或管理部门难以实时掌握实际作业情况和精准的用弹信息，直接制约了包括安全管理在内的其他业务环节的顺利开展。

当前气象部门视频会商的数据链路是按照县－市－省－中国气象局进行传输，数据信息传输流程不支持市级业务单位与外省省级或区域级人工影响天气中心之间的互联直通，陕西省的商洛、汉中、安康三市与中部区域的河南、山东、安徽、江苏、湖北5个省级气象部门无视频会商数据链路，不具备与中部区域人工影响天气中心之间的视频会商、数据信息传输功能。

中部区域各省和陕西三市的人工影响天气作业装备特别是人工影响天气弹药采取的是宏观粗放式管理，都未建立基于物联网技术的对弹药、装备的全程监控系统，缺乏对弹药出厂、运输、出入库、发射、报废等方面的有效监控，对弹药的管控仅停留在一个总数的管控上面：买来有一个数字记录，作业完有个人工记录，其他环节基本为黑箱，无从了解全过程弹药的状态，存在很大的安全管理隐患。作业信息的采集仅停留在对作业时间、作业量的人工报送层面，容易出现人为原因导致的信息错误，缺乏对方位、仰角、作业时间的精确记录和自动化采集，对规范、科学开展人工影响天气业务工作造成了不利影响。急需利用新技术新方法为人工影响天气弹药监控管理和作业安全提供技术支撑和保障，以有效降低安全隐患。

从中部区域开展常态化人工影响天气作业省份看，各省基本建立了“三级指挥、四级业务、五段流程”的新型人工影响天气业务体系，即省市县三级指挥、省市县点四级业务均可实施作业，五段流程包括：天气过程和作业计划72—24 h；潜力预报和作业预案24—3 h；监测预警和方案设计3—0 h；跟踪指挥和作业实施0—3 h；作业分析和效果检验等。建立比较完善的省级云降水精细分析系统（CAPS）（图4.3、图4.4），完成了人工影响天气业务系统的优化整合，统一了人工影响天气综合数据库，建立了集值班日志管理、作业信息采集与管理、作业决策指挥、特种数据展示和信息服务等功能于一体的综合应用平台；完成了人工影响天气装备弹药物联网系统试点建设，形成了高效的三级作业指挥业务系统。

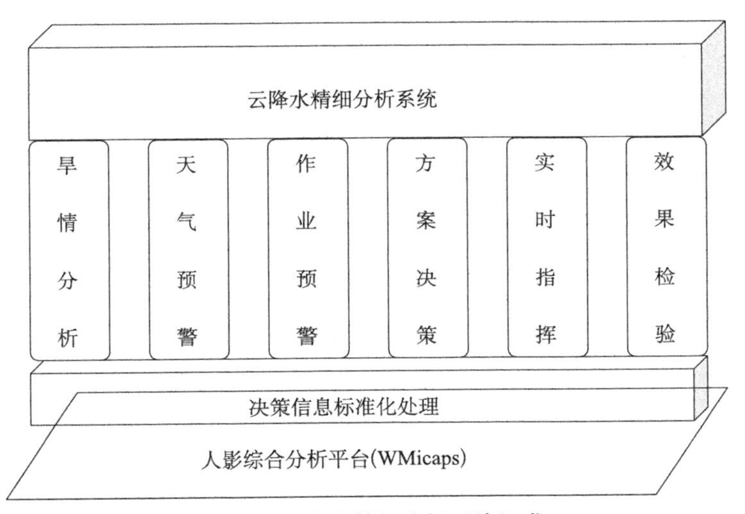

图4.3　云降水精细分析系统组成

省级云降水精细分析系统（CPAS）包括旱情分析、天气预警、作业预警、方案决策、实时指挥和效果检验等功能，并通过决策信息标准化处理模块，将CPAS各种数据信息通过人工影响天气综合分析平台（WMicaps）进行可视化展示出来（黄毅梅 等，2005）。

省级云降水精细分析系统（CPAS）主要包括信息标准处理、信息综合分析平台和集成前台运行系统。

信息标准化处理是CPAS的基础支撑，主要通过搭建完整的人工增雨作业信息流程，对观测数据信息、模式信息等内容进行格式转换和标准化处理，进行入库操作，构建人工增雨作业信息数据库。

集成前台运行系统是CPAS的核心内容，包括旱情分析、天气预警、作业预警、方案决策、实时指挥和效果评估等内容。

（1）旱情分析

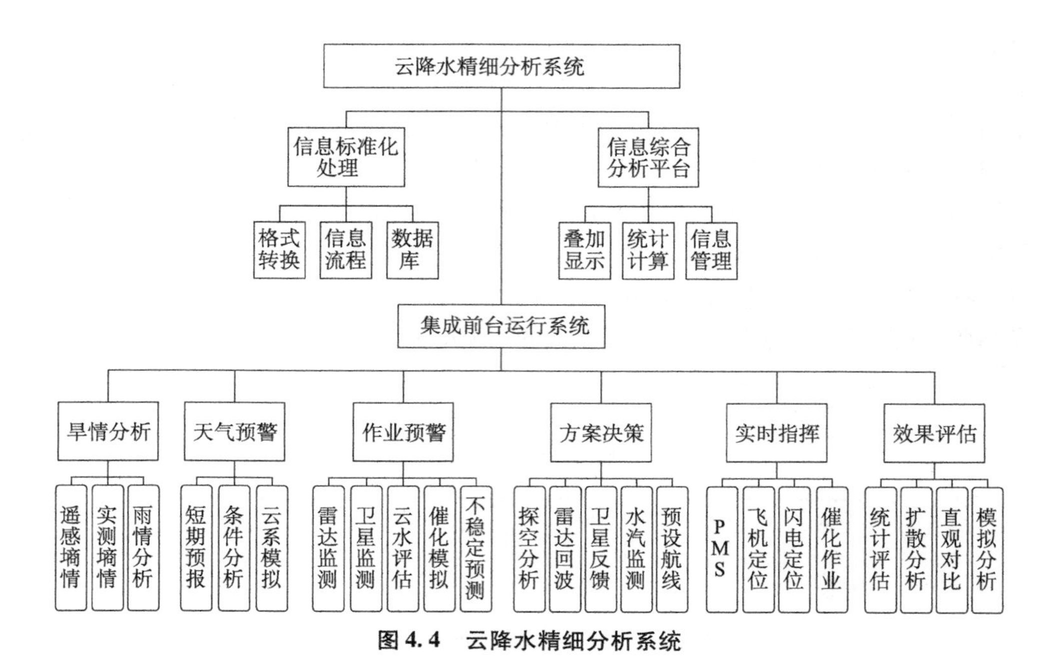

图 4.4 云降水精细分析系统

旱情分析包括遥感墒情分析、实测墒情分析和雨情分析。对于遥感、实测墒情和雨情进行分析，结合中、短期天气预测，可以在合适的时机在不同的区域调度增雨飞机；结合天气预警，可以初步确定增雨作业区域，申报作业计划；遥感墒情、实测墒情和雨情资料经 WMicaps 格式化标准化处理，在 WMicaps 平台与其他资料叠加进行综合分析，可用于预设最佳飞机增雨作业航线。

（2）天气预警

天气预警主要用于初步分析确定增雨作业区域，提前 24 h 申报场外作业计划，以便组织机组和场外作业人员做好进场准备工作。该功能主要包括中短期预报、增雨形势分析和云系模拟预警。分析中短期预报，可初步确定天气系统的形式，然后结合研究建立的人工增雨科学概念模型，分析天气系统类型（如河南春秋季分三类：低槽型、切变线型和混合型）、发展强弱以及推进的速度和方向，并利用数值模拟技术进行精细化预报和云系模拟，初步确定增雨潜力，发出作业天气预警，以便进行增雨作业的准备工作。

（3）作业预警

作业预警包括雷达监测、卫星监测、云水评估、不稳定预测和催化模拟等功能，主要用于增雨作业前 3 ~ 4 h，用来发布加密观测指令，通知外场人员进场，初步确定飞行区域。利用多普勒雷达强度场和速度场资料以及研究确定的雷达回波判据指标，结合较大范围和较长时间序列的卫星云图资料，判断有利于人工增雨区覆盖范围、移动方向和速度，并预测3～4 h后可播区域；启动云水资源评估系统，对降水云系的云水资源进行评估，并分析系统的降水机制和降水效率，初步确定催化剂类型和估算需要的催化剂量；使用数据模式进行催化试验，进一步确定催化潜力，并初步判断云系催化作业的部位；如果有加密探空资料，还可启动对流云模式进行模拟计算，判断是否可能出现不稳定天气，以便及时对增雨飞机发出预警。

（4）方案决策

方案决策包括雷达资料分析、探空分析、卫星反演分析、GPS/GNSS水汽监测分析和预设航线。主要用于增雨作业前1～2 h，主要任务是预设最佳增雨航线。该部分使用雷达资料和判据指标预测1～2 h后可播区域；使用加密探空资料分析关系温度层高度、水汽状况和冰面过饱和区域，初步确定作业高度；使用卫星反演得到的云顶温度和云粒子有效半径识别最佳可播区域；使用GPS/GNSS水汽监测可以得到大气中整层水汽的连续变化情况。对上述各部分综合分析，可以在WMicaps平台上预设飞机增雨航线，并确定飞行航段最佳增雨高度区域。

（5）实时指挥

该部分包括新一代机载粒子测量系统（PMS）探测、飞机定位、闪电定位和催化作业，PMS探测结果可直接导致飞机增雨作业；通过飞机定位和空地传输，地面指挥人员可了解飞机动态，从宏观上指挥飞机作业；闪电定位可监测云中的雷电情况，实时指挥飞机避开不稳定区域，保证飞机安全；根据实时探测的云水含量、飞行速度等信息实时指挥飞机进行催化作业。

（6）效果检验

该部分包括统计评估、扩散分析、直观对比和模拟分析。利用外场综合探测资料和历史雨量资料，可以使用以降水量为协变量的区域复随机-历史回归统计（CA－FCM）方法和区域趋势多元回归分析方案对作业区域进行统计评估；根据飞机飞行轨迹、作业层风向风速以及催化剂扩散时间确定增雨作业影响区域，结合影响区和对比区实况雨量、统计评估情况以及地表状况在WMicsps平台综合评估增雨作业的经济效果；采用数值模式模拟催化云和自然云，通过对比分析它们之间微物理过程变化的差异研究增雨效果。

4.2.2　中部区域人工影响天气作业运行机制建设

中部区域内人工影响天气作业运行机制基本是按照行政区域实施的，为了更好地满足人工影响天气作业要求，2009年以来，豫鲁皖苏4省密切合作，军地联合，探索建立了联合作业协作机制，每年在关键农时季节开展跨省飞机增雨作业

8～15 架次。2012 年，根据全国人工影响天气规划实施方案，湖北省加入中部区域。目前，经修订的《豫鲁皖苏鄂人工影响天气联合作业协作章程》《豫鲁皖苏鄂跨省人工影响天气联合作业实施方案》已正式施行，“豫鲁皖苏鄂人工影响天气联合作业指挥系统”也正在联合开发中，现已具备业务试用能力。

（1）中部区域人工影响天气作业管理机制

人工影响天气管理机制是指对人工影响天气工作的组织、协调、指导和管理而形成的规则、制度和运行方式，包括：依法行政，有关政策规章、业务技术规范以及发展规划和计划的制定，作业专用装备管理，科研管理，新技术应用和推广，作业组织实施等。人工影响天气工作是气象事业的组成部分，是以政府行为为主进行防灾减灾、开发利用空中云水资源，为经济社会发展和生态环境建设提供服务和保障的基础性、公益性事业。人工影响天气管理具有社会性、系统性、科学性、危险性等特点。

中部区域省份作业较多的河南省、湖北省地方人大，依据上位法，结合当地实际制定了人工影响天气法规，陕西省政府制定了人工影响天气规章，安徽省、山东省、江苏省在地方人大制定的气象灾害防御条例中立专条规范了当地人工影响天气工作。从六个省份人工影响天气管理规范情况分析，主要包括以下内容：

一是开展人工影响天气工作应当制定工作计划。人工影响天气工作计划由县以上气象主管机构编制，报同级人民政府批准后实施。未设气象主管机构的县（市、区）的人工影响天气工作计划，由上一级气象主管机构负责编制。

二是人工影响天气作业区域、作业地点的设置、移动、撤销，由县（市、区）、设区的市（州）气象主管机构按照有关规定逐级向省气象主管机构提出申请，特殊情况下可通过无线通信或计算机网络直接申请，经省气象主管机构会同飞行管制部门审核确定。经审核确定的人工影响天气作业区域、作业地点不得擅自变更。

三是实施人工影响天气作业前应申请作业空域和作业时限。利用高射炮、火箭发射装置、焰弹发射装置实施人工影响天气作业的，由所在地气象主管机构向飞行管制部门申请空域和作业时限。需要跨县（市）、设区的市（州）实施人工影响天气作业的，由上一级气象主管机构向飞行管制部门申请空域和作业时限，并组织实施。利用飞机实施人工影响天气作业的，由省气象主管机构向飞行管制部门申请空域和作业时限。

空域和作业时限申请未经批准不得实施作业。禁止超出批准空域和时限作业。作业单位收到飞行管制部门停止对空射击指令后，必须立即停止对空射击作业。

四是申请实施人工影响天气作业空域和作业时限，必须具备条件，一般包括有适当的天气条件；检查确认作业设备保持良好的技术状态；指挥、作业人员已经到位；作业点及作业区域为非人口稠密区，且无重要设施和高大建筑物；作业点指挥系统健全，通信系统畅通；已提前公告实施人工影响天气作业地点和时间，并告知当地公安机关。利用高射炮、火箭发射装置从事人工影响天气作业的人员名单，已由所在地的气象主管机构抄送当地公安机关备案；有完善的安全应急措施。

五是人工影响天气固定作业点应当具备标准炮库、临时弹药库、炮台、值班室和基本生活设施，保证通信畅通。人工影响天气固定作业点的发射装置和弹药不得存放在同一库房，炮弹、火箭弹不得存放在同一库房，运输必须符合国家有关规定。

六是实施人工影响天气作业必须严格执行安全制度、作业规范和操作规程，确保作业安全。实施人工影响天气作业的单位应当制定事故应急预案，并在作业前检查落实；作业中发生安全事故，应当立即组织救援并报告本级人民政府和上级气象主管机构。从事人工影响天气作业的单位应当为实施人工影响天气作业的人员办理人身意外伤害保险。

七是实施人工影响天气作业单位应当及时记录作业时间、方位、耗弹数量和作业前后天气实况，对人工影响天气作业效果进行科学评估，并及时将作业技术总结、效果评估资料和作业相关信息按规范要求逐级上报省气象主管机构。

八是实施人工影响天气作业和试验使用的高射炮、炮弹、火箭发射装置、火箭弹、焰弹及相应的发射装置、催化剂发生器等设备的购置，应当由作业地气象主管机构经同级人民政府同意后报省气象主管机构，由省气象主管机构按照国家有关规定统一组织采购。

禁止任何组织和个人擅自购买、拥有、转让人工影响天气专用设备。人工影响天气作业设备不得用于与人工影响天气无关的活动。

九是人工影响天气作业使用的高射炮、火箭和焰弹发射装置、催化剂发生器等设备的年审检修工作由省气象主管机构组织实施。经检修仍达不到规定的技术标准和要求的，予以报废。

未经年审检修、年审检修不合格、报废的高射炮、火箭和焰弹发射装置、催化剂发生器，以及已超过有效期的炮弹、火箭弹、焰弹，不得用于人工影响天气活动。

十是各级人民政府应依法保护人工影响天气作业环境和专用设施。任何组织和个人不得侵占作业场地，不得损毁和擅自移动人工影响天气作业装备和设施。

根据以上管理规范，中部区域省份各级人工影响天气指挥和作业机构制定了详细的实施细则。因为人工影响天气指挥涉及军地部门较多，在当地政府领导下均设立有多部门参加的人工影响天气协调会议制度，或成立有省市县三级人工影响天气工作领导小组，并设有人工影响天气办公室。

（2）中部区域人工影响天气作业技术运行机制

人工影响天气作业是一项高技术性的工作，必须建立相应作业技术运行机制。根据中部区域省份发展，目前绝大多数省份建立形成了较完善的人工影响天气作业运行系统，有的建成了智能化管理运行系统，系统内容包括：一是资格管理，包含有组织机构、组织资质、个人资质和人员培训等数据库，收集有全省人工影响天气的作业单位和作业人员的资料信息。二是装备管理，人工影响天气作业装备及弹药管理情况，包含装备分布、弹药分布、高炮年检和火箭架年检等数据库。三是飞机作业管理，人工影响天气飞机作业的信息资料，即有：作业单位、使用机场、作业机型、作业范围、飞行时间、飞行架次、机组代号、作业目的、飞行路径、受益面积、增雨量、催化剂、飞机航时、备降机场等数据库。四是地面作业管理，信息资料主要有：所属市县、作业日期、作业单位、作业空域批准时段、申报机场、作业工具、作业目的、作业次数、作业时间、作业用弹量、受益面积、效益评估、作业表上报时间等数据库。

4.3 中部区域人工影响天气作业效果状况

人工影响天气效果是指人工催化作业后目标云和降水等发生的变化，其主要表现，一是云的宏、微观特征物理量有无明显变化，即云厚、云量、云体、上升气流速度、雷达回波参数、云内温度廓线、云持续时间，以及云中冰晶数浓度、大云滴数浓度、含水量、谱宽等是否产生明显的变化。这反映的是人工影响天气作业的直接效果，又称物理效应。二是地面的降水是否增加，地面的降雹是否被抑制或减弱等等。这反映的是人工影响天气作业的最终效果，是人们进行人工影响天气活动所特别关注的问题。同样，了解中部区域人工影响天气作业效果现行状况，是继续推进中部区域人工影响天气能力建设重要方面。

4.3.1 中部区域增雨作业效果

在我国季风气候的影响下，春季气候多呈现出干旱少雨的特点，某些河流甚至会因为气候干旱而断流。而春季又是农作物播种以及林木育苗的关键季节，对降水的需求较大，这样一来就对农林业的种植生产产生了十分不利的影响。在这种情况下，利用人工影响天气技术来降雨就变得极为重要（李中伟 等，2017）。

我国的人工降雨技术经过近年来的发展已经较为成熟，且降水效果较为明显，已经多次应用于春季干旱少雨的气候环境下。人工增水与其他开源方式相比较是一项投资少、见效快、相对比较成熟的技术，特别是山区迎风坡地形云的催化作业，已得到世界各国人工增水试验的证实和认可（艾乃斯·艾斯艾提 等，2019）。在中部较易发生干旱地区，水资源日益成为经济发展、人民生活水平提高的桎梏，因此根据生产和技术水平，在不影响经济发展的基础上，加强作业的能力，增加人工降雨量。

近年来，中部区域每年开展飞机作业70~100架次，开展火箭、高炮、高山燃烧炉增雨（雪）8000~10000点次，年均增加降水约50亿~70亿 m^3。2015—2019年，中部区域通过飞机和地面增雨作业，增雨量近200亿t，增雨保护面积达290万 km^2，约占全国增雨保护面积的70%，折合增雨效益达141亿元。在抗御2009年北方冬麦区大范围干旱、2011年黄淮地区秋冬春干旱和长江中下游春夏连旱中，区域内各省及时开展本地区和跨省区应急抗旱增雨（雪）作业，有效减轻了农业旱灾损失，为我国粮食增产丰收提供了有力保障。

从表4.9可知，2010—2019年中部区域六省增雨作业目标区面积，10年累计达到816.4万 km^2，年均达到81.6万 km^2。其中旱情较重的2010年、2011年、2012年增雨作业目标区面积分别达到97.6万 km^2、89.4万 km^2、113.9万 km^2。中部区域六省增雨作业目标区面积占全国的比重，10年平均为17%，最高的2012年达到24%，最低的2014年占12%。

从中部区域六省的增雨效果分析，除2011年外，陕西省的增雨作业保护面积一直高居中部各省之首，江苏省增雨作业保护面积最小，这与陕西省位于我国西北内陆地区、陕北多旱情，以及江苏省位于我国沿海地区、雨水丰富的地理位置和气候特征等密切相关。2012年湖北省增雨作业目标区面积为49.34万 km^2，为湖北省总面积18.59万 km^2的2.7倍，主要原因是2012年湖北省遭遇了50年一遇的大旱，而湖北省实施的人工增雨抗旱为夺取本省抗旱斗争的全面胜利做出了重要贡献。

表4.9　2010—2019年中部区域增雨作业目标区面积（万 km^2）

年份	2010	2011	2012	2013	2014	2015	2016	2017	2018	2019	总计	年均
全国总计	518.70	469.73	465.99	462.00	506.06	517.35	461.20	493.16	490.44	508.60	4893.20	489.30
江苏	12.70	10.00	3.20	3.30	1.00	1.20	0.87	1.02	1.05	1.60	35.90	3.60
安徽	13.00	8.00	6.40	13.38	12.14	4.20	10.30	13.37	7.23	13.90	101.90	10.20
山东	15.70	16.29	16.16	16.60	3.90	16.73	28.60	16.80	15.60	16.60	162.90	16.30
河南	16.00	16.00	16.00	16.70	16.70	15.90	11.10	16.70	16.70	11.00	152.80	15.30
湖北	15.60	18.59	49.34	16.00	6.00	12.93	15.64	0.00	14.37	16.20	164.70	16.50

续表

年份	2010	2011	2012	2013	2014	2015	2016	2017	2018	2019	总计	年均
陕西	24. 60	20. 56	22. 80	18. 60	18. 60	18. 60	18. 60	18. 60	18. 60	18. 60	198. 20	19. 80
中部合计	97. 60	89. 44	113. 90	84. 58	58. 34	69. 56	85. 11	66. 49	73. 55	77. 90	816. 40	81. 70
占全国比	19%	19%	24%	18%	12%	13%	18%	13%	15%	15%	17%	17%

4. 3. 2 中部区域防雹减灾效果

冰雹灾害是由强对流天气系统引发的剧烈的气象灾害，虽然出现的范围小、时间短，但由于其来势猛、强度大，常常给国民经济特别是农业生产造成严重损失，甚至会危及人们的生命健康，人们的生产生活会受到较大的影响，而全球变暖又增加了我国冰雹发生的概率。目前，人工防雹几乎是减轻冰雹灾害的唯一手段，中部区域是我国粮食主产区、设施农业集中区，冰雹灾害高发，防雹减灾需求巨大。2015—2019 年，中部区域共开展防雹作业约 8000 次，发射防雹炮弹约 21 万发、防雹火箭弹约 3500 枚，防雹保护面积近 26 万 km^2，约占全国防雹保护面积的 50%，折合防雹效益达 26 亿元。

虽然人工防雹是我国开展历史最长，地方政府和百姓高度认可，但长久以来一致存在重作业轻研究，对人工防雹的科研投入不足，不能满足人工防雹减灾服务的巨大需求。2019 年 9 月，中国气象局印发的《人工影响天气“耕云”行动计划（2020—2022 年）》，明确提出要优化集成冰雹防控技术，建立不同地域人工防雹作业概念模型和指标体系，形成冰雹防控作业成套技术。

黄河三角洲是高效生态和设施农业重点区，也是冰雹、干旱灾害的多发区，该区域地势平坦，净空条件好，人工防雹具有良好基础条件，是开展冰雹观测和人工防雹外场科学试验的天然试验场。2010 年，山东设立“黄河三角洲人工增雨防雹示范基地”，重点开展人工防雹作业新技术示范应用研究。通过开展黄河三角洲人工防雹技术研究试验研究，集成建立人工防雹作业成套技术，可广泛在中部区域和开展人工防雹的省份推广应用，进一步提升人工防雹科技水平和减灾效益。

从表 4. 10 可知，2010—2019 年中部区域六省防雹作业可保护面积，10 年累计达到 105. 6 万 km^2，年均达到 10. 6 万 km^2。其中雹灾较重的 2011 年、2016 年、2019 年作业目标区面积分别达到 14. 5 万 km^2、11. 0 万 km^2、13. 1 万 km^2。中部区域六省作业目标区面积占全国的比重，10 年平均为 19%，最高的 2011 年达到 24%，最低的 2014 年和 2017 年占 14%。

从中部区域六省的效果分析，陕西省防雹作业可保护面积最大，其次是山东省，这与我国冰雹多发区的地理分布情况相关。我国冰雹主要发生在中纬度大陆地区，通常山区多于平原，内陆多于沿海，比较严重的雹灾区有甘肃南部、陇东地区、阴山山脉、太行山区和川滇两省的西部地区。中部区域的陕西省位于陇东地区，山东省位于太行山区，故两省多雹灾；江苏和安徽省防雹作业可保护面积较少，说明江苏和安徽省的雹灾较少，人工影响天气作业主要集中在增雨和重要活动保障方面。

表 4.10 2010—2019 年中部区域防雹作业可保护面积（万 km^2）

年份	2010	2011	2012	2013	2014	2015	2016	2017	2018	2019	总计	年均
全国总计	51.3	60.6	52.4	56.4	64.3	61.4	52.3	46.5	50.8	64.9	560.9	56.1
江苏	0.0										0.0	0.0
安徽	0.9		0.8	0.8	3.0						5.5	0.5
山东	2.1	5.9	2.1	3.0	0.1	2.0	3.7	1.7	1.5	1.7	23.7	2.4
河南	0.5	1.0	1.0	0.6	1.0	2.2	1.3	0.9	0.9	1.2	10.6	1.1
湖北	1.6	2.9	2.2	1.0	0.7	1.4	1.5	0.0	1.9	2.1	15.3	1.5
陕西	5.0	4.7	4.5	4.5	4.5	4.5	4.5	4.0	6.3	8.1	50.5	5.1
中部合计	10.1	14.5	10.6	9.9	9.3	10.1	11.0	6.6	10.6	13.1	105.6	10.6
占全国比	20%	24%	20%	18%	14%	16%	21%	14%	21%	20%	19%	19%

4.3.3 中部区域生态增益效果

人工降雨不仅可以有效缓解干旱带来的不利影响，而且还可以改善当地的空气质量，促进农林业的生产发展；在重点流域、大型水库、干旱地区和粮食生产、生态建设等重点区域开展经常性人工增雨作业，可以加大空中云水资源利用工作，有效增加地表河流径流量和水库蓄水，缓解因水资源短缺引起的自然生态系统退化等问题（杨智 等，2019），为保护当地环境和可持续发展做出积极贡献。

近年来，森林火灾时有发生，带来了严重的消极影响。使得人们越来越关注森林火灾的预防，人工降雨防止森林火灾也成为人们广泛应用的人工影响天气技术。通过人工降雨，可以有效改善空气中的相对湿度，降低区域温度，森林的干旱情况会得到明显缓解，大大降低了森林火灾发生的概率，为我国林木管理和保护森林资源创造了有利条件，同时保障了国家利益（侯艳林，2020）。

雾的出现对能见度有一定的影响，能见度小于 1.0 km 被称为大雾，其实质是近地层空气中悬浮的大量的微小水滴。随着经济的发展，雾对交通运输的安全性有一定威胁，同时影响社会的稳定发展。所以，进行人工消雾有重要的意义。人工消雾提升能见度的同时减少了交通事故的发生（侯艳林，2020）。大量的实验数据表明，人工增雨是减少雾霾天气出现的有效手段，在人工增雨作业中，风和雨是必不可少的因素。降雨要尽可能地大一些，最好能够达到 5 mm 以上。除此之外，有效的风速也是必不可少的，最好能够达到 5 m/s 以上，因为大风能够使空气流动增加，降低污染物的快速扩散。人工增雨作业对空气污染物的指数也有具体的要求，尽量选择在轻度污染以上的时候，这时候的效果是最明显的。通过对不同的降雨量加以分析研究，能够清楚地看出，降雨量越大的时候空气质量也会得到更好的改善。总之，只有在天气条件符合增雨作业的要求时，才能减少大气中 $PM_{2.5}$的含量，使空气质量得到优化。

近些年，由于城市的快速发展，以及人们对大气环境、生态环境提出的需求，中部区域各省围绕降尘、洁气、消霾、森林灭火或增加生态补水，组织了一些人工影响天气作业，取得了一些积极效果，也有一些比较成功的案例，但在规模上还没有形成大的气候，也没有形成常态化作业，效果评估也还比较分散，中部区域人工影响天气的生态效果和效益还有待在实践中进一步增强。

第 5 章　中部区域人工影响天气短板与需求分析

人工影响天气是通过科技手段合理开发利用气候资源，实现趋利避害、造福人民的重要工作。在党中央、国务院的领导和地方各级党委政府的支持下，我国中部区域人工影响天气工作，通过不断加强人工影响天气能力建设已经初具规模，人工影响天气作业取得了显著社会效益，服务领域已经由抗旱减灾向保障国家粮食安全、自然灾害防治、生态文明建设、水资源补给和重大活动成功举办保障等领域发展，并取得明显成效。但在中部区域，人工影响天气工作也存在发展不平衡、不充分的问题，还存在一些短板，从一定程度上影响了人工影响天气效益的最大化发挥。

5.1　中部区域人工影响天气短板分析

5.1.1　人工影响天气作业能力短板

利用飞机进行人工影响天气作业是目前国际上普遍采用的最直接、有效的方法。但是，飞机作业能力的现状前面已分析过（见 4.1.1 中部区域飞机作业能力），中部区域每年使用的人工增雨作业飞机均为租用飞机，存在使用年限较长、飞机数量少、整体性能较差，飞行高度偏低、续航时间偏短、载重量偏小、机载探测设备配备明显不足等短板。

高炮、火箭地面作业装备特别适合于针对飞机难以进入的对流云开展人工增雨和人工防雹作业；地面燃烧炉适合于山区地形云人工增雨作业，可弥补其他作业装备在山区作业的限制。然而，现有地面作业装备中，37 高炮射程有限，射击范围容易受到山脉阻挡，且大部分 37 高炮是 20 世纪 50—60 年代部队退役装备改装的，老化问题严重、运行故障率较高、安全隐患大；火箭作业装备也存在覆盖范围有限，自动化水平低和老化等问题。此外，区域整体作业能力发展不平衡，主要体现在不同省之间作业装备规模和性能差距较大，即使同一个省内不同地区之间，作业装备也存在较大差别，如济南、青岛、临沂3市的火箭作业装置占山东全省火箭发射架的53%，江苏全省作业装备不足60套。全区域作业点基础设施建设标准化率未达到中国气象局目标管理要求，对于作业站点缺乏安全监管，部分地区在弹药存储、运输、作业等环节还存在安全隐患。

根据近年情况分析，中部区域各省人工影响天气作业能力建设，一是明显存在发展不平衡问题，安徽、江苏两省可用高炮配置为零，江苏省火箭配置也只有59架，而且江苏近10年飞机架次为零，与山东和陕西人工影响天气装备配置差距较大；人工影响天气火箭装备配置只有陕西省超过400架达到453架，其他均在400架以下，其中少于300架的占50%（图5.1）。

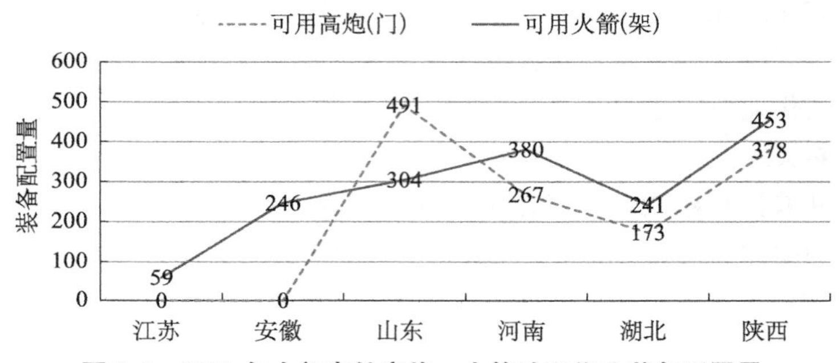

图5.1　2019年中部省份高炮、火箭地面作业装备配置量

二是干旱受灾面积与具备作业能力水平匹配总体低于全国平均水平。通过图5.2、图5.3可知，2010—2019年中部区域六省农业干旱受灾面积占全国农业干旱受灾总面积年均达到25%，最高的2019年达到45%、次高的2012年达到41%。但是，中部区域六省飞机、高炮、火箭装备作业能力和水平，平均只占全国相应能力和水平20%，飞机、高炮、火箭装备能力分别只占19%、22%、23%。中部区域作为国家粮食主产区，其人工影响天气增雨作业能力理应高于全国平均水平，而实际则低于5%，显然与所应具备的增雨作业能力水平不匹配。

5.1.2　人工影响天气作业指挥短板

中部区域的人工影响天气作业指挥也存在发展不平衡、不协调问题，标准化程度和集约化程度都不够高，具体包括以下方面。

（1）业务系统现状问题。目前，河南、山东、安徽、江苏、湖北5省全境及陕西南部3个地市（商洛、汉中、安康），基本形成了省－市－县三级作业指挥业务系统。但各级指挥中心设备老化、功能落后、缺乏统一标准等问题突出。由于

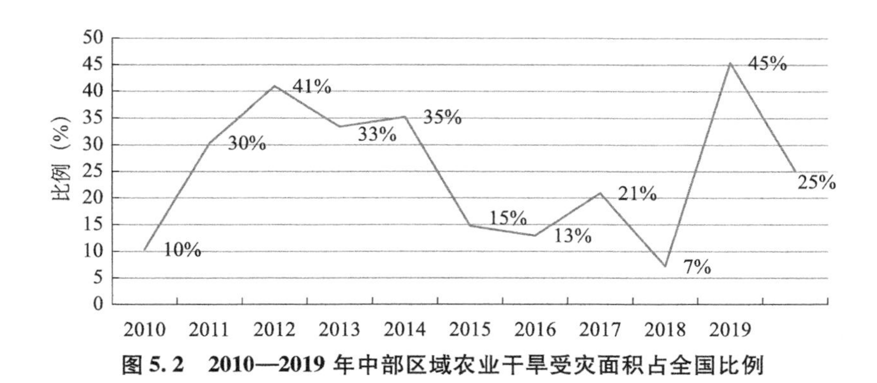

图 5.2　2010—2019 年中部区域农业干旱受灾面积占全国比例

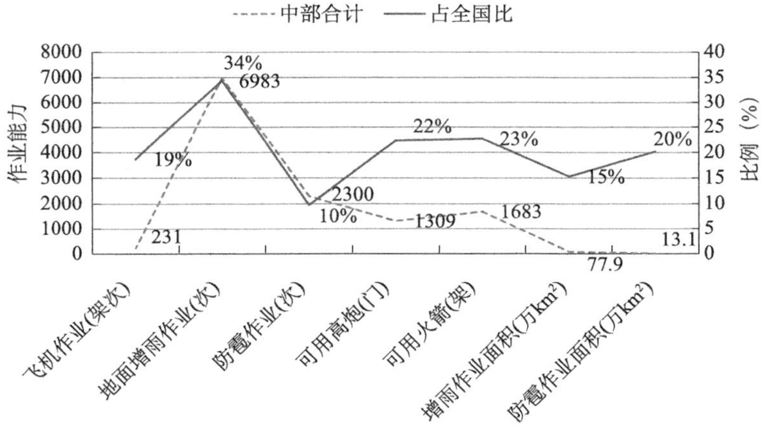

图 5.3　2019 年中部省份整体作业能力与占全国比例

一直以来开展的人工影响天气作业是以各自的行政区域为主，作业指挥系统、通信系统、飞机保障系统都是基于这种作业体系构建的，只能满足本省作业指挥、通信，单架飞机的停场、转场、起降等指挥调度。各省系统相对独立运行，自成一体，缺乏省－省之间信息交流，难以有效组织实施跨区域联合作业。

同时，中部区域各省及陕西三市现有人工影响天气业务系统中大部分缺乏对作业用火箭弹、高炮弹从出厂到使用的全程监控，缺乏对作业过程的监控，作业信息采集都靠人工报送，存在很大的安全管理隐患，离信息化、集约化、标准化的气象现代化要求还十分远。

（2）信息传输交换问题。目前，用于人工影响天气飞机与地面指挥中心通信手段主要有甚高频和北斗卫星系统两种方式，但甚高频通信方式有很多限制。

目前，国内关于人工影响天气地面作业信息管理的内容基本都是参照国家级早期规定上报的作业信息收集内容进行设计，除了基本的作业数据外，上报的作业信息还包含作业效果评估的一些结果，即作业站点编号、站点名称、站点位置（仅对移动点）、作业日期、作业类型、用弹型号、用弹量、作业开始时间与结束时间、作业前后天气状况、作业面积、作业效果、填报单位和人员等信息。按照业务规定，作业信息应在作业完成后 24 h 之内完成上报，这样较低的时效性，不能满足实际服务需要和业务现代化发展要求。

另一方面，虽然全国上下在运行的人工影响天气作业信息管理类似系统繁杂多样，但对地面作业数据的前端采集还是人工方式，极易导致收集上报的作业数据准确性无法保证，同时，中部区域人工影响天气指挥业务系统建设还面临着数据传输的问题，具体分析见 4. 2. 1 节。

（3）地面作业信息采集、弹药信息化管理问题。由于实施人工影响天气作业涉及航空器飞行安全以及地面安全作业，人工影响天气作业装备特别是作业弹药的安全使用已成为各级人工影响天气部门安全管理工作的重中之重。近年来，随着人工影响天气作业装备、弹药使用频次和规模不断增加，对人工影响天气科学作业、安全监管能力和责任的要求也越来越高，但目前对人工影响天气作业装备特别是人工影响天气弹药还是进行宏观粗放式管理，存在很大的安全管理隐患。因此，急需利用新技术新方法为人工影响天气弹药监控管理和作业安全提供技术支撑和保障，以有效降低安全隐患。

（4）科学决策指挥能力有待提升。中部区域高时空分辨率的云降水数值预报和作业催化模式还需要深化发展，以提高云降水预报的精细化程度和作业条件预报的准确率。融合多种云降水参量的条件识别、跟踪指挥、任务调度技术和系统研发应用有待加强，基于“天基 - 空基 - 地基”作业条件监测识别、预警追踪，科学设计作业方案，以提高作业指挥的精细程度还需要提升。

（5）中部区域省际联防联动能力不足。由于天气过程是在不停地运动，需要加强上下游地区的联合作业，减轻因灾致损。由于实施跨省（区）作业前，要明确作业目的、区域、作业方式、空域需求等各项需求制定详尽的实施方案，且实施方案报国家级人工影响天气指挥中心和各级政府审批，手续相对复杂。跨省联合作业在整体业务上仍处在摸索阶段，还难以实现跨区域作业的常态化开展。

5. 1. 3 人工影响天气作业效益检验短板

与人工影响天气科技发展趋势、经济社会发展服务需求相比，中部区域现有的示范基地还存在下列不足：

（1）人工影响天气专项观测设备数量少，不能针对云和降水宏微观特征和可催化作业条件进行综合监测分析，不能为科学开展效益评估提供数据支撑，从而增加了效益检验的不确定性。

（2）作业试验系统设计不完整，未开展随机化作业试验，未取得足够用于效果评估的样本和资料数据。由于云降水过程的复杂性和效果检验工作的实际困难，多年来，人工增雨作业在各地虽然已经成为一项常规气象服务业务，但仍然在许多地方，包括中部区域在人工增雨作业后的效果评估工作要么没有开展，要么非常粗放，某些地方甚至人为地直接给出一个百分比作为增雨效果，从而影响了效果说服力。

（3）作业示范基地分散，有针对性科学试验规划设计不足。中部区域基于监测分析和数值模拟，其作业效果识别、检验和评估技术发展不够，作业效果物理检验、统计检验和数值模拟检验、作业效果评估的科学性有待增强。中部区域对利用人工智能、机器学习等新技术改进效益评估技术方法方面还有差距，增雨、防雹等作业效益评估模型创新不足。综合应用生态、环境、水文、农业、林业、经济等领域数据不够，还没有构建形成满足各类需求的效益评估技术方法，开展第三方效果检验和效益评估试验还比较滞后。

上述问题急需通过新的规划设计，加大投入和整合集约，有效提高中部区域作业试验和效果检验等能力，发挥试验示范效益。

5.1.4　人工影响天气作业技术支撑保障短板

人工影响天气作业技术支撑保障涉及内容较多，从中部区域省份情况分析，比较突出的存在以下短板。

（1）基于综合气象观测系统，就全国而言包括中部区域监测精密、技术先进的“天基－空基－地基”云水资源立体监测系统还有待完善，卫星遥感、飞机探测、地面观测数据的应用能力有待提升。人工影响天气的工作是在大尺度背景下来影响局部的天气，对云的探测尤为重要；目前，中部区域租用的飞机上有的没有搭载云物理探测设备或设备不够先进，作业过程中只是对云体进行宏观记录，难以对云体进一步进行微物理研究。冰雹云的监测能力仍不足。目前中部区域由于地形影响还有多普勒天气雷达监测盲点，监测区域不能做到全覆盖，监测盲区不利于服务的开展，作业后效果的科学性分析不足。在现有气象监测布网的基础上，中部区域云水资源和作业监测站网的设计有待加强，多源观测的云降水信息挖掘和应用开发不足，三维云场、云水场等云水资源特征量的实时精细监测跟进不足。地基云降水观测设备补充不足，影响了云水资源地基监测能力提升，观测设备和监测数据的共享共用能力有待提升。

（2）科技创新能力有待加强。虽然中部区域人工影响天气作业有一定规模，但在作业科技水平上，与东北、华北、西北省份相比还有差距。人工影响天气云降水机理研究、催化作业技术、效果检验等方面还存在不少科技难题亟待突破，迫切需要从规模发展向创新驱动的高质量发展转变。由于各省的研究力量分散，对中部区域云降水和人工影响天气机理研究还不够深入，对中部区域云降水热动力和宏微观物理过程立体式外场观测，云微观过程与宏观动力过程相互作用、不同降水过程的降水机制和降水效率、污染天气条件下雾－霾对云降水过程的影响研究还有很大差距；中部区域云降水和人工影响天气的数值模拟及预报能力还有待提升；催化装备的研发不足，特别暖云增雨装备、安全新型防雹装备、无人机催化研发还有待突破，装备精准催化作业技术水平还有待提升。

（3）人工影响天气安全体系有待完善。有的省份还尚未完全纳入地方政府安全保障体系，多部门联合监管机制有待进一步健全，地方涉及工业和信息化、公安、应急、气象、民航、军队等对人工影响天气作业装备弹药、空域申请、人员政审、应急处置等管理职责分工需要进一步明确。人工影响天气安全管理责任有待进一步细化，人工影响天气作业能力建设地方主体责任和中央责任划分还需要进一步明确。安全生产的法人单位主体责任落实力度还需要强化。部分高炮、火箭等作业装备老化、安全性能下降应引起高度重视，作业空域管理的自动化、规范化需要进一步完善。

（4）体制机制和投入保障仍需完善加强。新时代国家经济社会发展对人工影响天气常态化科学精准作业提出了更高的要求，亟须建立跨大区域的人工影响天气体制机制。服务保障范围更加宽广，国家生态、农业、水资源等重点保障区域超出了目前各省域的作业区布局，需强化国家层面和区域层面的创新驱动、集中统一协调指挥功能。与之相应，需要建设中部区域性的高性能作业飞机、科研设施和外场试验基地、作业指挥平台等，并新增重要业务对运行维持、研发经费等提出了新的需求，需要充分发挥中央和地方中部区域省份两个积极性，进一步加大人工影响天气投入支持力度。

5.2 中部区域人工影响天气需求分析

中部区域是我国重要粮食生产区、重要生态区和重要城市群集区，工农业生产对水资源的依赖性很高。因此，中部区域对人工影响天气提出了很高需求。

5.2.1 中部区域农业生产需求

我国人口众多、土地少，且随着城镇化进程的加快，可用耕地越来越少，保障国家粮食安全任务愈发艰巨。按照国务院批准的《全国新增1000亿斤粮食生产能力规划（2009—2020年）》（国家发展和改革委员会，2009），中部区域共确定的粮食增产核心县（区、市）有285个，其中河南95个、山东73个、安徽42个、江苏42个、湖北33个，集中于黄淮海和江汉平原粮食生产核心区。为落实国家粮食增产规划，中部区域省份确定的粮食增产任务超过400亿斤，约占全国增产计划的40%。确保中部区域粮食丰产增产对于保证国家粮食生产安全意义不言而喻。

我国是气象灾害最多的国家之一，气象灾害造成的损失约占各种自然灾害损失的70%以上。在全球气候变暖背景下，极端天气气候事件影响力日趋加剧，其中干旱、冰雹灾害呈现多发、重发之势，给我国经济社会发展稳定，粮食增产、农民增收带来严重危害和不确定性因素。从全国因气象灾害造成农业生产危害分析，据统计，2000—2007年我国因旱粮食损失占总产比例达到7.7%，高于20世纪90年代3个多百分点。旱灾是影响我国农业生产最重的自然灾害，其最根本问题在于水资源不足。旱灾导致农业灌溉用水的缺乏，使得粮食单位产量减少，甚至绝收。自1990年以来，除个别年份外，我国旱灾受灾面积占比、成灾面积占比均大于水灾，且均值都在50%以上，接近水灾的两倍。这也表明旱灾是导致农作物大面积成灾、减产甚至绝收的最主要自然灾害。另外，从均值来看，旱灾受灾面积占比大于成灾面积占比，而水灾成灾面积占比大于受灾面积占比2.25个百分点。根据史培军等（1997）对我国1980—1995年间粮食损失（包括水旱灾、风雹灾、霜冻、病虫害）减产的比例占全国粮食比例的15.3%，其中气象灾害占了40%，占总量的6%。这一结果与马宗晋（1994）研究所得减产550亿kg、占总产量的14.1%的结果很接近，二者相差仅1.2%。根据李治国等（2014）等分析，旱灾对我国粮食产量有较为严重的危害，1982—2011年年平均受灾、成灾和绝收面积分别为361.68 $\times 10^6$、186.38 $\times 10^6$、38.43 $\times 10^6$ hm^2，分别占农业气象灾害年平均面积的53.3%、53.2%、47.1%。其间粮食旱灾灾损量在20.46 $\times 10^6$ ~ 83.63 $\times 10^6$ t，平均每年粮食灾损量为39.40 $\times 10^6$ t；灾损比例在8.02% ~ 18.97%，平均灾损比例为13.96%，旱灾导致了我国粮食大幅减产。近30年，每年人均旱灾粮食损失32.56 kg。按此以2012年中部区域总人口计算，中部区域旱灾粮食损失年均达到128.9亿kg，可见旱灾对我国粮食安全的危害很大。从全国31个省（区、市）因气象灾害造成的粮食损失占比分析，中部区域六省均超过全国平均，其中山东、河南分别位列全国第2位、第7位（图5.4）。

近年来，中部区域粮食主产区发生区域性、持续性干旱频率增加，如2009年、2011年均发生持续秋冬春连旱，2014年河南发生夏季干旱。持续干旱还使土壤渐趋沙化、蓄水保墒能力下降，是严重影响中部区域粮食生产安全的首要气象灾害。同时，中部区域农业基础设施薄弱，农田有效灌溉面积不足50%，灌排设施老化

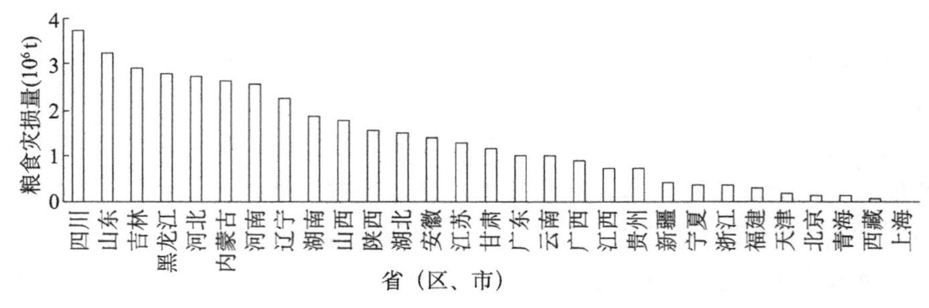

图 5.4　近 30 年我国各省（区、市）粮食灾损量

失修、工程不配套、水资源利用率不高，抗御自然灾害的能力差，仍未从根本上摆脱"靠天吃饭"的局面，遇有长时段干旱，即使有水利设施，也无水可供。粮食生产所需的降水是否及时、是否够量，对于粮食增产、农民增收、农村繁荣至关重要。人工增雨（雪）作为最经济有效的抗旱手段，在关键农事季节开展作业，可有效抵御干旱，改善土壤墒情，对保障粮食稳产增产具有重要作用。

中部区域作为我国粮食主产区，承担着保障国家粮食安全的重要任务，加强区域人工影响天气能力建设、提高区域人工增雨作业服务能力，是保障中部区域粮食增产、农民增收和国家粮食安全的迫切需要。因此，应用新的科学技术手段、改进人工增雨的技术措施、提高作业水平同样是保障粮食安全的迫切需求。

5.2.2　中部区域水资源开发需求

5.2.2.1　中部区域涵养水源的需求

南水北调中线工程是国家重大水利工程，从汉江中上游的丹江口水库调水，主要向输水沿线的河南、河北、天津、北京 4 个省（市）的 20 多座大中城市提供生活和生产用水。

丹江口水库位于汉江中上游（属长江流域），总面积 846 km^2，是亚洲第一大人工淡水湖、国家南水北调中线工程水源地、国家一级水源保护区、中国重要的湿地保护区、国家级生态文明示范区，有"亚洲天池"之美誉。丹江口水库横跨鄂豫两省，库区主要分布于河南省淅川县和湖北省丹江口市境内。丹江口水库是以供水、防洪、发电为主，兼具灌溉、养殖等功能的大型人工水库，属多年调节型水库。

丹江口水库来水量来自汉江和丹江。汉江是长江最大支流，源于秦岭南麓的陕西省西南部汉中市宁强县，干流流经陕西、湖北两省，在武汉汇入长江，全长 1577 km。陕西省境内的汉江为汉江上游段，支流众多，长度在 50 km 以上的河流有 68 条，在 100 km 以上的有 18 条。丹江发源于陕西省商洛区西北部的秦岭南麓，流经陕西、河南、湖北三省，在湖北省丹江口市与汉江交汇于丹江口水库。因此，陕西南部的汉中、安康、商洛是丹江口水库的重要集水区，因位于秦岭南坡，该区域降水充沛，年降水量多在700～1700 mm，每年降水的多寡直接影响丹江口水库的入库水量。

丹江口水库集水区和汉江流域中下游调水补偿区在中部区域的流域总面积共14.09万km^2，全年约70%降水集中在5—10月，且每年均有干旱发生。南水北调等重大战略工程的实施，将有效缓解华北等地水资源短缺状况，但对丹江口水库水源供给提出了更高要求。近年来，随着社会发展和人类活动用水急剧增加，汉江流域出现了上游水源截流、河流有效径流量减少现象。对于调水补偿区来说，虽然有“引江济汉”工程，但研究发现，长江与汉江同枯频率较高，同枯年份“引江济汉”水源将难以得到有效保障。

中线工程水源区丹江口水库增加坝高调水后，下泄水量大量减少，汉江中下游水位平均下降0.6～1.3 m。将给汉江中下游地区带来一系列生态环境的影响，尤其是地处汉江中游，生态环境本来脆弱的襄樊市的生态环境进一步恶化。针对南水北调中线工程对湖北造成的影响，水利、水电、环保、农业等部门已开展或即将开展相关方面的研究和建设工作，国家已考虑对汉江中下游四项治理工程进行补偿，但仍存在云水资源、区域干旱、气候生态等问题。

（1）水源区连旱之年难以完全满足调水需要。汉江是长江中下游最大的支流，处于北亚热带季风气候区，多年平均雨量为700～1100 mm，降水年内分配不均匀，5—10月降水占全年的70%～80%，全年蒸发量大于降水量。汉江中游是流域降水量最少的区段，区域内鄂西北及鄂北岗地是湖北省闻名的“旱包子”。500多年（1470—2000年）的气候资料分析表明，汉江流域水源区大范围区域性干旱出现的总年数为154年，连旱年出现的总年数为111年，最长连旱可达6年至8年。1965年中等干旱，丹江口水库来水量锐减78%，只剩179.1亿m^3，不足多年平均量的1/2。在20世纪70年代及90年代，这种连旱年情况不断重演。特别是1995、1997、1999、2000、2001年，丹江口水库水位数次处于死水位以下，汉江流域发生了历史上较长的枯水期。

（2）长江与汉江同枯频率较高，“引江济汉”受到制约。经对干流供水分析，汉江多年平均缺水量为103.5亿m^3。丹江口水库加坝和“引江济汉”工程虽能减缓一些不利影响，但水资源和沿线水旱组合及遭遇等方面仍存在一些重要的科技问题。长江流域亦时有干旱发生，根据20世纪80年代初的计算，中等干旱年时，长江片缺水约92亿m^3。对汉江上游代表站郧县和长江中游代表站江陵1470—2000年共531年旱涝等级进行对比分析发现，长江与汉江同枯频率较高。同枯年份“引江济汉”水源将严重缺乏。通过三峡水库可以补偿下泄，但补偿下泄过多，会影响航运与发电，补偿下泄不够，又不解决问题。

（3）汉江流域目前仍处于少雨气候周期。根据干旱的长期演变与近期发展分析，汉江流域在1470—2000年，区域性干旱频发期出现16世纪和20世纪两个高峰，从年代际分析看，目前，汉江流域仍处于少雨周期。科学评估表明，近百年来地球气候正经历一次以全球变暖为主要特征的显著变化，未来50～100年，全球气候仍将继续向变暖的方向发展。全球气候变暖造成的气候异常会影响整个水循环过程，增加降水极端异常事件的发生，导致洪涝、干旱灾害的频次和强度增加，以及使地表径流和一些地区的水质发生变化，水资源供需矛盾将更为突出。

（4）南水北调工程建设可能引起局地气候生态环境的变化。随着工程建设的开展，下垫面环境的改变，可能引起局地气候的变化，降水和气温等气象要素的时间和空间分布将发生改变，对周边生态环境产生影响，各种自然灾害发生频率将有所增加，如干旱、沙尘天气、森林火灾等。而干旱等自然灾害对森林植被有较大的破坏作用，从而导致森林植被对土壤保护能力的下降，土壤就会沙化，或发生水土流失，可造成生态环境的退化。

丹江口水库水源区是中部区域云水资源最为丰富地区，具有很大的开发利用潜力。大力开发利用空中水资源，增加水库集水区和调水补偿区降水量，有效补充地表水及地下水，增加流域和水库蓄水，可以有效增加丹江口水库蓄水量和水资源储备，确保南水北调中线工程有水可调，最大限度发挥工程综合效益、降低生态灾害风险。

5.2.2.2　中部区域水力发电增雨需求

水力发电主要利用河流、湖泊等位于高处具有势能的水流至低处，将其中所含势能转换成水轮机之动能，再借水轮机为原动力，推动发电机产生电能。在一般人看来，水力发电不用燃料、成本低、不污染环境、机电设备制造简单、操作灵活。同时水力发电工程建筑物可与防洪、灌溉、给水、航运、养殖等事业结合，实行水利资源综合利用。中国经济发展已进入新的发展阶段，国民经济持续快速增长已经受到资源、环境的制约，生态环境压力持续增大。因此，加快水力资源开发、大力发展水电，对于解决国民经济发展中的能源短缺问题、改善生态环境、促进区域经济的协调和可持续发展，无疑具有非常重要的意义。

中部区域是我国水力发电重要区域，到2018年，中部区域五省份（不含陕西）水力发电量达到1743亿kW·h，其中湖北达到1449.8亿kW·h，全国排位第3名，河南、陕西水利发展量也分别达到138.3亿kW·h、115.4亿kW·h，其中30万kW以上的大中型水电站达11座。水资源是水力发电的基础，如果没有天上来水，地表水资源就逐步枯竭，水电站就不可能运行，特别是一些旱情较重的年份，发电水库没有水源补充，经常是水资源告急。因此，水电业正常运行特别要求通过实施人工影响天气，增加水库发电水资源，在中部区域增加人工影响天气能力也是发展水电业，开发清洁能源的客观需要。

5.2.2.3　中部区域空中云水资源开发潜力分析

中部区域对人工影响需求，也来源于中部区域具有丰沛的空中云水资源。空中云水资源可分为气态的水汽和液（固）态的云水两部分，严格的云水资源是指云系中水汽凝结（华）为液（固）态部分的水成物。在自然降水条件下，一部分云水转化为地面降水，成为地表水资源，而另一部分则滞留在空中，人工播云催化的目的就是促使更多的空中水资源降落到地面。局地范围空中水汽又可分为静态水汽含量和动态水汽收支量，是空中云水资源转化的重要基础。

（1）中部区域水汽含量时空分布

中部地区大气可降水量年累计值为10014 mm左右，总体呈现自东北向西南逐步递增的特征，东北部为6000～8000 mm，南部则达到10000～12000 mm（图5.5）。一年四季大气可降水量空间分布表现出较高的一致性，但夏季的波动明显大于其他3个季节。西太平洋副热带高压（简称副高）外围的低空西南气流将源自孟加拉湾和南海的水汽输送到本区域，为大范围降水云系的产生和发展提供了充沛的水汽。

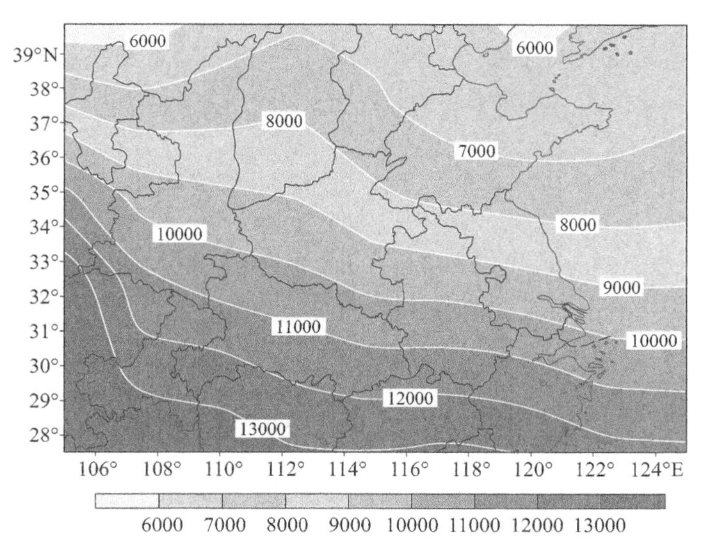

图5.5　中部区域年最大可降水量分布（单位：mm）

（数据来源：国家气象信息中心—气象大数据云平台·天擎）

中部地区大气可降水量月分布，7月最多，超过1500 mm，1月最少，只有300 mm。大气可降水量年际变化总体上呈现减少趋势（图5.6），这必然会影响到自然降水。因此，更有必要充分开发空中水资源，提高降水效率。

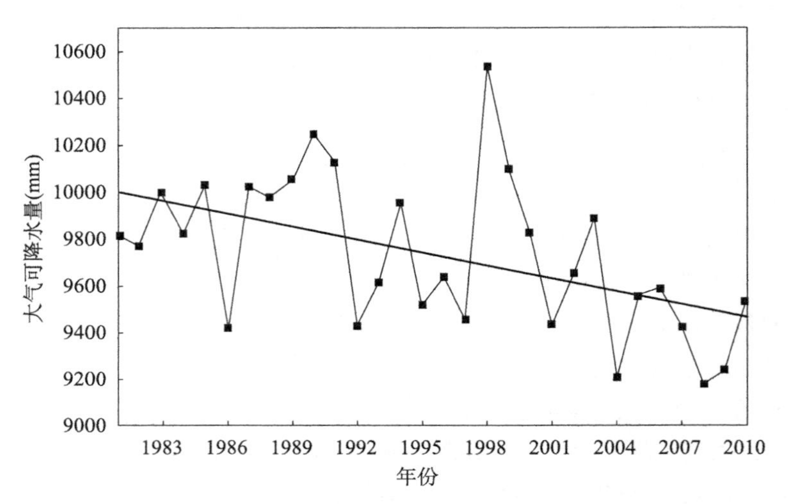

图 5.6　中部区域大气可降水量年际变化

（数据来源：国家信息中心—气象大数据云平台 · 天擎）

中部地区降水量空间分布不均，年平均降水量南部大，北部小（图 5.7），这与年大气可降水量分布规律基本一致。大气可降水量反映的是大气水汽分布的基本特征，其含量与水汽输送条件、温度有关，一定程度上反映了空中水汽分布和水汽输送状况，是空中云水资源重要特征量。

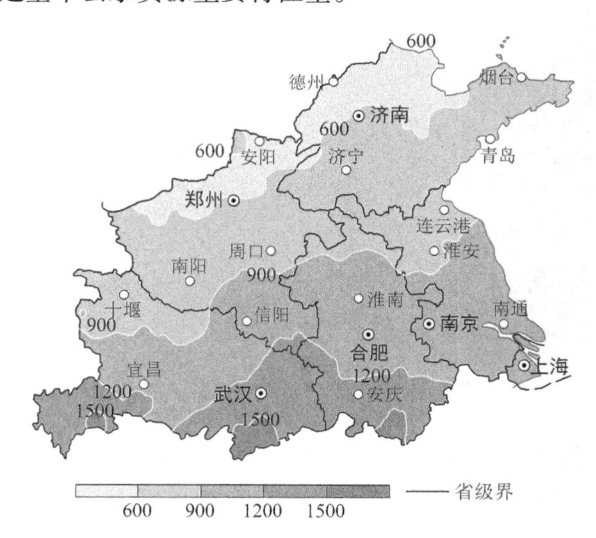

图 5.7　中部区域实际年平均降水量分布（单位：mm）

（数据来源：国家气象信息中心—气象大数据云平台 · 天擎）

（2）中部区域空中云水资源分析

2014年，中国气象局人工影响天气中心基于云降水综合观测和再分析资料，提出了“空中云水资源监测评估方案”（CWR－MEM）。该方案将一定时段和区域内，参与空中水循环过程且没有降到地面的所有水凝物总量定义为空中云水资源总量GCWR，即：

GCWR＝水凝物初值＋水凝物总输入＋凝结－降水

采用资料和计算方法为：

NCEP再分析资料：时间分辨率为6 h，一天4次，分别为世界时0时、6时、12时和18时，空间分辨率为1°×1°，垂直方向从1000 hPa到10 hPa共26层，资料时段为2000—2010年。根据NCEP资料中的相对湿度和温度及气压，计算每个格点的比湿，对水汽瞬时量进行计算，结合每个格点的风场计算格点各边界的输入和输出量。

云场、云水场资料：根据相对湿度阈值诊断云区，并用Cloudsat云雷达观测资料、飞机微物理资料和再分析资料等进行验证。

降水资料：国家气象信息中心研发的卫星融合降水产品（CMPA－Hourly，中国地面与CMORPH融合逐小时降水产品V1.0版）作为地面降水数据，弥补雨量站空间分布不均匀，降水观测误差较大问题。

根据三维云场诊断方法和CWR－MEM方案，利用NCEP再分析资料，结合卫星和地面降水观测资料，中国气象局人工影响天气中心完成了2008—2010年中国空中云水资源每个格点逐6 h的评估。通过不同区域的数据后处理，实现了不同区域、不同时段的云水资源评估。评估结果包括各种水物质总量、水汽凝结效率、总水物质降水效率、水凝物降水效率、水汽和水凝物更新周期、空中云水资源总量和有效云水资源量等。

对2008—2010年中部区域云水资源评估结果表明：中部区域（不含陕南3市）年水汽输入量97100亿t，水汽凝结为云中水凝物总量9500亿t，其中，降至地面降水总量5950亿t，空中尚有云水资源3550亿t。计算单位面积上空水凝物量为1267 mm，降水量为793 mm，云水资源量为473 mm；从水汽、水凝物循环更新和降水转换效率看，水汽更新周期为11 d、水凝物更新周期为5 h，输入水汽降水效率为6.12%、水凝物降水效率为62.5%。

上述评估结果表明，中部区域空中蕴含的云水资源量巨大，总体增雨潜力为37.5%，空中云水资源仍有很大的开发利用潜力。目前，中部区域每年人工增雨增加降水量约45亿～70亿t，尚不足空中云水资源量的2%。因此，中部区域空中云水资源含量巨大，仍有很大的开发利用潜力。

预期中部区域人工影响天气能力建设项目建成后，在现有基础上，将扩大人工影响天气规模和覆盖面积，增加地基和空基的降水云系微物理探测，减少人工增雨作业的盲目性，提高科学作业水平和增雨效率。作业影响稳定性降水云系增雨范围扩展到中部全部区域，作业影响对流性降水云系的增雨面积增加到大部分区域，预计在原增雨能力的基础上每年可以多增降水20亿m^3左右，达到年增雨65亿~90亿m^3的人工增雨能力，按每0.5元/m^3水价计算，每年将带来32.5亿~45亿元的直接经济效益。虽然尚不能完全解决中部地区的用水量缺口，但与水利设施综合管理、工农业节水措施实施、水价杠杆调节、引水工程建设等配合，必将使中部地区的水资源供需矛盾得到一定缓解，社会效益明显。

5.2.3 中部区域生态建设需求

中部区域地跨淮河、长江、黄河、海河四大流域，沿京杭大运河，分布着太湖、洪泽湖、巢湖、微山湖、东平湖等大型湖泊，全区森林覆盖率约25.8%。由于经济社会的快速发展，该区域的生态承载力接近极限，水涵养能力严重不足，地下水超采和水污染问题突出，其中，鲁北、豫东、苏北平原地区地下水超采漏斗区面积超过3.55万km^2。生态环境保护和恢复的压力巨大。

近年来，国家和中部区域各省十分重视生态保护与建设，各省均制定了生态建设的有关规划，确立了多项以山地丘陵植树、农田林网建设、平原绿化、河湖水系生态保护与修复为重点的生态建设工程，山东省水系生态建设、大别山伏牛山生态保护区建设、太湖巢湖蓝藻防治区建设列入地方发展规划，但生态保护与建设的关键是需要有充足的水源保证。此外，中部区域还面临着森林防扑火、增强生态自然恢复能力、改善水质和城乡大气环境、抑制湖区蓝藻蔓延等需求，涉及经济社会发展的诸多方面，影响广泛深远，需要进一步提高人工影响天气服务的针对性和有效性。缓解上述生态环境压力的最重要的因素是增加水资源的供给，从根本上来说，陆地上的所有水资源都来自降水，因而，提高人工增雨能力是改善生态环境的需求。

中部区域粮食生产、水资源供给和生态环境改善的紧迫需求，以及重大社会活动保障服务，均对人工影响天气工作提出了越来越高的要求，迫切需要加强区域统筹的人工影响天气能力建设，不断提高区域联合作业的科技水平和服务效益。

第6章　中部区域人工影响天气能力建设思路与设计

推进中部区域人工影响天气能力建设，在做好前期分析研究的基础上，关键应形成科学的建设思路，并根据科学的思路进行系统的建设论证和设计，以为有目的、有计划、有步骤地开展人工影响天气能力建设进行全面谋划和布局提供支撑。

6.1　中部区域人工影响天气能力建设思路

6.1.1　明确中部区域人工影响天气建设总体目标

中部区域人工影响天气能力建设的总目标是：在中部区域建立较为完善的人工影响天气工作体系，形成统一协调、区域联防、跨省作业的人工影响天气运行新机制。飞机作业、地面作业、综合观测和基础保障能力显著提升，联合作业能力显著增强。年增加降水65亿～90亿m^3，保障粮食生产、水资源供给、防灾减灾、生态建设、服务区域经济社会发展的效益明显提高。

预期应达到以下目标：

（1）人工影响天气作业效益：在目前年增雨50亿～70亿m^3基础上提高30%，达到年增雨65亿～90亿m^3的人工增雨能力，同时显著提高人工影响天气保障农业生产、农民增收的能力和水平，为实现中部区域粮食增产目标和落实全国1000亿斤粮食生产能力规划作出更大贡献。

（2）飞机增雨作业能力水平：拥有一支国家作业飞机与地方作业飞机相结合的作业飞机队伍，跨省区联合作业能力得到极大提高。飞机增雨作业可覆盖面积由现有的40万km^2扩展到接近整个中部区域面积，作业期由目前的季节性作业拓展到常年性作业，作业对象由现在单一冷云为主拓展到除不适合飞行外的多种冷暖云，联合作业方式由分区作业发展为分区、分层、梯次等多种方式。

（3）地面人工影响天气作业能力水平：优化作业布局，更新地面作业装备，实现每个粮食主产县区达到 3 ~ 4 部新型火箭，其他地区达到 2 ~ 3 部新型火箭作业装置的规模；同时配备辅助作业设备，提高作业效率。通过增加、更新地面作业装备及相应保障和技术设施，显著提升地面作业装备现代化水平和安全水平，配合飞机作业，有效增强粮食主产区和重点特色服务区增雨作业能力。

（4）增强人工影响天气业务科技基础：通过试验、示范、作业、科研，提高对积云、层云、积层混合云成云致雨、冰雹形成机理的认识水平，优化作业方案、提高作业队伍整体素质，为中部区域和全国人工影响天气业务发展提供有力的科技支撑。

（5）人工影响天气业务协调指挥能力：建立区域级人工影响天气业务技术体系，增强省、市、县三级指挥系统，形成统一协调、区域联防、跨省区作业的人工影响天气业务能力和运行机制，显著提高人工影响天气业务保障和区域联合作业能力。

6.1.2　明确中部区域人工影响天气建设总体功能定位

人工影响天气是气象业务的重要组成部分，直接服务于防灾减灾，这项业务的顺利开展以气象观测、预报等业务为基础。《全国人工影响天气发展规划（2014—2020 年）》（中国气象局，2014）对中部人工影响天气区域的主要功能定位是：以粮食生产增雨保障为主，兼顾水源涵养型生态保护；主要保障农业生产的防雹减灾。功能区分为：一是重点增雨（雪）保障区，包括黄河、淮河、海河和江汉平原粮食生产保障区、南水北调中线工程水源区、大别山伏牛山生态保护区、太湖巢湖蓝藻防治区；二是重点防雹保护区，包括豫鄂西部烟叶林果生产区、黄淮海平原农经作物生产区。

中部区域人工影响天气能力建设的核心业务功能是提高中部区域的人工影响天气作业能力、提高作业决策指挥科技水平，对全区域进行飞机作业，对粮食生产区、南水北调中线工程水源区、生态环境脆弱区进行地面增雨（雪）作业，利用试验示范区开展科学试验和技术培训。围绕核心功能建设气象观测、作业指挥、飞机和地面作业能力、保障能力，这些建设内容同时可用于气象监测、突发事件应急保障等。

（1）人工增雨（雪）功能：拟形成的中部区域增雨飞机作业能力，可以实现覆盖全中部区域，通过科学设计、统一指挥、联合飞行可以提高总体作业效益。在地面作业装备薄弱区增建的作业装备可以明显增强当地作业能力，在老旧作业装备密集区更新的新型装备，在山区增加碘化银烟炉的数量，可以增加作业的安全性和影响区面积，提高指挥效率。机载探测设备获得的数据，可以为飞机和地面增雨（雪）作业提供重要指标和判据，提高作业效果。通过大规模、全天候、多批次、空地协同作业，可以增加中部地区降水总量，在更大程度上满足农业用水、增加水源地流域径流、水库蓄水、补充地下水、生态环境改善和森林防火等对降水的需求。

（2）飞机作业保障功能：具备本场和转场飞机人工增雨的空地协调指挥作业、飞机驻地专业保障设施与人工影响天气中心作业会商等功能；具备中部区域飞机机载催化作业和大气探测设备的检测和维护，作业飞机的维护和小型维修，机组和作业人员的后勤保障以及中部区域飞机作业人员培训的能力。

（3）人工影响天气作业指挥功能：指挥系统能够接收、获取、转发来自飞机、卫星和地面探测网的各类气象监测信息，以及各级气象中心、人工影响天气中心的预报预测信息和指令，进行综合分析、识别和判断，针对飞机和地面作业制定科学的作业方案（作业时机、作业范围和作业部位），形成准确的作业指令并及时传达到作业飞机和地面作业点，实施科学作业。

（4）气象灾害监测功能：依托现有综合气象观测网，在试验示范基地适当布设必要的探测设备，可采集大气水汽总量、降水云系中液态水和大气水汽含量的分布和变化、云体的强度和分布范围、云顶高度、云底高度、平均风场的垂直风廓线、探测覆盖范围内降水强度和降水量分布等信息，在人工影响天气工作中用于作业形势分析、预报、效果检验等，同时通过气象信息系统进入各级气象台的数据库，在监测预警气象灾害工作中发挥作用。

（5）人工影响天气作业效果评估功能：依托试验示范基地及其外场试验区观测资料，结合常规气象要素观测信息、云物理探测信息，通过作业区与非作业区、作业时段与非作业时段对比，应用统计、物理、数值模拟、综合检验等方法，对人工影响天气作业进行效果检验，评估人工影响天气作业的社会和经济效益。

（6）人工影响天气技术支撑功能：中部区域地域广阔，区域内地理气候条件差别较大，各地不同类型的天气气候条件、云宏微观特性对人工影响天气催化作业技术的要求也不同。通过试验示范基地的建设，在典型气候区开展严格设计的科学作业试验，完整收集探测资料和作业资料，进行效果检验评估、作业技术研究与实验，总结不同气候类型下的人工影响天气作业示范技术，为提高作业效益提供技术支持。

（7）突发事件应急功能：通过加强飞机作业能力、合理布局地面作业能力、增强固定和移动探测能力、建设移动通信指挥平台，并加强各组成部分之间的通信能力，在保障人工影响天气指挥和作业的同时，当发生自然灾害、污染、森林火灾等重大事件时，能够快速到达现场，在局地形成强大的应急探测、分析评估、预警预测、指挥、作业系统，再加上远程资料传输、会商，可承担起气象相关的应急减灾救灾任务。

6.1.3　明确中部区域人工影响天气建设总体布局

6.1.3.1　建设总体布局要求

（1）系统布局能满足建设目标和功能需求，注重科学性、合理性，根据实际业务的现状和发展，配合中部区域人工影响天气重点任务，合理确定系统布局，注重业务运行的连续性，要与现有人工影响天气和其他气象业务系统保持衔接，本着资源共享原则，避免布局重复。

（2）飞机、地面作业系统布局能满足中部区域的降水气候背景、天气系统类型和范围要求，以覆盖空中云水资源开发重点区域和重点防雹区为原则，地面作业装备集中于重点作业区，作业飞机分散布局，最大飞行范围应能互相衔接，达到尽可能不漏掉可作业最佳时机和覆盖目标区域最大化目的。

（3）人工影响天气作业指挥系统布局依托现有的人工影响天气业务系统进行建设，在层级建设上，重点加强区域级和省级建设，兼顾市级和县级建设；信息网络和会商系统的布局尽可能依赖现有资源，重点建设区域、省、飞机驻地专业保障设施和试验示范基地部分。

（4）飞机驻地专业保障设施、试验示范基地布局，充分依托现有条件，考虑候选地的基础条件、地方政府的支持力度和当地气象局的管理能力，以保障基建工程的顺利实施和建成后的日常运行。

6.1.3.2　总体布局格局

本工程依托中部区域现有气象业务系统的布局，布设于河南、山东、安徽、江苏、湖北、陕西六省的各级气象部门及各观测站点、作业站点。

（1）人工影响天气作业指挥系统布局

区域级人工影响天气作业指挥系统布设在中部区域人工影响天气中心（河南郑州）；省级人工影响天气作业指挥系统分别布设在山东省、安徽省、江苏省、湖北省气象局；市级人工影响天气作业指挥系统，分别布设在河南、山东、安徽、江苏、湖北、陕西的地（市）级气象局和飞机停靠地；县级人工影响天气作业指挥系统，分别布设在河南、山东、安徽、江苏、湖北、陕西的县（区、市）气象局；综合智能终端，分别布设在河南、山东、安徽、江苏、湖北、陕西的作业点或弹药库。

（2）飞机作业能力布局

飞机分国家作业飞机和地方作业飞机两种。国家作业飞机由中部区域人工影响天气中心统一安排，优先停靠在国家规划的中部重点增雨保障区就近的起降停靠地；地方作业飞机由各省自主确定停靠基地。

（3）地面人工影响天气作业能力布局

地面作业设备、辅助作业设备以及作业点安全体系主要建设布局在中部区域重点增雨（雪）保障区和重点防雹保障区，兼顾试验示范基地及其外场试验区的作业需要。

（4）试验示范基地布局

积层（积云、层云）混合云增雨（雪）试验示范基地建在河南商丘，并建设3个反映中部作业云系和气候特点的外场试验区（点），包括商丘外场试验区、丹江口水库汇水区外场试验区和黄山外场试验点。

6.1.4　优化中部区域人工影响天气建设结构组成与信息流程

6.1.4.1　中部区域人工影响天气建设结构组成

人工影响天气业务首先需要作业装备及相关基础设施，作业装备包括飞机、火箭、高山地面烟炉等，基础设施首先是飞机驻地专业保障设施、试验示范基地建设等，其次是需要科学指挥。科学指挥需要坚强的技术支撑，包括气象观测、资料传输、资料分析、决策、指令传达等环节，分析决策能力的提高需要对过去相关作业数据的分析，更重要的是对通过科学试验获得全面、完整的数据深入分析，从而获得并验证经验和理论。

（1）系统组成

中部区域人工影响天气能力建设应分为五部分内容，分别是：飞机作业能力建设、飞机驻地专业保障设施建设、人工影响天气作业指挥系统建设、地面人工影响天气作业能力建设和试验示范基地建设。系统结构见图6.1所示。

（2）系统层级

业务运行管理分为国家（区域中心作为国家级分中心）、省、市、县4级，建立相应作业指挥系统。作业飞机分为国家作业飞机和地方作业飞机两类。国家作业飞机在全国、区域或省内统一调配作业，分别由国家、区域或省级人工影响天气中心指挥；地方作业飞机在区域内或省内作业，分别由区域和省级人工影响天气中心指挥。飞机驻地专业保障设施分为两级，国家作业飞机的飞机驻地专业保障设施、地方作业飞机的飞机驻地专业保障设施，飞机作业期间，由区域内各飞机驻地专业保障设施提供保障，全国调度时主要由作业飞机保障基地和国家作业飞机驻地专业保障设施提供保障，其他飞机驻地专业保障设施提供协助。地面人工影响天气作业装备与作业点由所在地（市、县级）管理和指挥，超出管辖区域的大范围作业可由上级统一指挥。观测设备由所在地进行日常运行、维护，由省级气象装备保障部门统一维修，观测资料依通信方式的便利集中到省、区域、国家级进行共享。试验示范基地为全中部区域及全国服务。

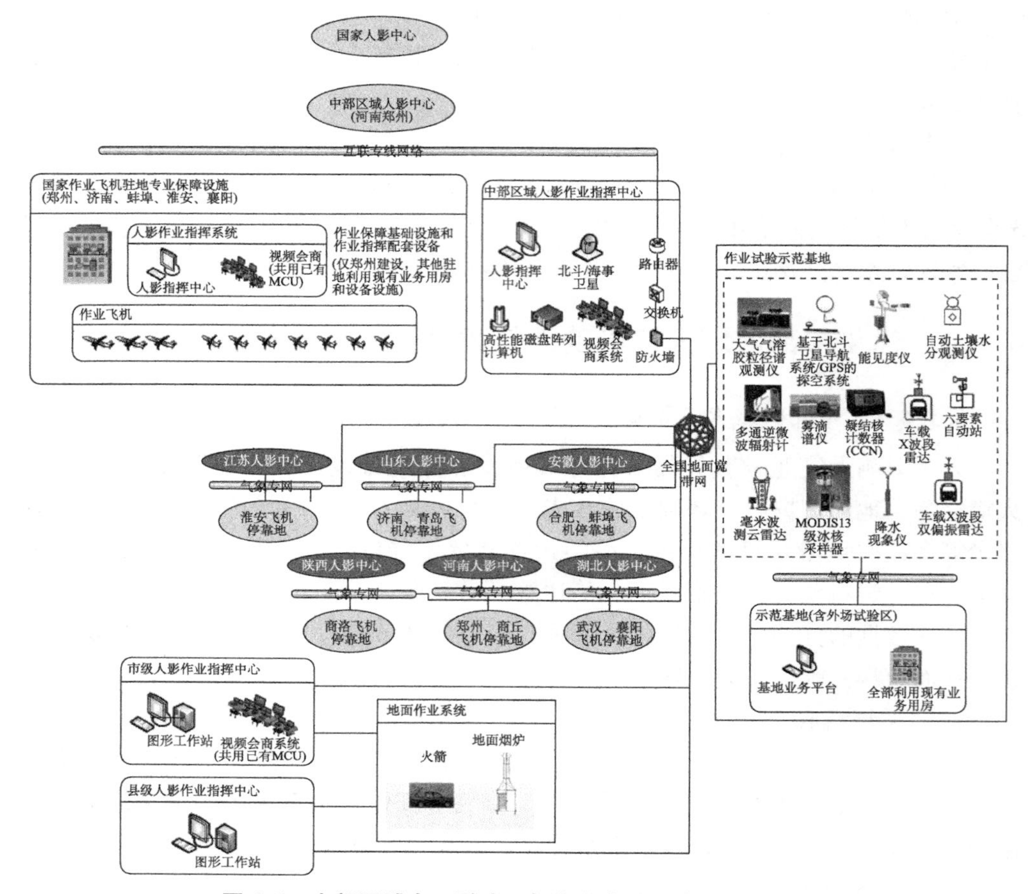

图 6.1　中部区域人工影响天气能力建设系统结构示意图

6.1.4.2　中部区域人工影响天气能力建设信息流程

机载和地面气象探测设备采集各类型气象资料，通过有线和无线通信网络，汇集到中部区域人工影响天气作业指挥中心，结合现有气象业务系统收集的资料，进行数据处理与分析。在中国气象局人工影响天气中心指导产品和本地气象预报产品支持下，经综合分析，进行作业形势预报，判断适合人工增雨的作业条件，制订作业方案，包括作业时间、地点、高度、催化剂量等。区域人工影响天气中心将作业方案和指导预报分发给省级、市级和县级人工影响天气中心，各级人工影响天气中心制作本级的作业方案和指导预报，同时完成空域申报。作业飞机和地面作业点接收对应级别人工影响天气中心的指令，进行人工增雨作业，并将作业信息反馈至本级人工影响天气中心，汇集到省级和区域人工影响天气中心。信息流程见图6.2。

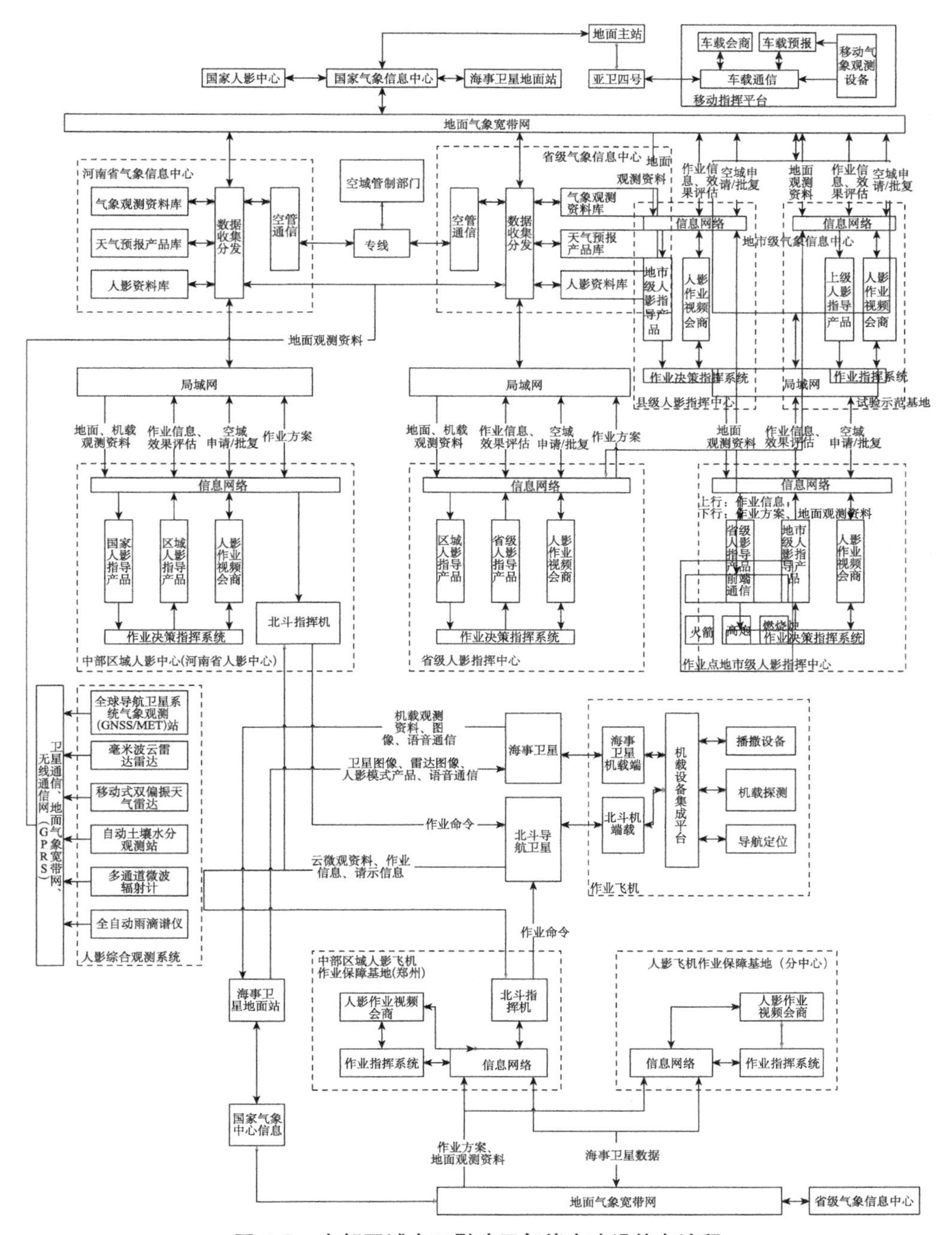

图6.2 中部区域人工影响天气能力建设信息流程

6.1.5　中部区域人工影响天气能力建设总思路

（1）突出重点，兼顾一般。紧密围绕中部区域经济发展和社会进步的需求，突出服务粮食生产和南水北调中线工程水资源供给两个重点，兼顾防雹、生态建设、环境改善、森林防火等特色服务需求，科学制定建设方案。

（2）整体设计，集约建设。坚持整体设计、统一布局，做到区域规划与《全国人工影响天气发展规划（2014—2020年）》（中国气象局，2014）相衔接，人工影响天气规划与气象的其他规划相衔接，地方投资与国家投资相配套，建设方案与区域实际需求相对应。坚持资源共享，推动区域协作，充分利用现有气象业务现代化建设成果，防止重复建设，避免资源浪费。

（3）分步实施，效益优先。找准规划实施和发挥效益的关键环节，考虑中部区域基础条件，分项建设内容的重要性、紧迫性，分步推进实施，边建设边应用，争取投资早出效益和效益最大化。

（4）依靠科技，提高效益。以提高技术水平和科技支撑能力为核心，统筹谋划重大装备、试验示范基地，以及其他重点建设任务布局，依靠科技进步、科技创新推动人工影响天气能力的提高。

6.2　飞机作业能力建设设计

以飞机为作业平台进行人工影响天气作业是目前国际上普遍采用的最直接、有效的方法。该方法通过选择适当时机，在云层的适当部位，进行适当催化作业，该技术对实时掌握云宏微观特征、作业条件、作业方式、作业剂量等要求很高。飞机可携带多种探测和作业仪器设备，可迅速飞抵作业目标区进行最佳剂量大范围高强度的催化作业，为机上作业技术人员实时判别作业条件、寻找最佳催化时机、修订作业方案提供最直接依据。与采用地面发射炮弹、火箭弹的作业方式比较而言，飞机作业平台具有无可替代的优势。

中部区域地域广阔，经济、社会和生态位置十分重要，但区域内多种灾害频发，呈现影响范围广、持续时间长、灾害程度重的特点，是我国比较典型的中纬度气候脆弱带。区域内降水时空分布严重不均，农业生产一直受到干旱、冰雹等气象灾害的威胁，持续干旱和水资源匮乏长期制约中部区域的经济社会发展，严重影响人民的生产生活。同时，60多年的人工影响天气实践和长期天气资料分析又说明，中部区域适宜开展飞机人工增雨作业的西风带短波槽、切变线和南支槽等天气过程出现概率较高，中部区域空中云水资源开发应用前景广阔，提升该区域飞机人工影响天气作业能力很有必要。

6.2.1 建设原则与飞机配置布局设计

6.2.1.1 建设原则

（1）运行安全

复杂多变的高空环境状况会对人工影响天气作业飞机和机上人员的安全带来直接的威胁，保证人工影响天气作业飞机和人员的安全，是飞机作业能力建设首要考虑的问题。要从完整的安全体系结构出发，综合考虑飞机加载各类设备、飞机改装等对飞行安全性影响的各种因素和各个环节，确保人工影响天气作业飞机的安全运行。

（2）技术先进

充分考虑国内外人工影响天气作业飞机技术发展趋势，面向业务实际需求，引进和吸收世界上先进和成熟的技术和设备，利用系统设计方法对系统的总体结构、功能结构、硬件配置等方面进行设计，充分考虑机载探测、机载作业和通信等子系统之间的协调配合、相互联动和合理布局，保证系统建设的先进性，不断提高人工影响天气作业效率。

（3）功能完善

从人工影响天气作业对作业条件、作业方式、作业剂量和作业部位的需求出发，设计各作业飞机分系统中的各类机载探测、机载作业和通信等子系统，完善各子系统功能，充分满足中部区域对于作业飞机的需求。

（4）稳定可靠

采用成熟的技术，选用性能可靠且稳定的产品，充分考虑系统建设与运行的环境，确保各种设备和软件运行的稳定可靠。系统应考虑集成优化，提高指挥决策、催化作业操作自动化程度；系统要有较强的容错能力和监控管理措施，在系统意外故障或系统崩溃时能及时恢复运行。

（5）标准规范

按照规范化和标准化的要求进行工程的设计和实施，硬件配置和软件要积极采用国际通用的标准化技术，避免系统互联的障碍；充分考虑今后关键设备的功能扩充、技术升级和更新换代；系统软件设计应规范化，便于推广使用。

6.2.1.2 飞机配置布局

通过对中部区域人工影响天气作业的需求、可选飞机性能和作业能力、现有机场分布和条件以及飞行作业物力、人力等相关基础，进行综合分析、测算，从而确定包括飞机机型结构、规模、布局方式及日常停靠地的建设方案。

根据人工影响天气飞机作业条件识别、催化、通信、集成系统等能力，将作业飞机分为高性能作业飞机和常规作业飞机。按照《全国人工影响天气发展规划(2014—2020年)》提出的中部区域人工影响天气作业飞机测算方式，结合中部区域飞机增雨作业的目标云系特点，中部区域需购置3架高性能作业飞机，并改装和加载作业条件监测仪器设备、多种催化作业和空地通信等装备，配套建设飞机增雨作业资料收集、处理、分析系统，可在一定程度上满足实施跨省大范围人工影响天气作业需求，并可由国家统一调度，执行重点应急增雨任务；另购置1架常规作业飞机，统一改装、加载探测、播撒和通信设备；租用6架飞机，并对租用的飞机加载基本探测、播撒和通信设备，进行标准化改装。

基本形成中部区域内由3架高性能作业飞机、1架常规作业飞机和6架临时租用常规作业飞机共10架人工影响天气作业飞机构成的新格局。对10架中部区域的人工影响天气作业飞机进行分散布局、统一调配，实现具有覆盖全区域、科学设计、统一指挥、联合作业的功能。相应建立区域联防、跨省作业的运行机制，基本实现国家对中部区域飞机增雨作业的统筹协调和业务指挥，极大提升区域整体空中云水资源开发能力，并能发挥中部区域优越的地理区位优势，为其他区域提供必要的支持。

通过以上布局，基本应实现以下功能。

(1) 飞机系统增雨作业功能。高性能作业飞机满足中部区域实施大范围、跨区域的飞机人工增雨作业的需求，提高中部区域飞机人工增雨的作业能力；能进行大范围、长时间连续性人工影响天气作业；能在复杂天气下实施作业，能穿越不同高度的云层并具有良好的安全性能；常规作业飞机主要配合高性能作业飞机作业，围绕地方需求开展增雨作业，确保不同性能飞机的有效作业范围能够互相衔接。

(2) 机载大气探测功能。飞机机载大气探测系统可在飞机作业时直接飞入云中观测云的各种水成物粒子谱、数浓度等微观特征量，实时观测云降水系统的宏观特征量，探测云中过冷水含量、云中温度、湿度、液态水量和水汽含量等，以判别作业条件、确定作业时机和部位、修订作业方案、检验作业效果，提高人工增雨作业技术水平和监测区域空中云水资源动态。

(3) 催化作业功能。机载催化作业系统主要满足不同云的播撒作业要求，由焰条播撒设备、焰弹播撒设备、液态二氧化碳制冷剂播撒设备3种催化作业设备组成，焰条播撒适宜于冷云、暖云的催化（使用不同品种的焰条），下投式碘化银焰弹播撒适用于积层混合云体的催化，液态二氧化碳制冷剂播撒适用于对云中温度在 $-6\sim0$℃的云体进行催化。这些催化播撒设备的作业情况，与云宏观影像分析设备和机载设备系统集成平台结合，可自动或手动控制催化作业的时间点和催化强度，也可实时记录与分析作业状况、作业位置以及作业量，并和飞行相关参数结合，客观分析作业效果。

（4）空地通信功能。空地通信系统具备作业飞机与地面人工影响天气业务平台之间文字、语音及数据信息的互传与共享，实现空地多种尺度和不同种类的信息实时采集、快速传输、集中存贮、综合分析和直观显示，实现作业飞机空地信息传输、实时指挥的快速和高效。

6.2.2　飞机选型设计

高性能作业飞机需满足以下性能。

（1）商载小于5000 kg，飞机升限不低于10 km；商载大于5000 kg，飞机升限不低于7 km；

（2）续航时间不小于5 h；

（3）作业飞行速度为360～720 km/h；

（4）具备密封增压舱和舱内温度调节功能；

（5）具有两台及以上发动机。

常规作业飞机需要满足以下性能：

（1）飞行升限不低于6 km；

（2）续航时间不小于3 h；

（3）商载不小于800 kg；

（4）具有两台发动机。

高性能作业飞机主要围绕重点增雨（雪）保障区开展作业，常规作业飞机主要配合高性能作业飞机作业，围绕中部区域需求开展增雨（雪）作业，确保不同性能飞机的有效作业范围能够互相衔接。

6.2.2.1　性能要求

中部区域春、秋、冬三季实施增雨作业的降水天气系统主要有低槽冷锋（包括西风带短波槽、南支槽）、切变线和低空急流、台风外围云系以及气旋（江淮气旋、黄淮气旋、蒙古气旋）性降水天气过程等。其中，西风带短波槽和切变线系统对该区的影响最多，且多为大范围层状云系或积层混合云系，云系较稳定而移动相对慢。大范围西风带低槽、切变线云系自湖北、河南向山东、安徽、江苏移动，南支槽系统、江淮气旋主要影响湖北、河南南部及安徽、江苏，台风外围云系主要影响江苏、安徽及山东南部、湖北中西部和河南东南部，黄淮气旋主要影响山东及河南东北部。

（1）飞机性能要求

1）对飞行高度的要求

冷云是指由过冷却水滴组成的云，是飞机人工增雨催化的主要对象。云中的过冷却水滴一般存在于 -20 ~ 0℃层，其在中部地区的分布高度依季节在 2000 ~ 7600 m 变化。对冷云实施作业催化的有效温度为 -20 ~ -5℃，相应的高度为 3000 ~ 7600 m。对冷云作业条件进行飞机探测的高度为 2500 ~ 7600 m。

暖云是由温度高于 0 ℃的水滴组成的云，是飞机人工增雨催化的对象之一。其在中部地区分布高度依季节在 1000 ~ 5000 m 变化。

冷暖混合云的高度介于冷云和暖云存在高度之间。

为满足全年各季节上述不同类型云的不同催化要求，中部区域飞机催化作业的高度应在 1000 ~ 7600 m，承担中部区域全年大范围、跨省区作业的高性能作业飞机应具备不低于 7600 m 的最大飞行高度。

2）对续航能力的要求

中部区域地域广阔，位于 28° ~ 38°N、105° ~ 123°E，全区面积 75.09 万 km^2，空中云水资源十分丰富。

根据该区域系统性大范围自然降水分布特点，中部地区出现适合飞机作业的层状云和积层混合云系较多。考虑天气系统过程的维持与移动，在一次完整的天气过程中，云系可先后覆盖到中部全区域。根据历史资料统计，完全满足作业条件的区域约占云系面积的 2/3，需要作业飞机具备一定的续航能力，以在大范围内寻找、判别、捕捉作业区域。

对飞机续航能力的要求：为满足对大范围天气系统实施飞机增雨作业的要求，承担大范围作业的飞机应具备较长的续航能力，以便在大范围内监测空中云水资源的分布、探测作业条件，并能及时飞抵作业目标区实施作业，一般要求飞机续航能力达到 2000 km 以上、巡航时间 5 ~ 7 h。配合大范围作业飞机，承担季节性、小范围作业的飞机，适当放宽相关要求，一般要求飞机续航能力达到 1000 km 左右、巡航时间 2 ~ 4 h。

3）对飞机载重性能要求

飞机对冷云和混合云作业，一般需要加装碘化银发生器、液态二氧化碳罐、干冰播撒器等设备。飞机对暖云作业，一般需要加装吸湿性焰剂发生器、吨级吸湿剂播撒设备。承担全年性、大范围、跨区域作业飞机具备相应的载重能力应大于 5 t；承担季节性、小范围作业的飞机，适当放宽载重能力要求，应当大于 1.5 t。

4）对飞机航速的要求

为取得最佳作业效果，要求一定的播撒强度（即在给定的云体空间内、单位时间内的播撒催化剂的量）。飞机作业的播撒强度与飞机航行速度密切相关。目前国际通行的飞机作业播撒强度一般要求飞机航速不宜过快；同时，考虑跨省区作业需要，飞机航速也不宜过慢。由于机载作业条件探测仪器设备进行探测需要一定的响应时间、取样密度，同样要求飞机航速不宜过快。仪器响应时间一般应不超过200 m/s，如最高航速按 $200\ m/s \times 0.7 \approx 140\ m/s = 504\ km/h$ 计算，飞机航速一般不应高于504 km/h。综合考虑播撒强度、探测仪器响应的要求，飞机航速一般应为360～504 km/h为宜。

5）对飞机安全性能的要求

中部区域作业云系以冷云为主，云层中存在大量过冷水滴，在一定温度条件下易使飞机表面结冰，对作业飞机飞行安全造成威胁。为使飞机安全作业，高性能作业飞机应具备抗结冰能力。同时，为提高飞机在复杂情况下的安全性能，飞机应至少具备双发动机。

6）对飞机改装的要求

飞机催化作业和探测，需要在飞机内外加装相应的大气探测设备、催化作业装备和空地通信设备，要求飞机具有较好的易改装性，即改装后不影响飞机的安全性和密封性，对飞机气动性能影响小。

（2）执行国家重大应急增雨任务的性能要求

高性能作业飞机是国家人工影响天气的关键装备，除承担中部区域大规模增雨作业外，还需要按国家需要执行重大应急增雨任务，包括跨区域增雨作业和重大灾害应急增雨作业。

我国幅员辽阔，南北、东西天气系统和云系差异明显。考虑执行应急任务时转场，要求飞机具有较长航程的续航能力，一般不能低于2000 km。

（3）作业条件识别和云物理探测的性能要求

对各类云系高效实施作业必须获取最佳作业条件信息，其最有效的手段为在作业飞机上直接加装探测设备，以确定作业时机、部位和催化方式。同时，机载云物理探测所获取的各类云宏观微观参量数据，是深刻认识云降水机理，优化作业方案，催化模式和作业效果检验的重要基础。

开展作业条件识别和云物理探测，需要飞机能够在更高的高度上飞行，一般需要飞机的最大飞行高度在7600～10000 m。

综合以上对高性能作业飞机各种性能的要求，提出新建设的高性能作业飞机的性能应满足以下指标。

（1）考虑中部区域人工影响天气作业需求，最大飞行高度不低于7600 m；若考虑全国其他区域应急任务需求，最大飞行高度在10000 m以上为宜；

（2）续航能力大于6 h；

（3）巡航速度适中，与探测取样和播散强度对航速的要求相匹配，作业巡航速度一般360 ~504 km/h为宜；

（4）最大航程应达到2000 km以上；

（5）能加装基本催化作业装备、探测仪器和通信设备，载重量至少1500 kg；

（6）飞机需具有密封增压舱；

（7）具有双引擎发动机；

（8）具备较强的除冰能力；

（9）具备较好的易改装性。

6. 2. 2. 2　飞机选型设计

对2种符合高性能作业飞机性能的飞机进行综合分析和比较，在此基础上确定飞机选型。

（1）新舟60飞机主要技术性能指标

新舟60飞机（英文名称Modern Ark 60，英文缩写为“MA60”）是中航工业西飞自主知识产权的上单翼中短程涡轮螺旋桨支线客机，取得了由中国民用航空总局颁发的型号合格证。飞机为二人驾驶体制，能完成复杂气象条件下的飞行任务，具有Ⅱ类进场能力。

新舟60飞机在安全性、舒适性、维护性等方面达到或接近世界同类飞机的水平，使用性能良好，油耗低，维修方便，简单实用。可承载48 ~56名旅客，航程2450 km，可在高温、高原状态下起飞，适应不同航路、跑道的特性。新舟60飞机可进行多用途改装：货物运输机、海洋监测机、航测机、探测机等。该飞机价格为国外同类飞机的2/3，直接使用成本比国外同类飞机低10% ~20% 。年生产能力为30架。

该机型为中航工业西飞设计生产，量产多年，属成熟产品，性能稳定，已大量投入国内外航空市场运营。如选该机型可在生产过程中按照人工影响天气作业要求在线同步改装，有利于减少对其飞行性能的影响，缩短人工影响天气作业飞机建设周期。

该机型市场保有量较大，国内川航、南航、海航、幸福、奥凯、英安、西北、金鹿等多家航空公司均有运营执管，积累了丰富的运管经验，在航材供应、技术保障、人员条件、维护保养等方面优势明显。

新舟60飞机的最大载重量为5500 kg，机长为24. 71 m，机高为8. 85 m，翼展为29. 20 m，最大航程为2450 km，最大飞行高度为7620 m，巡航速度为420 km/h，最大航时不少于6 h，能够同时装载多种人工增雨作业催化设备。新舟60飞机主要技术性能指标见表6. 1。

表 6.1　新舟 60 飞机主要技术性能指标

指标		单位	参数	指标		单位	参数
外部尺寸	长度	m	24.71	起飞距离	15°襟翼	m	1705
	翼展		29.20		5°襟翼		1645
	停机高度		8.85	着陆场长			1460
	机翼面积	m^2	74.98	单发净升限			3825
	螺旋桨直径	m	4.00	最大使用高度			7620
	主轮距		7.90	航程	满油航程	km	2450
	前主轮距		9.56		满载航程		1200
客舱尺寸	客舱长度	m	11.16	航时	满油航时	h	6.7
	客舱宽度		2.69		满载航时		3.5
	客舱高度		1.91	飞机经济修理寿命	总飞行时间	h	60000
客舱空间	前货舱容积	m^3	5.10		总起落次数	次	50000
	后货舱容积		4.60		日历年限	年	25
出口尺寸	登机门	m	0.75×1.40	飞机首次结构检查时限	飞行时间	h	9600
	前货舱门		1.19×1.22		起落次数	次	8000
	后货舱门		0.75×1.41				
	客舱应急出口		0.51×0.93	可靠性、维修性和保障性	平均故障间隔时间	h	25
	驾驶舱应急出口		0.50×0.51		出勤可靠度	%	98
主要重量数据	最大滑行重量	kg	21900		平均修复时间	h	1
	最大起飞重量		21800		每飞行小时直接维修工时	人时	3
	最大着陆重量		21600		更换发动机时间	h	8
	最大商载重量		5500				
	最大燃油重量		4030	平均小时耗油量		kg	540
	使用空机重量		14820				

（2）空中国王 350HW 飞机主要技术性能指标

空中国王 350 系列飞机是在 2008 年 10 月美国举办的第 61 届 NBAA 展览会上发布的，已在 2010 年 1 月获得美国 FAA 和 EASA 型号合格证。空中国王 350HW 飞机（增重型）的设计重量更高，最大起飞重量达到 16500 磅（7484 kg），而空中国王 350HW 飞机在原来的基础上，对机舱门进行了改进和拓宽，“宽度×高度”的尺寸由原来的 1.31 m×0.68 m 变为 1.24 m×1.32 m，方便作业设备的装卸；采用了高浮筒大轮毂的起落架，机翼上还各有一个油箱可供携带更多燃油。

空中国王 350HW 飞机具有以下的优势与特征。

性能良好。空中国王 350HW 飞机兼具涡轮风扇飞机的优质性能和涡轮螺旋桨飞机的经济性，具有卓越的商载－航程能力，可搭载 11 名乘客，最大商载 1678

kg。“安静客舱”加强的被动降噪措施使客舱噪声控制在极低水平。

安全性高。螺旋桨全反桨功能能显著缩短着陆距离，且当在潮湿或结冰跑道着陆时，可提供额外的安全余度。精密的安全操纵系统，包括自动顺桨和方向舵助力器，可降低飞行员的工作量，提高安全性。

运行费用低。普惠 PT6A－60A 型发动机燃油效率高、可靠性好、维修费用低、噪音小。

空中国王 350HW 飞机的主要技术性能指标见表 6.2。

表 6.2　空中国王 350HW 飞机主要技术性能指标

指标		单位	参数	指标		单位	参数
外部尺寸	长度	m	14.22	商载/容积	最大商载	kg	1429
	翼展		17.65		有效载荷		3316
	停机高度		4.37		最大燃油重量		1638
	机翼面积	m^2	28.8		最大商载时燃油重量		1633
	主轮距	m	5.23	机场性能	起飞跑道长度	m	1363
	前主轮距		4.95		着陆距离		821
客舱尺寸	客舱长度	m	5.94	爬升性能	爬升时间/高度	min/m	118/7620
	客舱宽度		1.37		双发爬升率（襟翼翻上）	m/min	732
	客舱高度		1.45		双发爬升坡度	m/km	120
客舱空间	驾驶舱	m^3	2.41		单发爬升率（起飞襟翼）	m/min	103
	客舱		10.05		单发爬升坡度	m/km	30
	总空间		12.46	升限	取证升限	m	10668
出口尺寸	登机门	m	1.24×1.32		双发工作		10058
发动机	制造商		普惠（加拿大）		单发工作		5212
	型号		PT6A－60	航程	满油航程	km	2489
	大修周期	h	3600		满载航程		2474
设计重量	最大停机坪重量	kg	7530	平均小时耗油量		kg	182～347
	最大起飞重量		7484	高速巡航	速度	km/h	561
	最大着陆重量		7110		燃油流量	kg/h	347
	最大零燃油重量		1638		高度	m	7315
	典型装备基本运行重量		4214	远程巡航	速度	km/h	441
航时	满油航时	h	6.4		燃油流量	kg/h	182
	满载航时		6.3		高度	m	10058

（3）两种机型对比

新舟60和空中国王350HW飞机都能基本满足本工程国家作业飞机主要技术性能指标要求，但两种机型又各具有不同的优缺点。二者主要技术性能指标的对比见表6.3。

表6.3　两种飞机主要技术性能指标对比

<table>
<tr><th rowspan="2">序号</th><th rowspan="2" colspan="2">机型
比选项目</th><th rowspan="2">性能
指标要求</th><th rowspan="2">空中国王
350HW</th><th rowspan="2">新舟60</th><th colspan="2">优劣</th></tr>
<tr><th>空中国王
350HW</th><th>新舟60</th></tr>
<tr><td rowspan="2">1</td><td rowspan="2">载荷量
（kg）</td><td>最大商载</td><td>≥1564</td><td>1429</td><td>5500</td><td rowspan="2">可加装重量较小的播撒设备和探测设备</td><td rowspan="2">可同时搭载多种播撒设备和探测设备（可搭载机载雷达等）</td></tr>
<tr><td>最大燃油重量</td><td>—</td><td>1638</td><td>4030</td></tr>
<tr><td rowspan="3">2</td><td rowspan="3">外部尺寸
（m）</td><td>机长</td><td rowspan="3">—</td><td>14.22</td><td>24.71</td><td rowspan="3">外部尺寸小</td><td rowspan="3">外部尺寸大</td></tr>
<tr><td>机高</td><td>4.37</td><td>8.85</td></tr>
<tr><td>翼展</td><td>17.65</td><td>29.20</td></tr>
<tr><td rowspan="3">3</td><td rowspan="3">内部尺寸
（m）</td><td>长</td><td rowspan="3">—</td><td>5.94</td><td>11.16</td><td rowspan="3">内部空间较小</td><td rowspan="3">内部空间大</td></tr>
<tr><td>宽</td><td>1.37</td><td>2.69</td></tr>
<tr><td>高</td><td>1.45</td><td>1.91</td></tr>
<tr><td>4</td><td colspan="2">最大飞行高度（m）</td><td>≥7600
>10000</td><td>10668</td><td>7620</td><td>可开展7600～10000 m的云物理探测和作业</td><td>不能开展7620 m以上探测和作业</td></tr>
<tr><td rowspan="2">5</td><td rowspan="2">航速
（km/h）</td><td>高速巡航速度</td><td rowspan="2">360～504</td><td>561</td><td>540</td><td rowspan="2" colspan="2">—</td></tr>
<tr><td>经济巡航速度</td><td>441</td><td>420</td></tr>
<tr><td rowspan="2">6.</td><td rowspan="2">航程
（km）</td><td>满油航程</td><td rowspan="2">≥2000</td><td>2489</td><td>2450</td><td rowspan="2">飞行距离略长</td><td rowspan="2">飞行距离略短</td></tr>
<tr><td>满载航程</td><td>2474</td><td>1200</td></tr>
<tr><td rowspan="2">7.</td><td rowspan="2">续航时间
（h）</td><td>满油航时</td><td rowspan="2">≥6</td><td>6.4</td><td>6.7</td><td rowspan="2">飞行时间较长</td><td rowspan="2">飞行时间较短</td></tr>
<tr><td>满载航时</td><td>6.3</td><td>3.5</td></tr>
<tr><td>8</td><td colspan="2">平均小时耗油量（kg）</td><td>—</td><td>182～347</td><td>540
（6000 m高度）</td><td>油耗低</td><td>油耗高</td></tr>
<tr><td>9</td><td colspan="2">飞机机舱</td><td>密封增压舱</td><td>密封增压舱</td><td>密封增压舱</td><td colspan="2">—</td></tr>
<tr><td>10</td><td colspan="2">发动机</td><td>双发动机</td><td>普惠双发动机
（PT6A－60）</td><td>普惠双发动机
（PW－127J）</td><td colspan="2">—</td></tr>
</table>

续表

序号	比选项目＼机型		性能指标要求	空中国王350HW	新舟60	优劣	
						空中国王350HW	新舟60
11	首次结构性检查（h）	机体	—	无寿命设计	9600	发动机大修周期较短	发动机大修周期较长
12	大修时间（h）	发动机		3600	7000		
13	国内外有无改装资质		—	国外	国内	国外公司改装，亦可国内	国内厂家改装
14	交货周期		—	9 个月	首架机一年其余架次两年	周期较短	周期较短
15	改装周期		—	10 个月			
16	飞机托管意愿		—	4 家（除奥凯）	5 家		
17	裸机估价（万元人民币）		—	6400	11000	价格较低	价格较高
18	其他费用（培训＋技术手册等）（万元人民币）		—	66. 9	291. 2		
19	平均采购总成本（均不含备件）（万元人民币）		—	7066. 9	12291. 2		
20	直接运行成本（元/小时）		—	6800	11000（暂估）		

注 1：以上数据均来源于厂商提供的材料。

注 2：关于新舟 60 的参数：①飞机托管费、飞机利用率、飞机载荷量、机场收费等均无法确定，所以，小时直接运营成本目前暂时无法测算，表中为暂估价格；②航程、航时已预留 185 km（100 海里 * ）转场用油；③新舟 60 其他费用的报价为两架机，包含技术出版物、首次推荐备件清单和技术服务费。关于空中国王 350HW 的参数：①平均小时耗油量分别是在高速巡航（561 km/h）和经济巡航（441 km/h）条件下估算得出；②在计算飞机续航时间时考虑两名飞行员驾驶，考虑起飞、降落过程耗油，预留 100 海里机场备降燃油；③货舱门会增加 79 kg 的机身重量，所以相应会减少 79 kg 的商载。

注 3：飞机托管调研结果为选择国内 5 家航空公司（分别为中飞通用航空有限责任公司、中国飞龙通用航空公司、北大荒通用航空公司、奥凯航空有限公司、幸福航空有限责任公司）的结果。

* 1 海里 = 1. 852 km。

1）性能

（a）实用升限：空中国王 350HW 飞机的最大飞行高度为 10668 m，新舟 60 飞机为7620 m。在飞行高度方面，空中国王 350HW 飞机具有优势。

（b）最大航程：空中国王 350HW 飞机的满油航程为 2489 km，满载航程为 2474 km，与空中国王 350ER 飞机相比缺少一副油箱，但可增加载重，也可满足人工影响天气相关作业需求。新舟 60 飞机的满油航程为 2450 km，满载航程为 1200 km，前者的续航能力高于后者。

（c）高速性能：空中国王 350HW 飞机高速巡航速度为 561 km/h，新舟 60 飞机为420 km/h，前者高于后者。

（d）低速性能：空中国王 350HW 飞机低速达 165 km/h（失速速度 +10%），具有较好的低空低速性能。新舟 60 飞机约为 240 km/h。

（e）载重和客舱容积：空中国王 350HW 飞机的最大商载为 1429 kg，客舱尺寸（长×宽×高）为 5.94 m×1.37 m×1.45 m，而新舟 60 飞机分别为 5500 kg 和 11.16 m×2.69 m×1.91 m，后者的最大载重和客舱尺寸指标远高于前者。

2）费用

（a）采购费用

只包括裸机价格、培训和技术服务等方面费用的情况下（不包含备件），空中国王 350HW 飞机（含税金和调机费）约合为 6400.00 万元人民币，新舟 60 飞机约折合为 11000.00 万元人民币。前者采购价格相对较低。

（b）改装费用

空中国王 350HW 飞机改装费用约为 2192 万元人民币，新舟 60 飞机在国内生产厂家改装，费用约 1251 万元人民币。

（c）运行成本

空中国王 350HW 飞机的直接运行成本（DOC）约为每小时 6800 元人民币（1068 美元，2012 年数据），新舟 60 飞机约为每小时 11000 元人民币（暂估），前者小时直接运行成本相对较低。

为满足人工影响天气作用飞机性能要求，配置飞机时可以有针对性地进行机型比选。根据本设计分析情况，“2 +1 模式”（即 2 架新舟 60 高性能作业飞机和 1 架空中国王 350HW 飞机）可有效弥补对 8000 m 以上的探测和作业需求，且购机总成本较低，在飞机上均加装多种催化作业设备、空地通信设备和基本的云物理探测设备。且“2 +1 模式”的混合编队有利于在不同作业条件搭配不同的飞机组合方案，且国内已有对空中国王 350HW 飞机进行改装作业的成功经验，但对于机组、地勤以及飞机的维护保养有更高要求。

6.2.3　飞机停靠地选择设计

6.2.3.1　飞机停靠地选择要求

飞机主停靠地是指作业飞机在不进行跨省大范围作业的期间，进行日常维护保养、飞行训练的地方，应依托于现有机场。

适应中部区域实施飞机人工影响天气作业的对象云系分布特征要求，充分考虑云系的移动路径，从最大限度地发挥每架作业飞机的有效利用率角度出发，依循各架飞机日常停靠地适当分散、统一调配、科学流动、转场作业的思路，立足现有机场分布及其有利起降等保障条件，综合考虑不同类型作业飞机性能、重点作业区需求以及飞机停靠机场所在地人工影响天气作业技术保障和业务能力等条件，以满足每架飞机能够在有效控制范围内实施飞行作业、同时兼顾跨区域作业的需要为目的，对飞机主停靠地布局进行设计。

3 架高性能作业飞机，由于其航程大、飞行高度高、加装的催化作业装备和大气探测设备较为齐全，主要用于统一调配，实施大范围跨省区作业飞行。其布局应尽量位于中部区域的 3 个地理几何中心。

新购和租用的共 7 架常规作业飞机，由于其航程有限、飞行高度不能完全满足作业要求、加装的催化作业装备和大气探测设备为基本配置，主要用于配合高性能作业飞机，实施有限区域、小范围作业。其布局应考虑首先满足本地需求的基础上，进行统筹布局。

6.2.3.2　飞机主停靠地布局设计

通过对现有机场净空条件、机场空域调配能力、增雨作业复杂天气下的实时起飞气象保障能力及其综合保障能力、是否承担过飞机人工影响天气保障工作、机场所在地政府支持和工作能力、交通和通讯能力综合考虑分析，选取 3 架高性能作业飞机、7 架常规作业飞机日常主停靠地分别为：河南郑州上街、商丘，湖北武汉天河、襄阳，山东济南、青岛，安徽合肥、蚌埠，江苏淮安，陕西商洛丹凤（图 6.3）。

上述机场的主要情况为：

（1）郑州上街机场为通航机场，是郑州第二大机场，4C 级机场，中国气象局飞机人工增雨和科学实验郑州基地、中部区域飞机保障基地紧靠上街机场。具有较好的净空条件、适宜的机场规模、较强的空域调配能力、较强的综合保障能力、曾多次承担大型航展活动保障工作、具有便利的交通通信条件，并得到当地政府的大力支持、且具备较好的人员保障基础，以上街机场为新舟 60 飞机的起降机场可以辐射河南全省。

（2）河南商丘观堂机场，是河南省五大民用航空机场之一，2016 年 3 月，商丘观堂机场作为全国重要的支线机场之一，列入到国家“十三五”规划，具有较好的净空条件、适宜的机场规模、较强的空域调配能力、较强的综合保障能力、具有便利的交通通信条件。以商丘机场作为地方运 12 飞机的起降机场可以执行跨豫鲁皖区域作业，商丘机场处于河南常年降水云系的移动路径上，有利于提高增雨飞机的执行效率。

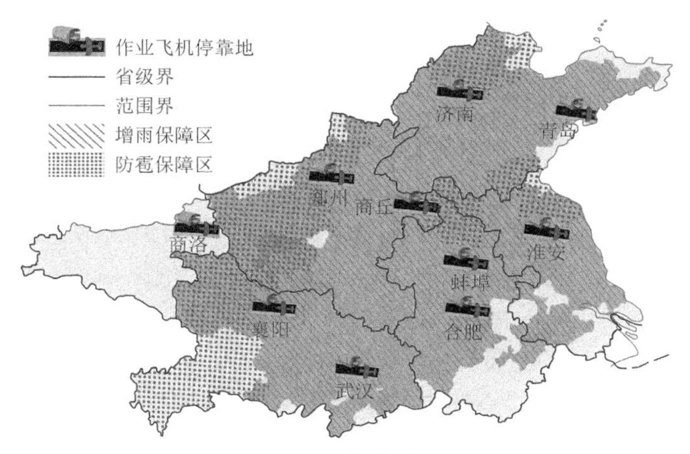

图 6.3　10 架飞机主停靠地分散布局示意

（3）济南遥墙国际机场位于济南市东北 30 km，为 4E 级民用国际机场，建有一条长 3600 m 的主跑道，可起降波音 747 - 400 及以下各型飞机，是中国重要的入境门户和干线机场之一。机场具有良好的净空条件、较强的空域调配能力和复杂天气下飞机增雨（雪）作业综合保障能力，2009 年以来一直为山东省增雨飞机停靠基地，曾作为 2009 年十一运会、2018 年上合组织青岛峰会、2019 年海军阅兵等重大活动保障的飞机停靠基地，承担了“运 - 7”“运 - 12”“空中国王 350”“新舟 60”等机型的人工影响天气作业保障工作，具有良好交通通信、机场综合保障条件，并得到当地政府的大力支持和具备一定的人员保障基础。

（4）青岛流亭国际机场位于青岛市城阳区，距青岛市中心约 23 km，为 4E 级民用国际机场，是中国十二大干线机场之一。机场具有良好的净空条件、较强的空域调配能力和复杂天气下飞机增雨（雪）作业综合保障能力，现为青岛市“运 - 12”增雨飞机停靠基地，具有良好交通通信、机场综合保障条件，并得到当地政府的大力支持和具备一定的人员保障基础。

（5）安徽合肥为民用机场，合肥新桥国际机场跑道长 3400 m、宽 45 m；航站楼 1 座，面积 11 万 m^2；站坪面积 36 万 m^2，共设机位 27 个，其中廊桥机位 19 个，远机位 8 个，按照满足 2020 年旅客吞吐量 1100 万人次、货邮吞吐量 15 万 t 的需要设计。

（6）安徽蚌埠机场，具有较好的净空条件、适宜的机场规模、较强的空域调配能力、较强的综合保障能力、曾多次承担飞机增水作业保障工作、具有交通通信条件，并得到当地政府和部队的大力支持和具备较好的人员保障基础。

（7）淮安涟水机场位于中国江苏省淮安市，距淮安市中心 22 km，距涟水县城 10 km，为 4D 级民用运输机场，是国家一类航空口岸，是苏北航空客货运枢纽，是华东地区的主要客货运机场。淮安涟水机场于 2008 年 10 月 8 日开工建设，2010 年 9 月 26 日正式通航。2016 年 11 月 21 日，淮安涟水机场二期扩建工程开工建设，2018 年 4 月 26 日，淮安机场二期扩建飞行区工程竣工并正式投入运行。机场海拔高度为 7 m，飞行区等级为 4D，跑道长 2800 m，宽 45 m，可满足 A321、B737－800 机型起降要求。候机楼面积 1.47 万 m^2，国内、国际厅各占一半，登机廊桥 3 部；停机坪 3.3 万 m^2，共有 15 个停机位，具备年 130 万人次旅客的吞吐能力。

（8）湖北武汉天河为民用机场，具有较好的净空条件、适宜的机场规模、较强的空域调配能力、较高的复杂天气下增水作业实时起飞气象保障能力、较强的综合保障能力、曾多次承担飞机增水作业保障工作、具有交通通信条件，并得到当地政府的大力支持和具备较好的人员保障基础。

（9）湖北襄阳为民用机场，具有较好的净空条件、适宜的机场规模、较强的空域调配能力、较高的复杂天气下增水作业实时起飞气象保障能力、较强的综合保障能力、曾多次承担飞机增水作业保障工作、具有交通通信条件，并得到当地政府的大力支持和具备较好的人员保障基础。

（10）陕西商洛机场由原丹凤飞播造林飞机场扩建而成，位于商洛市丹凤区商镇商山村，是商洛第一个飞机场。通用机场建设项目目前已完成投资 5670 万元，项目的空域审批、行审意见、可研批复、环境影响评价等前期手续全部办理到位。2017 年 6 月底机场项目全面建成，投入运营。

10 架飞机主停靠地分散布局详细图见图 6.3。

6.2.4 作业飞机机载任务系统设计

6.2.4.1 机载大气探测系统

机载大气探测设备可在飞机作业时直接探测云中各种水成物粒子谱、数浓度等微观特征量，能够实时观测云降水系统的宏观特征量，实时掌握云中过冷水含量、云中温度、湿度、积分液态水量等，对于判别作业条件、确定作业时机和部位、修订作业方案、检验作业效果、提高人工增雨作业技术水平和监测区域空中云水资源动态等，是非常重要且十分必要的。

当高性能作业飞机开始作业前，根据人工影响天气作业方案，在需要的地区开展作业条件的探测。机载设备可直接飞入云中观测云的各种水成物粒子谱、数浓度等微观特征量，实时观测云降水系统的宏观特征量，探测云中过冷水含量、云中温度、湿度、液态水量和水汽含量等。探测的信息和图像等通过空地通信子系统传送到地面人工影响天气业务指挥平台，用于人工影响天气作业指挥决策，以判别作业条件、确定作业时机和部位、修订作业方案；地面指挥平台加工处理后，将作业方案回传给机上操作人员，由机上操作人员通过机载催化作业子系统实施人工影响天气作业任务，以提高人工影响天气作业技术水平和监测区域空中云水资源动态。

（1）功能要求

作为云降水物理最直接的探测手段，需满足《人工影响天气作业飞机通用技术要求》（QX/T 505-2019）（中国气象局，2019）中有关的探测功能，用于连续测量大气气溶胶、云凝结核、云降水（云滴、雨滴、冰雪晶等）粒子谱分布，云降水粒子二维图像，云中液态水含量，大气温、压、湿、风等气象监测数据；飞机飞行高度、经纬度、空速和航向等位置参数；以及云宏观特征和作业状态实景监控等。

机载大气探测设备具备的主要功能包括：

1）云和降水粒子探测功能

观测高清晰、多尺度范围的云降水粒子谱及其粒子二维图像；观测液态水含量、温湿度、气压、飞行高度和空速；观测云粒子的总数浓度、中值直径、有效直径等云微物理参数。

2）大气环境参数探测功能

观测与云降水微物理测量数据相配套的大气温压湿风；测量飞机空速、高度、攻角、侧滑角、滚转角、偏航角、俯仰角、GPS（全球定位系统）等飞机运动参数。

3）气溶胶粒子探测功能

监测多尺度范围的大气气溶胶粒子谱；分析大气气溶胶理化特征分析、光化学烟雾及二次颗粒物；采用光色学方法测量大气气溶胶粒子的吸收和散射，获取大气气溶胶的光散射系数。

4）云凝结核探测功能

监测实际大气中不同高度和云里云外云凝结核粒子浓度。

5）数据处理功能

记录和实时显示各种机载仪器所测数据及图像。

6）气象雷达机载试验功能

安装激光雷达和机载微波辐射计，安装机载 Ka 波段云雷达，以满足机载遥感探测的测试和应用需求。

7）云宏观影像功能

用于飞行过程中对云宏观尺度、云降水粒子状态、飞机积冰状况和催化剂作业情况等宏观影像的实时监测与管理。具体功能有：焰条、焰弹播撒监控，吸湿性暖云催化剂播撒监控，舱内监控，采用IP化摄像头及网络组网方式；地面指挥中心空地指挥软件可管理并选择每个监控点的图像和云台，切换不同的监控画面回传到地面指挥中心。

（2）设备配置

高性能作业飞机上各种大气探测设备分别架设于飞机的机头、机翼、机身、机舱内和尾翼等多个部位，并在飞机改装时进行结构设计改进、对吊挂安装处进行局部加强等，布局应符合民航规定的飞机改装基本原则与标准，满足飞机安全性飞行的要求。

高性能作业飞机大气探测设备配置见表6.4、表6.5。

表6.4　大气探测设备布局（新舟60飞机）

序号	参考设备	安装位置
1	机载云和降水粒子探测设备	机翼下
	云粒子谱探头（FCDP）	
	降水粒子图像探头（DMT PIP）	
	三视场云降水粒子图像探头（SPEC 3V－CPI）	
	云降水粒子组合探头（DMT CIP）	
2	大气环境参数探测设备	
	飞机综合气象测量系统（AIMMS－20）	机翼下
3	气溶胶粒子探测设备	
	气溶胶粒子谱仪探头（DMT PCASP－100X＋SPP200）	机翼下
4	数据系统	
5	数据采集系统（F800或M300）	机舱内
	双云室云凝结核计数器	
6	云宏观作业监控设备	
	360°全景摄像机	机腹内
	作业监控摄像机	机身两侧
	工作环境摄像机	机舱内
	机载视频服务器	机舱内，综合设备机柜
7	等速进样系统	机舱外壁
8	配套设备	
	实验室用仪器标定工具	
	机载安装机柜	
	机载配电盒APDS	
	外挂探头电缆	

表 6.5　大气探测设备布局（空中国王 350HW 飞机）

序号	参考设备	安装位置
1	机载云和降水粒子探测设备	机翼下
	云粒子谱探头（FCDP）	
	降水粒子图像探头（DMT PIP）	
	三视场云降水粒子图像探头（SPEC 3V－CPI）	
	云降水粒子组合探头（DMT CIP）	
2	大气环境参数探测设备	
	飞机综合气象测量系统（AIMMS－20）	机翼下
3	气溶胶粒子探测设备	
	气溶胶粒子谱仪探头（DMT PCASP－100X＋SPP200）	机翼下
4	总水/液水探头（Nevzorov TWC/LWC）	垂尾
5	数据系统	
	数据采集系统（F800 或 M300）	机舱内
6	双云室云凝结核计数器（DMT CCN－200）	
7	云宏观作业监控设备	
	360°全景摄像机	机腹内
	作业监控摄像机	机身两侧
	工作环境摄像机	机舱内
	机载视频服务器	机舱内，综合设备机柜
8	机载 Ka 波段云雷达	机翼下
9	机载激光雷达	机舱内部后部
10	机载微波辐射计	机翼下
11	等速进样系统	机舱外壁

（3）机载探测设备选择

国家作业飞机的机载大气探测设备配置情况详见表 6.6。

6.2.4.2　机载催化系统

（1）功能要求

机载催化设备主要满足不同云的播撒作业要求，由焰条播撒装备、焰弹播撒装备、制冷剂播撒装备和暖云播撒装置共 4 种催化作业装备组成。

碘化银焰条播撒适宜于冷暖云系的催化；下投式碘化银焰弹播撒适用于较厚云体的催化；制冷剂播撒适用于对云中温度在 0 ℃以下的云体；暖云催化播撒适用于对云中温度在 0 ℃以上的云体以及消云减雨试验时进行催化作业。这些播撒装备的作业性能情况，与云宏观影像分析监控设备相结合，可实时记录分析作业状况、作业位置和作业量；结合云宏观作业监控影像分析设备和飞行状态参数结合，还可客观分析云体催化后宏观变化等可能的作业效果。

表 6.6　国家作业飞机机载大气探测设备配置

序号	探测对象	探测范围	功能用途	参考设备	第 1、2 架	第 3 架
1	云和降水粒子	2 ~ 50 μm	用于取得独立的云粒子谱探测数据。用于作业条件判别、催化效果监测和指挥决策	云粒子谱探头 FCDP (SPEC)	√	√
2		50 ~ 6400 μm	降水粒子谱测及二维实时成像，用于作业条件判别和催化效果监测和指挥决策	降水粒子图像探头 (DMT PIP)	√	√
3		25 ~ 1550 μm		云降水粒子组合探头 (DMT CIP)	√	√
4		50 ~ 6400 μm	用于取得云中降水粒子谱及图像	三视场云降水粒子图像探头 3V – CPI (SPEC)	√	√
5		0.005 ~ 3 g/m³	探测大气中总水含量	总水/液水探头 Nevzorov		√
6	气溶胶粒子	0.1 ~ 3 μm	大气气溶胶粒子谱实时探测，用于本底大气和播撒气溶胶分布探测和作业决策	气溶胶粒子谱仪 PCASP – 100X + SPP200 (DMT)	√	√
7	大气环境参数	空速、高度、攻角、侧滑角、气压、温度、相对湿度和飞机 GPS 信息	用于测量与云降水微物理测量数据相配套的大气温压湿风和飞机运动参数	飞机综合气象测量系统 AIMMS – 20	√	√
8	等速进样设备	0.005 ~ 10 μm	用于实现在增压舱飞机中对机外云水环境观测进气取样	等速进样设备 (Brechtel)	√	√
9	云凝结核探测设备		实时采集 DMT、SPEC 以及国产各种探头数据和图像	双云室云凝结核计数器 (DMT CCN – 200)	√	√

续表

<table>
<tr><th>序号</th><th>探测对象</th><th>探测范围</th><th>功能用途</th><th>参考设备</th><th>第 1、2 架</th><th>第 3 架</th></tr>
<tr><td>10</td><td rowspan="3">遥感</td><td>35 GHz，8 mm</td><td rowspan="3">实现对细雨形成和性质、对流产生、空气运动、冰粒子物理学、砧云特征、云辐射特性等的主动式三维遥感测量</td><td>机载 Ka 波段云雷达</td><td></td><td>√</td></tr>
<tr><td>11</td><td>气溶胶廓线</td><td>机载激光雷达</td><td></td><td>√</td></tr>
<tr><td>12</td><td>层状云中垂直路径积云液态水和过冷水含量及其变化</td><td>机载 G 波段微波辐射计（GVR）</td><td></td><td>√</td></tr>
<tr><td>13</td><td>数据处理</td><td>实测资料处理和显示</td><td>用于记录和实时显示各种机载探测仪器所测数据及图像</td><td>数据采集系统 F800 或 M300</td><td>√</td><td>√</td></tr>
<tr><td>14</td><td rowspan="2">云宏观</td><td rowspan="2">作业监测</td><td>作业监测</td><td>作业起始终止时间和播撒地理位置监测，通过舷窗向外拍摄，监控安装在挂架上的烟条作业情况，也可用于辅助判断舷窗结冰情况</td><td>√</td><td>√</td></tr>
<tr><td>15</td><td>360°监控</td><td>监控舱外气象设备及作业飞机运转情况</td><td>√</td><td>√</td></tr>
<tr><td>16</td><td rowspan="2">云宏观</td><td rowspan="2">作业监测</td><td>飞机舱内情况监控</td><td>监控机舱内工作人员的情况</td><td>√</td><td>√</td></tr>
<tr><td>17</td><td>机载视频服务器</td><td>多路视频采集和存储，视频访问服务器</td><td>√</td><td>√</td></tr>
</table>

续表

序号	探测对象	探测范围	功能用途	参考设备	第1、2架	第3架
18	配套设备	机载仪器标定	用于对机载粒子测量仪器进行标定	实验室用仪器标定工具（DMT）	√（地面设备）	
19		显示控制设备的集成	作为飞机改装集成和探测设备的搭载备用件，用于安装各个探测仪器传感器，并与各传感器电源盒、数据线与主控计算机处理软件相连，集合各仪器控制开关和加温开关的组合安装平台	机载安装机柜	√	
20		仪器的集中配电和控制	作为飞机改装集成和探测设备的搭载备用件，用于给多种机载仪器提供电源	机载配电盒APDS	√	
21		传感器的关联配件	用于与各种机载外挂探头、传感器相连结，具有一定屏蔽抗阻要求	外挂探头电缆	√	

1）焰条播撒功能

用于进行碘化银或暖云焰剂播撒。通过碘化银复合焰剂电击火燃烧产生大量碘化银气溶胶，生成表面成冰活性强、成核率高的云气溶胶质粒。机载焰条播撒设备一般采用外挂在机腹两侧尾部，机舱内控制播撒，操作方便，可根据需要控制焰条播撒的时空密度。焰剂通过飞机定向往云中播撒，通过飞机的动力扩散，有一定的催化深度。

2）焰弹播撒功能

用于进行碘化银焰剂播撒。通过碘化银复合焰剂燃烧产生大量碘化银气溶胶，具有表面成冰活性强，成核率高等特点。机载焰弹播撒设备采用外挂式，机舱内控制播撒，操作方便，可根据需要控制焰弹播撒的空间密度。焰弹发射具有一定射程，向云中播撒后，焰弹燃烧下落，有一定的催化深度。

3）制冷剂播撒功能

该播撒装置主要针对新舟60高性能作业飞机，制冷剂播撒装置使用液氮（LN）进行作业，其由便携式液氮存储罐、液氮罐固定支架、液氮输送管，手动开关阀门及机身喷射嘴等组成。整套系统为气密设计，保证飞机高空飞行中满足舱内升压的气密要求。

便携式液氮存储罐容量为每罐40 L，作业飞机一次飞行最多可安装4罐。喷嘴采用8 mm孔径安装于机身左下侧位置。在飞行作业中操作人员可以根据地面中心上传数据、指令以及机上实时观测的作业条件进行手动开关控制播撒。

4）暖云催化播撒功能

该播撒装置主要针对高性能作业飞机，是为播撒吸湿性暖云催化剂专门设计，用于执行暖云增雨作业，同时执行重大活动人工消云减雨作业等气象服务和保障。

在需要进行消减雨作业时，在地面起飞前先打开飞机上的吸湿性暖云催化剂播撒装置播撒口，并将催化剂播撒装置固定在播撒口的位置，在飞行时通过打开/调节播撒装置的播撒节门进行播撒作业。

（2）机载催化作业装备

机载催化作业装备分别安装在飞机左右机翼侧面、机腹侧面和飞机后货舱，其中：

1）焰条播撒装备包括焰条架、电击火控制设备，安装位置在飞机左右机腹侧面偏后；

2）焰弹播撒装备包括焰弹发射架、电击火发射设备，第1、2架高性能作业飞机安装在飞机左右机腹侧面偏前；第3架高性能作业飞机装载于机腹下方；

3）制冷剂播撒装备、设备支架、控制阀及其他配件，安装在飞机尾部后货舱内。

4）暖云播撒装置、控制阀及其播撒配件，安装在飞机机腹舱内位置。

（3）设备选择

高性能作业飞机机载催化作业装备配置见表6.7。

表6.7　国家作业飞机机载催化作业装备配置

序号	作业方式	功能用途	参考设备	第1、2架	第3架
1	焰条播撒	碘化银或暖云焰剂的机载搭载装置和点火控制设备	焰条播撒设备	√	√
2	焰弹播撒	下投式碘化银播撒焰剂的机载搭载装置和点火控制设备	焰弹播撒设备	√	√

续表

序号	作业方式	功能用途	参考设备	第 1、2 架	第 3 架
3	暖云催化播撒	吸湿性暖云催化剂的机载搭载容器和播撒控制系统	暖云播撒装置	√	
4	制冷剂播撒	向机舱外喷洒液氮对增雨作业区域水分进行冷凝	便携式液氮播撒装备	√	
5	液氮地面设备	用于作业时机场内运送催化剂	推车 2 个、升降设备 1 台	√	

6.2.4.3　空地通信系统

为科学实施人工增雨作业，机载实时探测数据和地面实时气象观测数据的使用，将极大地增加人工增雨作业的准确性和效果，提升人工增雨作业的效益。但是，目前机载探测数据不能实时下传至地面指挥中心，地面雷达、卫星云顶温度等观测数据不能实时传输至人工影响天气飞机，上述宝贵的实时数据只能作为事后数据分析使用，造成实时观测数据的使用效益低，不能为人工影响天气实时指挥决策提供实时数据支撑，在一定程度上影响了人工影响天气作业的效果。

跨区域联合作业是人工影响天气工作的发展趋势和需求，对人工影响天气指挥中心的协调能力提出了更高的要求，而各作业单元和指挥中心之间的通信是协同作业的基础支撑条件。由于没有对机载作业单元的实时监控，各指挥中心不能实时全面了解各作业单元的空间位置，不能很好地适应以后多架飞机协调作业、统一指挥的趋势和需求，给充分发挥作业设备的总体效益带来了很大困难。人工影响天气空地通信已成为人工影响天气作业指挥的瓶颈，成为亟待解决、提升的系统之一。

人工影响天气作业过程中，需要在机载系统和地面指挥中心间实时传输气象探测数据及机载设备运行情况，便于指挥中心和机载作业人员能够根据科学决策实施催化作业。传输的数据分为下载数据和上传数据两类，详见表 6.8 和表 6.9。

表 6.8　下载数据及通信链路

序号	数据内容	数据大小	发送间隔	传输方式
1	云微观信息：GPS 时间、GPS 位置航速信息、DMT 云微观信息	200 ~ 230 字节	平飞：5 min，爬升：1 min（软件自动发送、手动可选）	北斗

续表

序号	数据内容	数据大小	发送间隔	传输方式
2	作业信息：GPS 时间、GPS 位置航速信息、焰条、焰弹状态；焰条、焰弹余量	90～120 字节	5 min、开始作业点（软件自动发送、手动可选）	北斗/海事卫星
3	短信交互		手动输入	北斗/海事卫星
4	探测信息		实时	海事卫星
5	冰晶图像	自动裁剪	实时/手动	海事卫星
6	机载雷达		每 6 min 或手动	海事卫星
7	作业方案交互		手动	海事卫星
8	作业监控视频		手动/地面选择	海事卫星
9	调度话音		实时/自动	海事卫星
10	延伸电话		实时/自动	海事卫星
11	卫星通话		不定时	海事卫星

表 6.9　上传数据及通信链路

序号	数据内容	数据大小	发送间隔	传输方式
1	短信交互	<120 汉字	手动	北斗/海事
2	卫星云顶温度图像	100 kB	30 min，自动上传、手动可选	海事卫星
3	卫星光学厚度图像	100 kB	30 min，自动上传、手动可选	海事卫星
4	卫星云顶粒子尺度图像	100 kB	30 min，自动上传、手动可选	海事卫星
5	地面雷达		每 6 min，自动	海事卫星
6	作业方案交互		手动	海事卫星
7	作业指示视频		手动	海事卫星
8	人影模式垂直累计云场产品	100 kB	手动	海事卫星
9	人影模式对应高度云场产品	100 kB	手动	海事卫星
10	人影模式垂直剖面图产品	100 kB	手动	海事卫星
11	调度话音		实时/自动	海事卫星
12	延伸电话		实时/自动	海事卫星

（1）功能要求

空地通信系统的总体功能是实现作业飞机平台与地面人工影响天气业务平台之间对作业飞行探测信息及地面常规气象业务信息的实时共享，人工影响天气作业飞机在作业飞行时可实时接收地面作业指导意见和信息，实现文本信息、语音、数据文件、气象资料以及低码率视频信息的传输与交互。

空地通信系统包括海事卫星和北斗 2 种通信设备。其中，海事卫星通信设备主要完成飞机平台与作业区地面的人工影响天气作业情况的实时语音通信、实时数据文件传输以及小数码率的实时数据图像的上传下达；北斗短报文通信主要完成飞机航线位置信息和简短指令的传输。同一架飞机上的两种通信手段之间互相协作，优势互补，互为备份，确保至少有一种通信手段在高性能作业飞机和地面指挥平台之间建立通信链路。两种设备之间分工明确，海事卫星通信能力大于北斗短报文通信能力，是人工影响天气作业过程中的主要通信手段，其传输的信息内容可包含北斗短报文的所有通信内容；北斗短报文通信能力较弱，可作为人工影响天气过程中飞机飞行位置参数的全程通信手段，同时可作为海事卫星通信手段的降级备份手段使用。

（2）机载端通信设备

1）空地通信机载端设备

3 架高性能作业飞机上分别安装北斗机载端设备和海事卫星机载端设备，确保在任何时间、任何地点总有一种空地通信手段能够满足人工影响天气飞机作业过程中的空地通信需求。

2）空地通信地面端设备

北斗系统需在地面端设置北斗指挥机，分别部署于 1 个区域级和 4 个省级人工影响天气指挥中心，与国家人工影响天气指挥中心已配置的北斗指挥机可并行实现与北斗飞机端设备间的通信。海事卫星通信系统需在地面端配备地面通信控制设备、延伸电话和移动指挥站以及相应配套设备。

（3）信息传输流程

1）飞机位置信息传输流程

高性能作业飞机位置信息通过北斗短报文通信链路传输至人工影响天气指挥中心业务系统。飞机位置信息传输流程见图 6.4。

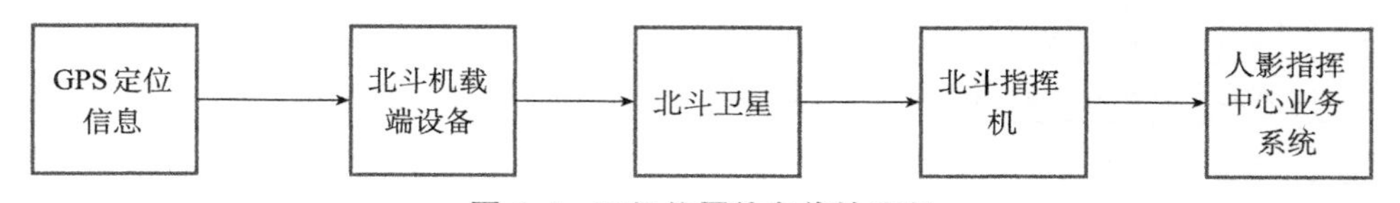

图 6.4　飞机位置信息传输流程

2）作业区域语音传输流程

机载人员利用海事卫星机载设备可直接与人工影响天气指挥中心指挥人员进行通信，对人工影响天气作业的实时情况进行交流沟通。语音传输流程见图 6.5。

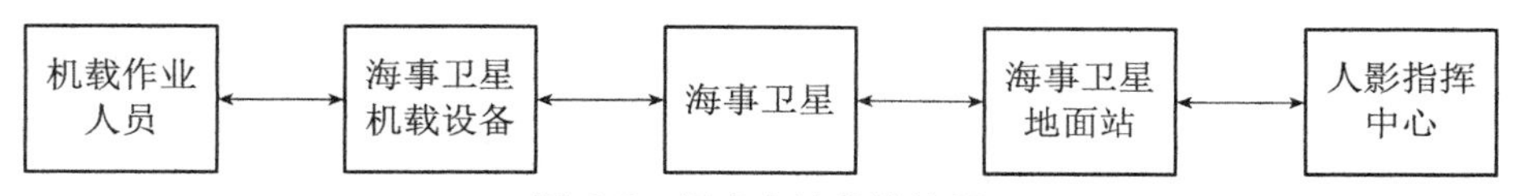

图 6.5 语音空地传输流程

3）数据传输流程

中国气象局内部网络与海事卫星地面站内部网络通过专线连接后，通过两端网络配置的响应，机载海事卫星设备配置气象局内部网络 IP 地址，可视为气象局内部网络的一台终端。

通过常用的 FTP 工具软件或远程电脑磁盘共享的方式，即可在指挥中心的电脑端和机载电脑端进行数据的传输。由于通过海事卫星进行的数据传输的数据量和种类会根据实际环境需求进行选择传输，不适用自动设定传输的方式，因此在数据传输过程中宜采用手工 FTP 调取或共享文件的方式进行数据的空地传输。传输流程见图 6.6。

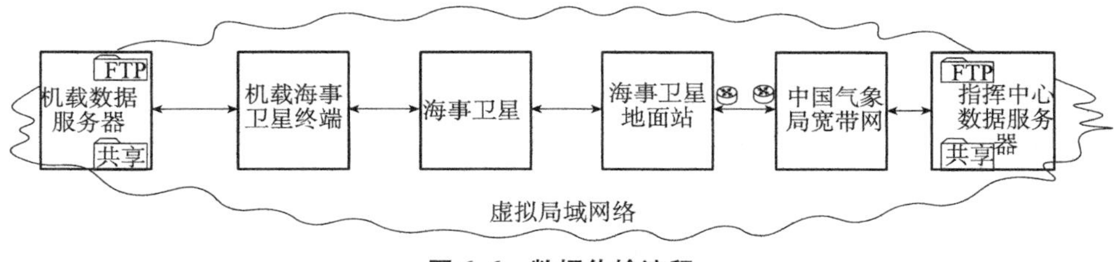

图 6.6 数据传输流程

(4) 通信设备选择

高性能作业飞机的空地通信设备配置情况详细见表 6.10。

表 6.10 国家作业飞机空地通信设备配置一览表

序号	系统	类型	设备名称
1	海事卫星	机载端	卫星数据单元
2			相控阵高增益天线
3			高功放
4			卫星数据单元托架
5			相控阵高增益天线底盘
6			配套连接器
7			配套线缆
8			配套拨号器耳机话筒
9			专线租用
10		地面端	地面通信控制设备
11			延伸通话
12			移动指挥站

续表

序号	系统	类型	设备名称
13	北斗	地面端	北斗指挥机及配套设备
14			北斗指挥机通信卡
15			北斗指挥机软件
16		机载端	北斗机载终端及配套设备
17			北斗机载终端通信卡
18			北斗机载终端软件

常规作业飞机的机载任务系统需要增加机载大气探测系统、机载催化系统和空地通信系统，设备种类根据常规作业飞机的性能和地方需求确定。

6.3　中部区域地面作业能力建设设计

地面作业能力建设的核心是通过更新列装高性能火箭作业装置，新建地面烟炉，配置移动作业现场监控系统，安装固定作业站点实景监控系统，绘制安全射界图，配备人工影响天气弹药安全存储保险柜和人工影响天气弹药安全储运箱，实现防雹增雨作业区域有效覆盖，作业技术手段明显提升，作业安全保障全面加强，最终形成设备配置科学、建设布局合理、作业效果突出的立体化、高水平地面作业系统。

6.3.1　中部区域地面作业能力建设功能定位

（1）人工防雹

人工防雹作业的原理是通过增雨防雹火箭、地面烟炉等设备，将大剂量的碘化银粒子播撒到冰雹云中，产生大量的人工冰雹胚胎，使每一个胚胎都不能得到充分的水量，避免长成对农作物有损害的大冰雹，或通过弹药在云中爆炸，破坏或改变冰雹云的自然发展过程，限制各个冰雹长大。在围绕粮食生产的重点地区大力开展地面作业能力建设，充实安全性相对较高的增雨防雹火箭、地面烟炉等作业设备，完善相关辅助作业设备，规范固定作业点建设，可以最大程度扩大冰雹防范区域，提升防雹作业效果，实现防灾减灾效益。

（2）人工增雨

形成增雨防雹火箭与地面烟炉的地面作业网络，基本实现重点产粮区域全覆盖、科学设计、合理布局、灵活机动的作业功能，有利于解决中部区域地面作业设备数量少、技术落后、种类单一，人工增雨作业达不到预期效果的问题；有利于提升地区人工影响天气整体水平，保障中部区域粮食生产稳定。

（3）弥补飞机作业空白

人工影响天气飞机主要针对适合飞机安全作业的稳定性天气系统开展作业，地面人工影响天气作业则可对不适宜飞机作业的天气系统开展增雨和防雹作业，增加降水和减轻冰雹灾害。两种作业方式互为补充，相互配合。通过增加地面作业设备和加强作业点建设，增强地面作业能力，扩大中部区域内的地面作业规模，提高地面作业的影响面积，有效弥补飞机作业空白；同时，可以杜绝安全隐患，提高科学作业水平，实现防灾减灾、增加中部区域粮食产量的功能。

（4）保障作业安全

地面作业能力建设主要选择安全性相对较高的增雨防雹火箭，并绘制射界图，规范标准化地面作业点建设。实现地面作业安全性、准确性、机动性的显著提升，作业设施设备的有效更新，以及地面作业安全的全方位保障，从而为中部区域人工影响天气作业安全准确运行，粮食稳定增产提供保障。

6.3.2　中部区域地面作业能力建设布局设计

以黄淮海和江汉平原粮食生产核心区、南水北调中线工程水源区、大别山伏牛山生态保护区和太湖巢湖蓝藻防治区等重点增雨防雹保护区为重点，同时兼顾区域整体地面作业装备平衡发展，合理布局建设火箭作业装置，在飞机作业间隙和不具备飞机作业条件时（空域、云系等条件）开展保障粮食生产、农经作物生产、生态保护和水资源安全的增雨作业，弥补飞机作业的不足。另外，根据中部区域各省实际需要，在作物生产区布设部分火箭作业装置，开展防雹作业。

地面作业能力建设的总体布局情况如表6.11所示。

——建设新型固定或移动高性能火箭作业装置608套（其中587套为更新，新建21套），主要布局在黄淮海和江汉平原粮食生产核心区、南水北调中线工程水源区、大别山伏牛山生态保护区和太湖巢湖蓝藻防治区等中部区域重点增雨保障区范围内。对现有的其他1391套地面作业装备进行信息化改造（其中，37 mm高炮810门、固定火箭作业装置512套、移动火箭作业装置69套）。

——建设地面烟炉123部（其中19部为更新，新建104部）。在有地面作业需求但不具备高炮和火箭作业基础条件的偏远山区，包括大别山区、皖南山区、黄山等高海拔地区，选择山区的主要上升气流区，布局建设地面烟炉，为有增雨防雹需求的山地区域提供地面人工影响天气作业服务。

——无线指令接收终端和移动作业现场监控系统604套（用于移动作业点），与移动火箭作业装备配套使用。

——固定作业站点实景监控系统 1542 套。

——结合区域内固定作业点环境条件及作业点布局情况，在中部区域绘制安全射界图 2425 套。

——除山东、河南省外，按照 1 个县级气象局配备 2 个人工影响天气弹药安全存储保险柜的原则，为尚未配备人工影响天气弹药安全存储保险柜的现有固定作业站点，配备人工影响天气弹药安全存储保险柜合计 617 个。

——按照 1 个县级气象局配备 1 个人工影响天气弹药安全储运箱的原则，为中部区域开展地面作业的县级气象局，配备人工影响天气弹药安全储运箱合计 433 个。

——在河南郑州、平顶山、洛阳部署 3 部人工影响天气探测指挥作业车；在河南省共建设 37 mm 高炮安全锁定装置 177 套，火箭架安全锁定装置 335 套；在河南省建设人工影响天气装备弹药物联网管理系统。

表 6.11 地面作业能力建设总体布局

省份	地市	高性能火箭作业装置（套）		地面烟炉（部）		地面作业信息采集设备（套）	移动作业现场监控系统（套）	固定作业站点实景监控系统（套）	安全射界图（套）
		更新	新建	更新	新建				
河南	郑州	3	0	0	7	4	7	10	13
	开封	20	0	0			17	5	14
	洛阳	15	0	0	8	24	20	35	47
	平顶山		0	0	3	21		19	29
	安阳	7	0	0	4	21	2	23	28
	鹤壁	5	0	0	5	7	3	16	12
	新乡	12	0	0	4		3	22	24
	焦作	8	0	0	6		4	18	10
	濮阳	17	0	0			12	10	11
	许昌	12	0	0	2	11	8	24	26
	漯河	10	0	0		8	7	12	21
	三门峡	23	0	0	8	30	16	30	49
	南阳	20	0	0	9	37	13	42	59
	商丘	10	0	0		30		16	26
	信阳	22	0	0	3		14	10	35
	周口	12	0	0		17	7	15	26
	驻马店	10	0	0		25		21	34
	济源市	1	0	0	3	2		7	6

续表

省份	地市	高性能火箭作业装置（套）		地面烟炉（部）		地面作业信息采集设备（套）	移动作业现场监控系统（套）	固定作业站点实景监控系统（套）	安全射界图（套）
		更新	新建	更新	新建				
小计		207	0	0	62	237	133	335	470
山东	济南	42	0	0	0	99	4	56	57
	青岛	14	0	2	0	32	24	30	56
	淄博	11	0	4	0	52	24	49	59
	枣庄	5	0	0	0	0	8	0	9
	东营	4	0	0	0	59	8	59	66
	烟台	19	0	4	0	0	17	0	10
	潍坊	12	0	0	0	95	4	83	102
山东	济宁	6	0	0	0	0	15	0	15
	泰安	5	0	4	0	23	8	15	28
	威海	3	0	0	0	0	14	0	10
	日照	25	0	0	0	0	12	0	11
	莱芜	0	0	0	0	0	4	0	4
	临沂	8	0	5	0	32	24	32	60
	德州	16	0	0	0	86	11	80	96
	聊城	22	0	0	0	71	6	65	77
	滨州	5	0	0	0	76	4	73	78
	菏泽	9	0	0	0	0	19	0	18
小计		206	0	19	0	625	206	542	756
安徽	合肥	0	0	0	0	9	0	17	16
	芜湖	0	0	0	0	12	0	25	18
	蚌埠	0	0	0	0	9	0	16	25
	淮南	0	0	0	0	4	0	23	5
	马鞍山	0	0	0	0	5	0	14	12
	淮北	0	0	0	2	11	0	24	11
	铜陵	0	0	0	0	2	0	11	4
	安庆	0	0	0	2	20	0	29	41
	黄山	0	0	0	0	8	0	17	14
	滁州	0	0	0	0	20	0	32	37
	阜阳	0	0	0	0	15	0	19	37
	宿州	0	0	0	0	27	0	28	30
	六安	0	0	0	2	10	0	18	26

续表

省份	地市	高性能火箭作业装置（套）		地面烟炉（部）		地面作业信息采集设备（套）	移动作业现场监控系统（套）	固定作业站点实景监控系统（套）	安全射界图（套）
		更新	新建	更新	新建				
安徽	亳州	0	0	0	0	28	0	31	50
	池州	0	0	0	2	17	0	17	14
	宣城	0	0	0	2	32	0	29	38
	九华山风景区	0	0	0	0	1	0	11	3
	黄山风景区	0	0	0	0	2	0	20	3
小计		0	0	0	10	232	0	381	384
江苏	南京	5	1	0	0	0	6	0	15
	无锡	2	2	0	0	0	4	0	12
	徐州	6	1	0	0	0	7	0	34
	常州	3	2	0	0	0	5	0	10
	苏州	3	2	0	0	0	5	0	7
	南通	7	2	0	0	0	9	0	20
	连云港	4	2	0	0	0	6	0	11
	淮安	3	1	0	0	0	5	0	24
	盐城	7	1	0	0	0	8	0	14
	扬州	1	2	0	0	0	3	0	3
	镇江	2	2	0	0	0	4	0	13
	泰州	1	1	0	0	0	2	0	2
	宿迁	4	2	0	0	0	6	0	18
小计		48	21	0	0	0	70	0	183
湖北	武汉	4	0	0	0	5	8	1	16
	黄石	2	0	0	0	6	6	2	15
	十堰	21	0	0	5	42	23	40	84
	宜昌	18	0	0	20	45	18	43	64
	襄阳	13	0	0	3	33	13	33	71
	鄂州	1	0	0	0	5	7	1	4
	荆门	4	0	0	0	5	9	3	40
	孝感	7	0	0	0	5	11	1	32
	荆州	5	0	0	0	8	9	4	25
	黄冈	9	0	0	0	9	9	9	42
	咸宁	7	0	0	0	12	10	9	50
	随州	3	0	0	0	13	8	8	17

续表

省份	地市	高性能火箭作业装置（套）		地面烟炉（部）		地面作业信息采集设备（套）	移动作业现场监控系统（套）	固定作业站点实景监控系统（套）	安全射界图（套）
		更新	新建	更新	新建				
湖北	恩施土家族苗族自治州	28	0	0	4	53	19	65	86
	仙桃	1	0	0	0	6	5	2	5
	潜江	1	0	0	0	7	7	1	6
	天门	1	0	0	0	6	6	1	6
	神农架林区	1	0	0	0	4	5	0	8
小计		126	0	0	32	264	173	223	571
陕西	汉中	0	0	0	0	0	9	9	9
	安康	0	0	0	0	0	9	9	9
	商洛	0	0	0	0	33	4	43	43
小计		0	0	0	0	33	22	61	61
合计		587	21	19	104	1391	604	1542	2425

6.3.3 中部区域地面作业装备配置设计

6.3.3.1 高性能火箭作业装置

人工影响天气火箭作业装置是利用火箭作业装置将人工增雨火箭弹发射到云中，火箭弹在到达云中高度以后，碘化银剂开始点燃，随着火箭的飞行，沿途拉烟播撒，在云内制造适量的冰晶。碘化银质点首先作为凝结核，形成水滴，然后再冻结产生冰晶。水滴蒸发，冰晶增大，当冰晶增大到一定尺度后，开始沉降，沿途由于凝华和碰并增长，加速降水形成，实现利用火箭增加降水的功能。

火箭作业装置具体功能包括：

（1）火箭炮架平稳、支撑可靠；

（2）能实现对火箭炮位置的初始标定（定位、定向），自动采集包括发射俯仰、方位角、发射火箭弹信息、作业点经纬度坐标、作业时间、作业用弹量、作业通道号、点火线路电阻等作业信息，以及火箭弹身份编号自动识别等功能；

（3）能实现远程控制、作业控制终端控制、操作控制盒自动控制、手动控制几种控制方式，以及火箭发射状态（有效点火）探测功能；

（4）能实现单发、多发、多门单发及多门多发等几种射击方式；

（5）能平稳地按指令完成自动及远程自动调火箭炮功能，调火箭炮精度满足指标要求；

（6）能安全可靠地完成调火箭炮、装定及发火任务；

（7）具有短路保护和安全射角保护功能，使用过程安全可靠；

（8）作业控制终端运行稳定可靠，远程控制和自动控制功能切换方便；

（9）具有指纹识别、火箭授权信息下载、地理围栏信息下载、火箭电子延期管测试、时序装订、充电、点火发射等功能。

火箭弹具备功能包括：

（1）在发射和弹道飞行中能够保持足够的机械强度、刚度；

（2）采用四片直尾翼稳定装置，能够保证火箭弹在全弹道上飞行稳定；

（3）具有可靠的密封性，能够接受专用装定器对其进行的性能检测、装定，并能反馈有关信息以表征其技术状态是否正常；

（4）对由人体、雷电产生的静电场和 GJ/B 151A 规定的电磁场的作用具有防护功能；

（5）具有良好的防潮性能；

（6）具有时序控制功能，可根据云层实际高度给出催化作业时间信号，并在催化作业结束后给出残骸回收装置开始开伞指令；

（7）具有火箭弹残骸回收功能，使残骸以低于 8 m/s 的落速落地，避免残骸落地时砸伤人、物等。

人工影响天气火箭作业装置主要由发射单元、电气单元和火箭弹组成。发射单元包括：发射箱、托架、上架、高低机、方向机、下架等；电气单元包括：控制箱、驱动箱、操作控制盒、作业控制终端等。根据发射单元运输方式的不同，分为固定式、牵引式及车载式等。发射控制器采用触摸点按键。

人工影响天气作业火箭弹为四片直尾翼式无控火箭弹，由催化剂播撒器、时序控制器、回收舱、喷管、火箭发动机和尾翼稳定装置等组成。

（1）催化剂播撒器

催化剂播撒器中装填最佳剂量的 AgI 焰剂，在有效云层中开展播撒作业，实现防雹增雨目的。

（2）时序控制器

时序控制器，根据实际云层高度进行起始播撒，出有效云层，播撒作业完成后，给出开伞指令，回收残骸。因此需增设时序控制器，分别适时给出两个或多个时间指令。

（3）回收舱

为避免残骸高速落地对地面目标的伤害，要求残骸落速≤8 m/s。因此，回收舱具有可靠性较高的横向定速开伞结构；能够满足时序控制器对开伞时间的装定；同时，伞盖可密封。

（4）喷管

在全弹总体结构限定不变的条件下，为了满足产品标准化、系列化、通用化的要求，进行了高效防雹增雨火箭弹单喷管结构的设计，既保证了产品性能又改善了加工工艺和装配工艺。

（5）发动机装药设计

根据火箭弹设计的总体要求，当全弹重量控制在14 kg以下，发动机装药大于4.8 kg时，外弹道计算射高满足12 km的要求。

（6）尾翼稳定装置设计

结合目前气象局普遍采用的发射架发射模式，先后进行了整体铝四片直尾翼，全塑料四片直尾翼的设计，经过地面静测与动态飞行考核，均满足火箭弹设计的总体要求。

6.3.3.2　地面烟炉

地面烟炉的工作原理是当有天气过程来临时，在适合的天气条件下，将装有高效增雨催化剂的烟条燃烧，利用上升气流的作用将碘化银人工冰核微粒带到云中的降水区，从而影响云的微物理转化过程，达到增加降水的目的。

地面烟炉既可布设在高原或山区有上升气流的地方，也可布设在冰雹多发区。有天气过程时，通过遥控方式，使带有碘化银的焰条燃烧，播撒凝结核，影响云的微物理转化过程，以达到增雨、增雪和抑制冰雹形成的目的。地面烟炉的功能特点如下：

（1）不受空域限制，该系统只向空中施放催化剂，对空中飞行不构成任何危险，无需申请空域，可选择最佳时机作业，能取得较好的催化效果。

（2）适用性强，手机信号覆盖区域可使用中心控制器或手机短信实施作业，作业点附近有居民的，可委托居民使用手持遥控器实施作业，无居民、无手机信号的区域，可使用北斗卫星通信系统实施作业。

（3）装填方式科学合理，开门后向前装填烟管，无需将手伸入炉内，不会弄脏装填人员衣服，关门后门上触头与烟管触点可靠接触，无需作业人员接线，具有劳动强度小、工作环境卫生等诸多优点。

（4）烟管装填数量扩充性强，控制系统按 168 路设计，可用于单台燃烧炉（装填 56 支烟管）和组合燃烧炉（一大、两小三台燃烧炉装填 168 支烟管）。

（5）防盗报警功能完备，该系统配有短信和警笛式两套报警装置，还可选配图像监控系统。

（6）控制系统功能齐全：可实现加密点火，点火情况检测及剩余烟管检测。

地面烟炉主要由地面播撒装置、地面焰条、点火控制器、控制软件四部分组成。

地面烟炉一次可装填多支焰条，根据不同天气情况，可以满足半年到一年的作业需要，维护次数少。同时，采用手机短信控制点火，无需现场有人操作，可以在海拔较高的山区、草原及交通不便的地区进行作业。点火控制单元采用太阳能电池板供电，无需电源，极大地扩大了人工影响天气作业的范围。由于采用封闭式播撒器，焰条燃烧产生的明火及喷出的残渣不会接触到干草、树木等易燃物，符合森林防火相关要求。

地面烟炉通常安装在野外，对地理环境、安装工艺和备件准备都有一定要求，安装方法不仅要符合有关人工增雨地面烟炉的技术操作标准和作业安全规范，同时，也要有利于设备作业性能的最大化发挥。

（1）安装环境要求

选用一块 3 m × 5 m 的长方形平地，环境要求：1）手机信号比较好，可观测到星；2）处于山的迎风坡，有上升气流；3）有效的光照射，便于太阳能电池板工作。

（2）安装基础处理

根据地面烟炉支架上安装孔的位置尺寸，用钢筋混凝土浇筑一块预制板，并在预制板上预留出 4 个对应烟炉支架的连接孔（Φ30 mm）。在烟炉安装位置确定后，先挖 1.2 m × 1.1 m × 0.3 m 的深坑，将 4 根地脚螺栓（4 × M20 × 500 mm）安装在混凝土预制板上，留出 50 mm 长的螺栓，用于烟炉支架连接孔配装。再用加热的沥青浇涂，以防生锈。夯平坑的底部，把预制板放入坑中。混凝土预制板周围用土填平，上留 100 mm 的平台高度。这样，地面烟炉安装底座的基础工作完成。

（3）拉线基座安装

由于地面烟炉高大，在野外受风影响较大，应用拉线加以稳固，在烟炉周围设 3 个点，用于安装拉线基座。用混凝土浇筑 3 个 400 mm × 400 mm × 400 mm 的水泥墩，每个水泥墩中间预留一个 Φ20 mm 的孔。在烟炉安装基础周围，挖 3 个 400 mm × 400 mm × 300 mm 深坑（位置根据当地风向风速确定）。夯平坑的底部，将 3 个 M20 拉线杆环安装在 3 个拉线基座安装基础上，再用加热沥青浇涂此处，以防生锈。拉线杆环朝上，分别埋入 3 个坑内，周围用土填平，待用。

（4）整体设备安装

地面烟炉主体安装在水泥预制板中 M20 的螺栓配孔（Φ30 mm），其间有 10 mm 偏差调整量，方便设备安装。地面烟炉安装基座位置在 3 m × 5 m 的长方形平地中央，拉线基座分设于烟炉安装基座周围的 3 个点，如图 6.7 所示。

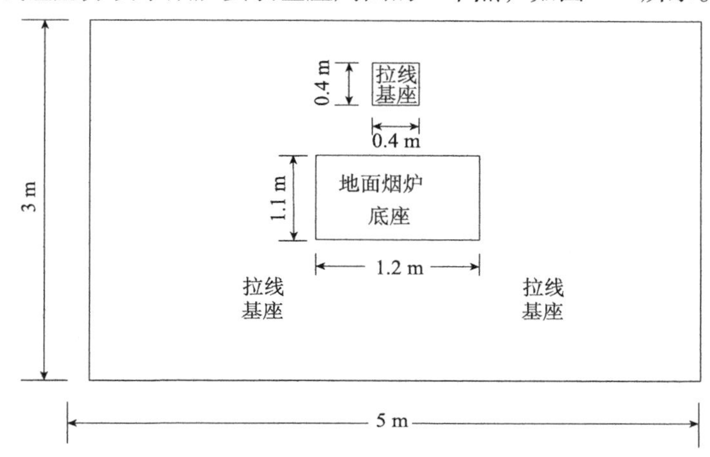

图 6.7　地面烟炉安装位置示意图

按照图 6.7 所示位置，先进行地面烟炉安装，然后进行烟炉拉线安装，最后调试整个系统。地面烟炉安装完成效果，如图 6.8 所示。

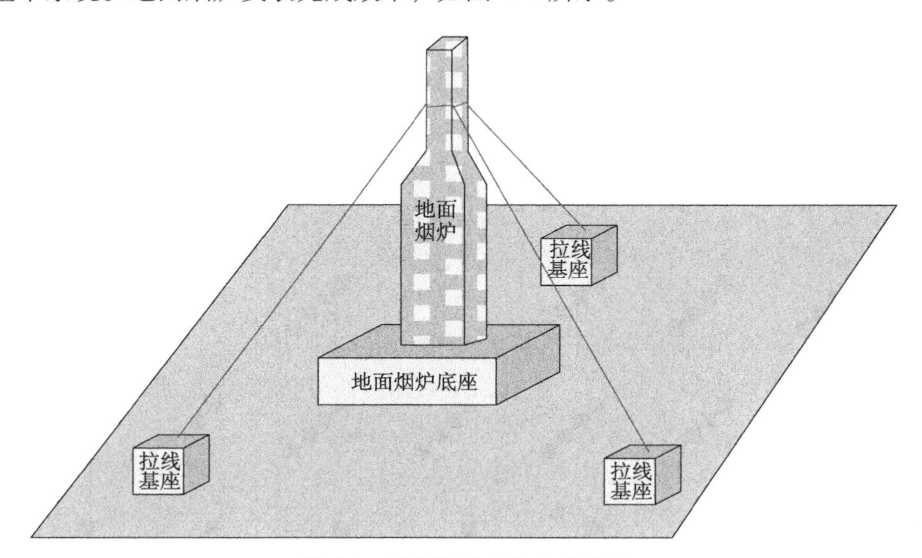

图 6.8　地面烟炉安装完成效果

6.4 中部区域人工影响天气作业流程与安全体系设计

6.4.1 人工影响天气作业流程

6.4.1.1 飞机联合作业流程

飞机联合作业需要以下几个关键环节。

启动跨省联合作业。根据已经建立的“中部区域人工影响天气联合作业决策协商机制”，当某省发生干旱需要其他省支援，满足作业条件的云系范围较大，适合飞机联合作业时，由中部区域人工影响天气业务联席协调办公室启动常规联合作业。当区域内出现重大干旱、森林火灾等重大灾害，或有重大活动需要保障时，相关省人工影响天气办公室向中部区域人工影响天气业务联席协调办公室提出申请，或由中部区域人工影响天气业务联席协调办公室直接启动应急联合作业。在中国气象局人工影响天气中心的指导下，组织实施跨区域联合作业。

制定跨省联合作业实施方案。实施联合作业前应按作业需求、作业潜力和作业能力等要素，建立联合作业调度模型和优先级别，制定实施方案，明确作业目的、作业区域、作业时段、作业方式、空域需求、装备部署、催化剂量以及实施作业单位等，实施方案报中国气象局人工影响天气中心。作业实施过程中，及时根据作业条件变化对方案进行修订。

申请空域和指挥作业。作业单位按照预案及时申请空域，并将空域审批情况和作业情况报送联合作业牵头单位。空域管制部门优先保障作业空域，并及时通知作业单位实施作业。根据云系特征、移向移速和探测资料，区域（或省）级人工影响天气业务单位判定作业条件和作业部位，发布作业指令。相关省级人工影响天气业务单位根据作业预案和指挥指令，指挥本省（区、市）作业队伍开展飞机增雨作业。

区域信息共享。启动区域联合作业预案后，区域内各省级气象等部门及时将有关旱情、墒情、火险（火情）、雨情、探测和作业等信息传送到联合作业牵头单位，联合作业牵头单位向各省通报情况，实现信息共享。

解除联合作业。常规联合作业在作业结束后自动解除，应急联合作业结束后及时报告相关省政府，并通报有关单位。

飞机联合作业的整体流程见图 6.9，飞机联合作业实施方案制订流程见图 6.10，飞机联合作业指挥流程见图 6.11。

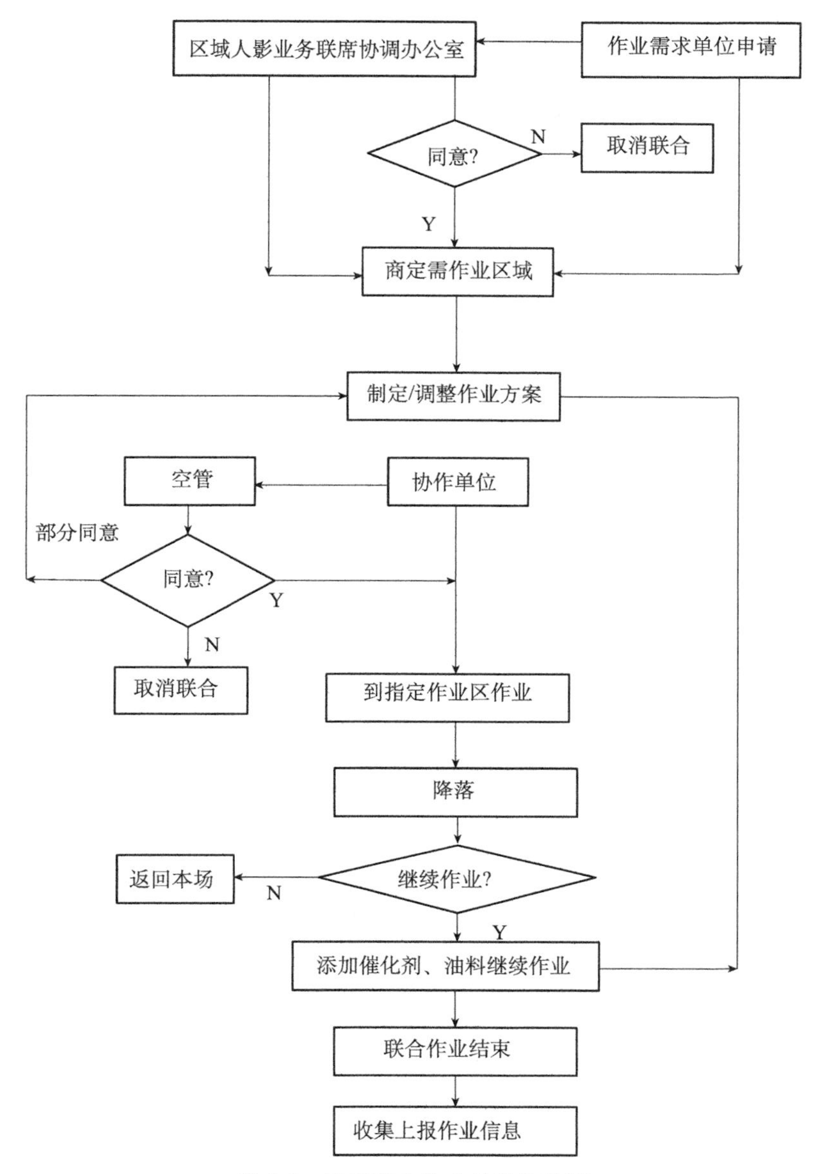

图 6.9 飞机联合作业的整体流程

6.4.1.2 地面联合作业流程

地面联合作业有增雨、防雹两种目的，又可分为省内联合、跨省联合两种方式，跨省增雨主要是临近省界地区，跨省防雹作业还涉及资料共享和作业协调。地面联合作业的主要环节与飞机作业类似，只是具体流程有差别，特别是空域申

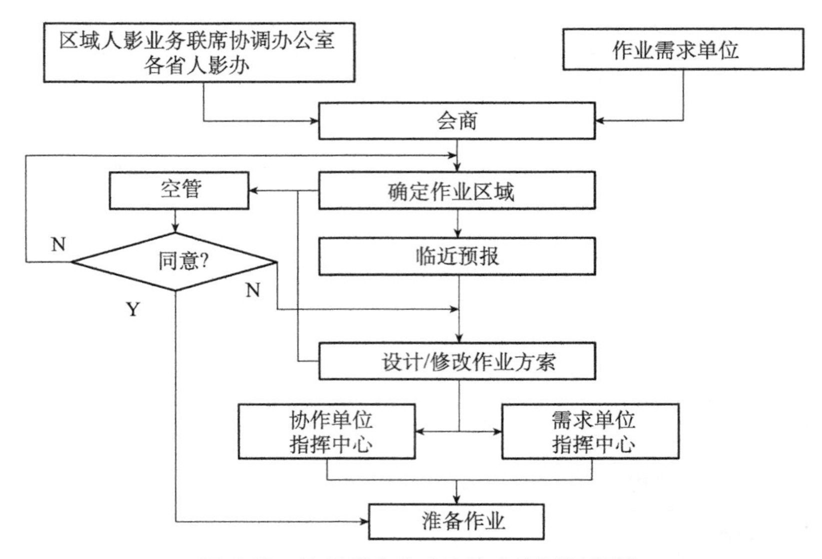

图 6.10　飞机联合作业实施方案制订流程

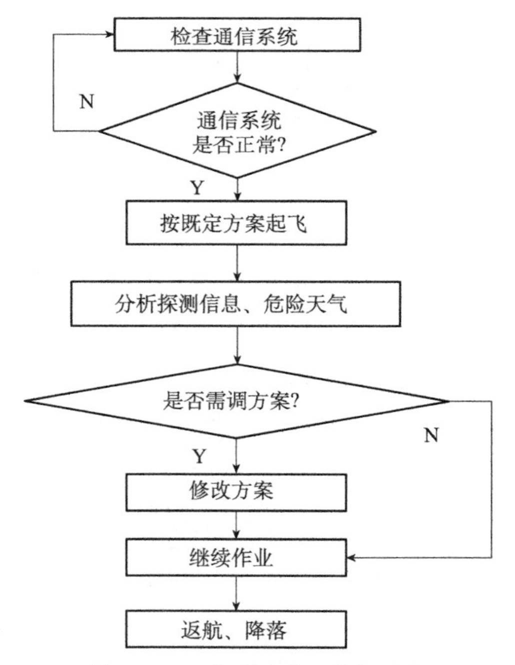

图 6.11　飞机联合作业指挥流程

报方式差别大。目前，各省根据具体情况形成了 4 种申请空域方式：第一种是作业点向县级人工影响天气部门申请作业，县级人工影响天气部门向市级人工影响天气部门申请作业，市级人工影响天气部门通过省级人工影响天气部门向空管部门申请空域，然后逐级下达空管部门的决定；第二种是由市级人工影响天气部门直接向空管部门申请空域，然后再下达命令给县级人工影响天气部门，县级人工影响天气部门指挥作业点实施作业；第三种是由县级人工影响天气部门直接向空管部门申请空域，然后指挥各作业点实施作业；第四种是作业点得到作业指令后，直接向空管部门申请空域，然后根据空管部门的反馈决定是否作业。

地面联合作业流程见图6.12。

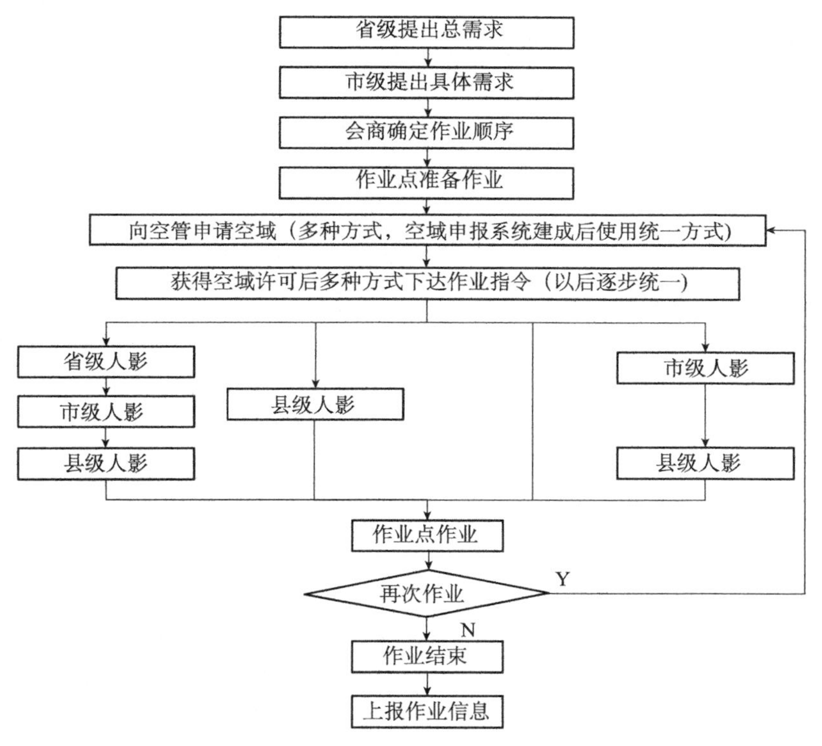

图6.12　地面联合作业流程

6.4.1.3　作业指挥业务流程

根据人工影响天气三年行动计划统一要求，作业指挥系统的业务运行按照“五段式”业务流程开展。构建具有中部区域本地特点的过程预报、潜力预报、监测预警、跟踪指挥、效果检验五段实时业务（图6.13）。

（1）区域/省级任务

1）作业天气过程预报和作业计划制订（72—24 h）

当省气象台预报有降水天气系统影响本省时，在常规天气预报基础上，利用

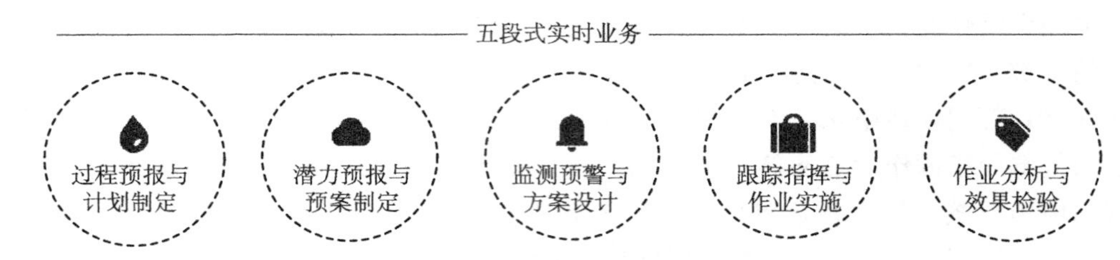

图 6.13 人工影响天气五段业务流程

数值预报的详细云物理过程分析，初步实现对云场及云区宏观、微观结构等条件的预报以及播云过程和效果的模拟预报，结合监测分析，开展人工影响天气不同目标作业预报，满足不同时段作业设计和决策指挥的需要。根据天气条件和作业需求，针对一些天气过程，区域/省级人工影响天气部门制作《人工影响天气作业过程预报》。

2）作业条件潜力预报和作业预案制订（24—3 h）

根据作业过程预报和作业计划，当未来 24 h 内有降水天气系统影响本省时，制作发布未来 24—3 h 作业条件潜力预报。参考省气象台短期预报、短时预报、灾害性天气预报和快速同化分析预报产品，结合卫星、雷达等实况监测，结合本省原有作业指标；通过人工影响天气综合处理分析平台，制作本省未来 24—3 h 作业条件潜力预报。作业条件潜力预报包括云系性质和结构、潜力区分布、作业时段、作业方式等，实现预报时效为 24 h、精度为 6 h，可适时发布飞机作业预案，包括作业云系类型、作业区域、作业对象、作业时段、作业部位、催化方式等，及时申报飞行作业计划。

3）作业条件监测预警和作业方案设计（3—0 h）

作业条件监测是通过对层状云、对流云、地形云等的综合观测分析，建立不同地区、不同季节、不同降水云系的云物理概念模型，获取宏微观特征和降水特征，实时识别作业条件。监测预警和作业方案设计，主要利用雷达、卫星、探空、风廓线、自动气象站和微波辐射计等实时探测资料，卫星反演云降水监测产品和模式预报产品，以及省气象台的短时临近预报产品和灾害性天气预警产品，应用本省增雨、防雹概念模型和指标，利用人工影响天气综合处理分析平台进行方案设计。当临近作业（作业前 3—0 h）时，对作业条件进行监测，并将监测结果向实施作业的人员及时发布。省作业指挥部门针对飞行作业过程，制定《人工影响天气作业条件预警报》。飞机作业方案设计包括作业云系性质和结构、作业时段、作业区域、作业对象、作业部位、催化方式、催化剂用量、飞行航线和备降机场等。每次飞行作业制作《人工影响天气作业方案报》，作业前订正，向实施作业的人员及时发布，上报至中国气象局人工影响天气中心。

4）跟踪指挥和作业实施（0—3 h）

作业指挥中心开展跟踪指挥，包括实时接收飞机传下的飞行信息、作业信息、云宏观信息、机载探测资料，结合雷达实况、自动气象站降水实时监测数据，实时跟踪作业目标云的演变，根据播云催化条件和影响飞行安全的因素，实时建议修正飞行作业航线，协调解决飞行作业中的突发情况，实时指导飞机飞行作业。

5）人工影响天气预报产品和作业方案的检验评估

对作业条件潜力预报和作业预案（云系类型、作业区域）、作业条件预报和作业方案（云系性质和结构、作业时段、作业区域、作业对象、作业部位、催化方式、催化剂用量、飞行航线）进行检验评估。

6）作业效果检验评估

在每次作业过程结束后，收集汇总全省飞机作业信息与地面人工影响天气作业信息，及时上报至中国气象局人工影响天气中心；利用卫星资料、雷达资料、地面降水资料和人工影响天气特种观测资料，开展对作业效果的直观对比分析和定量检验评估；根据催化剂扩散传输计算方案，确定作业影响区和对比区，给出作业影响面积；进行作业影响区、对比区以及作业前、后云降水宏微观特征量的动态变化分析，提出作业效果物理响应证据，给出基于多物理参量区域动态对比变化率的计算分析结果。

（2）市/县级任务

1）作业计划制订（72—24 h）

当省级人工影响天气业务单位发布作业过程预报时，市县级人工影响天气业务单位要结合当地气象台预报，根据本地需要及时制订作业计划。包括部署作业装备、作业时段和作业区域，开展作业前准备等。

开展飞机作业的市县，参照省级业务制定飞机作业计划，及时申报飞行空域计划。

2）作业预案制订（24—3 h）

市县级人工影响天气业务单位根据省级发布的潜力预报和作业预案，分析设计本辖区内未来 24 h 增雨（雪）、防雹作业预案，包括作业区域、作业时段、作业目的、适宜的作业方式等。

开展飞机作业的市县，参照省级业务同步设计飞机作业预案。

3）监测预警和作业指令下达（3—0 h）

根据上级下发的监测预警产品和本地雷达资料，结合本地作业概念模型和作业指标，滚动制作并下达地面增雨（雪）、防雹作业指令，包括作业目的、作业站点、装备类型、作业方式和作业参数等。

开展飞机作业的市县，参照省级业务设计飞机作业方案。

4）作业组织实施（0—3 h）

市县级指挥中心实时接收作业站点回传的作业信息，实现对作业情况的全过程监控。按照省级关于地面作业信息的相关要求，及时上报作业信息到省级指挥中心。

地面作业点根据作业指令和空域批复结果，安全、迅速开展作业，及时填报作业信息。

开展飞机作业的市县，参照省级业务开展飞机跟踪指挥和作业实施。

5）作业信息上报

作业后，市县级人工影响天气业务单位根据作业信息上报规范，及时完整准确上报作业信息；作业过程结束后，向主管部门上报本次作业过程的效果情况。

6.4.1.4 数据流程设计

本系统的数据信息在区域、省、地市、县各级人工影响天气指挥中心和作业点之间流转，为了充分考虑到集约化的原则，需要河南省气象信息中心和国家气象信息中心配合进行资料的传输。系统数据流程如图 6.14 所示。

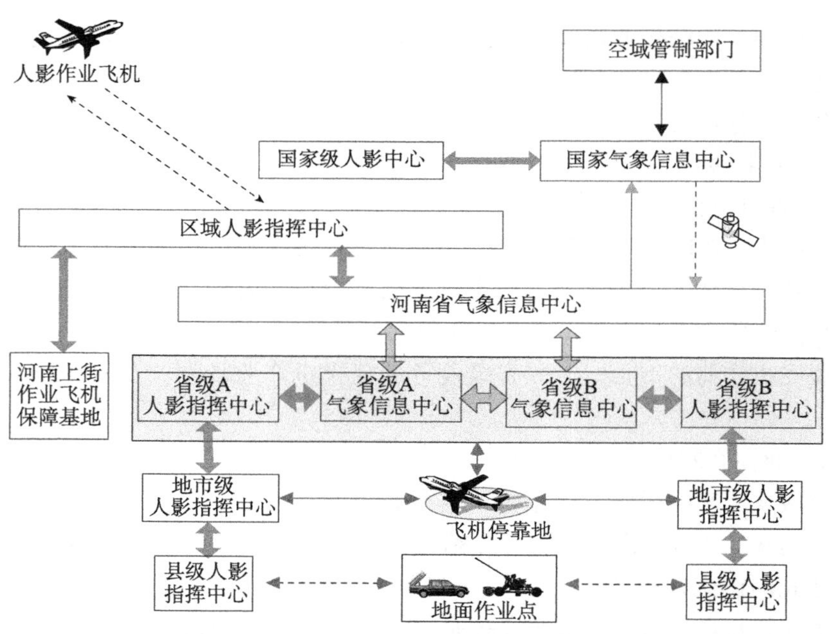

图 6.14 中部区域人工影响天气指挥数据流程

（1）上行流程：作业点作业信息经由县级人工影响天气指挥中心上传至地市级人工影响天气指挥中心，地市级人工影响天气指挥中心将下级上传的资料经过处理后连同飞机停靠地的作业信息、探测资料等上传至省级人工影响天气指挥中心，省级人工影响天气指挥中心将下级上传的人工影响天气资料连同本省的雷达资料、自动站加密资料、人工影响天气其他相关观测资料、飞机停靠地的资料等一起经由河南省气象信息中心上传至区域人工影响天气指挥中心。

（2）下行流程：中国气象局人工影响天气中心的人工影响天气指导产品连同国家级其他业务中心（如国家气象中心）的预报指导产品通过国家气象信息中心广播下发至河南省气象信息中心，再转至区域人工影响天气指挥中心。区域人工影响天气指挥中心将这些指导产品连同本中心生成的区域级人工影响天气指导产品一起经由河南省气象信息中心下发至各个省级人工影响天气指挥中心；省级中心将上级指导产品和本省生成的指导产品下发至地市级人工影响天气指挥中心；地市级人工影响天气指挥中心将上级下发和本地市生成的指导产品一并下发至县级人工影响天气指挥中心。

（3）平行流程：省级中心之间可以通过省级气象信息中心直接交换雷达资料、自动站加密资料以及人工影响天气资料和作业信息等。

（4）空地流程：人工影响天气作业飞机和人工影响天气指挥中心之间通过北斗、海事卫星互通信息。

（5）空域申请流程：指挥中心和空域管制部门的信息交流。目前通信仅限于电话联系，本系统将建设专线进行通信。

6.4.2 人工影响天气地面安全体系

（1）人工影响天气弹药安全存储保险柜

人工影响天气弹药安全存储柜，需经公安部检测合格，安全符合储存爆炸品、易燃品的要求，采用优质钢板折合焊接而成，抗拉力强、耐冲击，具有防雷、防火、防静电、防撬、防盗监控及报警等功能，当保险柜及周围有超出声控最低限度的声响或者有人打开保险柜门时，声控IC或红外线光电开关将被触发，并向制定移动电话发出呼叫提示，告知有人触动保险柜，若三分钟后无人接听电话，防盗报警系统将自动发送短信给指定手机，提示有人触动保险柜。为方便人工影响天气弹药安全存储柜的搬运、安装，保证柜体整体结构稳定和方便进入现有作业点房间，其结构采用组合式，整柜由三节小柜（上柜、中柜、下柜）上、下叠压式螺栓组合而成，可拆迁、可移动、体积小、容量大，可多次反复拆装，重复利用。

人工影响天气弹药安全存储柜，是作业点存储地面作业弹药的重要设备，对切实提高增雨火箭弹存放及保管的安全性和稳定性具有积极意义，具体技术性能指标，包括：

1）符合 GB l0409-2001 防盗保险柜有关标准；

2）门锁设计符合 GA/I73 要求；

3）柜壁最外层钢板抗拉强度≥235 MPa；

4）结构稳定，易于运输和安装；

5）柜体大小尺寸可方便进入现有人工影响天气作业点房间；

6）柜体容积满足装载一次天气的正常用弹量；

7）防火、防盗、防破坏、防静电、防渗透；

8）夹层轻质防火材料在≤1000 ℃，有效隔热；

9）全柜无直接穿透性缝隙。

（2）人工影响天气弹药安全储运箱

人工影响天气弹药安全储运箱，根据中国《民用爆炸物品安全管理条例》规定要求设计，可以同时存放二十枚防雹增雨火箭弹，具备隔热、耐火、耐压、抗跌落、火箭弹之间防爆隔离等功能，同时还能通过移动网络自动发送收集信息报警，具有较高的安全可靠性。

人工影响天气弹药安全储运箱，主要由箱体、箱盖、防爆组合体、防盗报警装置等组成。

具体技术性能指标包括：

1）必须通过相关资质认证单位的技术鉴定，并能提供鉴定证明材料；

2）存放数量：10 枚 WR－98 火箭弹，10 枚 WR－1D 火箭弹，独立单元放置；

3）外形尺寸：1695 mm×1302 mm×655 mm；

4）重量：≥680 kg；

5）报警性能：震动、移动、连续三次错码自动报警；

6）报警方式：声响报警，电话联网语音报警、短信报警；

7）防互燃性能：保险柜内如果有一枚火箭弹被引燃，所产生的热量应能迅速向柜外排放，不得引燃相邻火箭弹，且柜体结构没有功能性破坏；

8）抗爆性能：保险柜内如果有一枚火箭弹意外点火，火箭弹所产生的爆炸冲击波会被防护筒有效衰减，火箭弹的燃烧爆炸作用不会影响到柜内任何一枚火箭弹，柜体结构无功能性损坏；

9）耐火性能：保险柜内一个隔离筒点火燃烧持续 2.5 min，柜体上部最高温度不高于 90 ℃，点火隔离筒上部最高温度不高于 75 ℃，邻筒上部最高温度不高于 45 ℃。

（3）地面作业装备安全锁定装置

37 mm 人工影响天气高炮锁定装置采用数字密码锁/指纹锁作为身份识别器，

控制机械锁定装置；身份识别器要求不少于 2 人同时（1 min 以内）登录身份信息，识别通过后，向电动传动机构发出开启信号，打开机械锁定装置，高炮进入正常发射状态；机械锁定装置锁定高炮的闩体部分，闩体是高炮发射的关键部件，锁定之后，高炮不能拉动握把进行发射操作。机械锁定装置配备应急专用钥匙，在安全锁定装置发生故障的情况下可以应急开启。

人工影响天气火箭发射装置安全锁定器采用数字密码锁/指纹锁作为身份识别器，控制火箭发射控制器；身份识别器要求不少于 2 人同时（1 min 以内）认证通过方能解锁，打开发射控制器电源，并在定向器机械锁解锁后，才能正常开展作业。身份识别器的权限修改由主管部门指定人员掌握。通过该装置提高人工影响天气作业安全管理权限水平，提升主动防恐防盗安全技术能力。

1）37 mm 人工影响天气高炮锁定装置

作业前，通过 2 名及以上作业人员先后输入身份识别信息，经过身份识别控制器采集与识别，信息正确，锁定状态解除，高炮可正常使用。如果信息不正确，则高炮锁定机构无响应，高炮处于锁定状态。作业完成后，手动或自动复原安全锁定装置。37 mm 高炮安全锁定装置结构见图 6. 15。

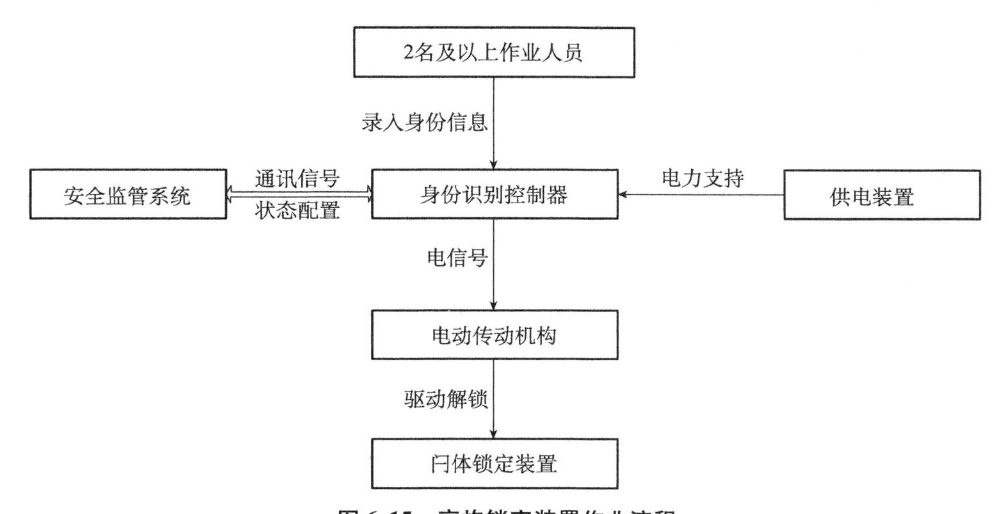

图 6. 15　高炮锁定装置作业流程

37 mm 高炮安全锁定装置技术性能要求：

①身份锁识别要求

数字密码锁性能要求：

数字密码锁应符合 GA 374 －2019 电子防盗锁规定的技术要求。

指纹电子锁性能要求：

指纹识别率：≥98%

识假率：<0.001%

输入时间：<0.1 s

比对时间：<0.1 s

可存储指纹信息数量：≥100 枚

②供电要求

使用电池或市电供电；

电池续航能力：电池容量应保证防盗锁体系统连续正常启、闭操作 300 次以上，而不出现欠压告警指示；当出现欠压告警指示时，仍应能保证正常启、闭操作不少于 50 次；

③强度要求

锁壳强度：能够承受 8000 N 压力不产生永久变形和损坏；

锁舌（栓）长度：≥16 mm；

锁舌（栓）静载荷：

轴向静载荷——承受 3000 N 时产生的缩进≤8 mm；

侧向静载荷——承受 3000 N 时正常使用；

④通讯要求

预留 485 通讯接口，采用 socket 协议。

⑤可维护性要求

平均无故障工作时间（MTBF）：≥20000 h。

平均维修时间（MTTR）：≤30 min。

⑥环境适应性要求

工作温度：-20～50℃；

工作湿度：10%～100%；

适用海拔高度：不小于 4500 m；

防尘、防水等级：不低于 IP65；

振动：正弦稳态振动——位移 1.5 mm，加速度 5 m/s^2，频率 2～9 Hz，9～200 Hz，持续时间 40 min；

非稳态振动（冲击）——峰值加速度 40 m/s^2，持续时间 30 min；

抗雷击能力：应有可靠的防雷击措施；

耐腐蚀：所有金属零部件进行表面防腐处理，经中性盐雾腐蚀（NSS 法）48 h后，保护评级达到 6 级。

⑦其他要求

身份识别器应具备：系统自检（表明系统正常工作指示）、用户信息保存（断电或调换电池时不得丢失）、删除、权限管理；

报警：当身份识别器连续 6 次识别未通过发出报警；当开锁超过一定时间（2 h）后，发出关锁提示；

应急开锁：可以使用制造厂特制的专用装置采用特殊办法进行应急开锁；

防盗锁具应具备防钻、防锯、防撬、防拉、防冲击、防技术开启等能力，锁被破坏、被打开的净工作时间不应小于 30 min（被技术开启不应小于 10 min）；

安全性：不应对人身安全和原设备安全造成影响；

安装性：不损坏和改变炮体原结构的安装。

2）人工影响天气火箭发射装置锁定器

作业前，2 名及以上作业人员先后输入身份识别信息，经过身份识别控制器采集与识别，信息正确，火箭发射控制器电源解锁，并在定向器机械锁解锁后，正常开展作业。火箭安全锁定装置结构见图 6.16。

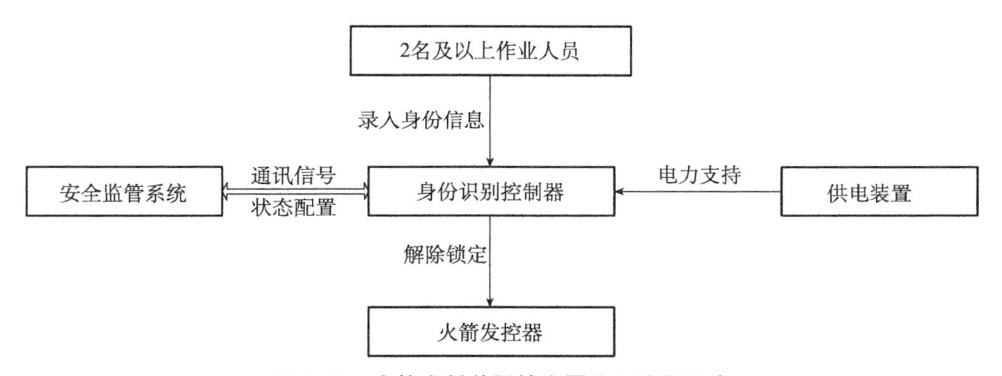

图 6.16　火箭发射装置锁定器作业流程示意

火箭安全锁定装置技术性能要求：

①身份锁识别要求

数字密码锁性能要求：

数字密码锁应符合 GA 374-2019 电子防盗锁规定的技术要求。

指纹电子锁性能要求：

指纹识别率：≥98%

识假率：<0.001%

输入时间：<0.1 s

比对时间：<0.1 s

可存储指纹信息数量：≥100 枚

②电源要求

供电方式：采用电池或市电供电。

采用电池供电方式，电池容量应具有欠压告警指示功能，当出现欠压告警指示时，仍应能保证续航不小于 12 h。

③通讯要求

预留 485 通讯接口，采用 socket 协议。

④可维护性要求

平均无故障工作时间（MTBF）：≥20000 h。

平均维修时间（MTTR）：≤30 min。

⑤环境适应性要求

工作温度：－20～50℃。

工作湿度：10% RH～100% RH。

适用海拔高度不小于 4500 m。

防尘、防水等级不低于 IP65。

振动：正弦稳态——在位移 1.5 mm，加速度 5 m/s^2，频率 2～9 Hz，9～200 Hz的条件下持续时间 40 min。非稳态振动（冲击）——在峰值加速度 40 m/s^2 下，持续时间 30 min。

抗雷击能力：应有可靠的防雷击措施。

耐腐蚀：其金属零部件应进行表面防腐处理，经中性盐雾腐蚀（NSS 法）48 h 后，保护评级达到 6 级。

⑥其他要求

安全锁定器应操作简便，易安装。

安全锁定器应不影响火箭发射装置原有的操作性能及日常维护保养。

安全锁定器不应对人身安全和设备安全造成影响。

锁定控制器被破坏或者侵犯时，火箭发射控制器失效，无法发射火箭。

（4）综合智能终端

为了保障人工影响天气装备、弹药的安全，需要对弹药从订购、到货、入库、出库、在途、使用、报废、库存进行全程的实时监控管理，并将监测信息实时上传至上一级。

省级需要配备 1 套综合智能终端，实时采集省级库人工影响天气弹药出入库信息和弹药转运信息，并把采集的信息实时上传到省气象大数据云平台人工影响天气专用数据库。

市/县级需要各配置1套综合智能终端，实时采集市/县级库人工影响天气弹药出入库、报废（销毁）信息和弹药转运信息，并把采集的信息实时上传到省级气象大数据云平台人工影响天气专用数据库。

固定（移动）作业站点需要配置1套感知手持终端，实时采集作业站点临时库人工影响天气弹药出入库信息，并把采集的信息实时上传到省级气象大数据云平台人工影响天气专用数据库。

6.5　中部人工影响天气建设其他装备与系统建设设计

6.5.1　人工影响天气探测指挥作业车

人工影响天气探测指挥作业车是一种用于人工影响天气的气象探测、火箭作业的特种车辆。该车辆在移动平台上集成气象探测用的自动气象站、天气雷达、雨滴谱式降水现象仪、智能遥感车载式路面检测器等气象设备，用于通信、数据传输的动中通通信、移动通信、语音通信等通信设备，用于气象探测、人工影响天气作业的气象探空火箭、增雨防雹火箭、发射架、控制器材等作业设备，及弹药储存、发电、UPS电源等保障设备，以及计算机、显示器、系统软件，能够快速抵达现场，开展气象探测、数据传输、现场指挥、现场作业、效果分析等多项工作，向上可以将现场情况及时上报，接受上级决策分析及指示，向下可以指挥和调度，自身具备能提供为现场人工影响天气作业一站式系统化的解决能力，从而实现快速机动、准确观测、高效决策、实施有力、效果突出的人工影响天气作业的目标。

人工影响天气探测指挥作业车系统集成了气象环境监测设备、通信设备、火箭探测、火箭作业及辅助、保障设备、软件等软硬件，机动灵活、系统性强、集成化程度高。该车系统包括通信指挥分系统、环境监测分系统、火箭探测作业分系统、汽车分系统、软件集成分系统五个分系统。

1）通信指挥分系统集现代通信技术、现代信息处理技术为一体，作为现场指挥人员根据上级命令制定作业计划、组织作业的辅助工具，是实现系统功能的重要载体，该系统包括动中通通信子系统、移动端通信子系统、短波语音通信子系统。

2）环境监测分系统通过配备必要气象探测设备保障人员和设备安全，获取空中、地面气象要素变化，为指挥决策提供依据。环境监测分系统由方舱舱体、作业信息采集单元、通信应用终端和六要素自动气象站、雨滴谱式降水现象仪、天气雷达、智能遥感车载式路面检测器 8 个部分组成。

3）火箭探测作业分系统采用模块化设计实现火箭弹从储弹、装填、操作、检测、发射一体化；配备的作业参数采集存储设备、通信设备实现与指挥中心信息实时互动，该系统由火箭发射架子系统、气象探空火箭子系统、增雨防雹火箭子系统组成。

4）汽车分系统

汽车分系统作为机动式人工影响天气探测指挥作业车的载体，能够快速到达作业指定区域，该分系统由汽车底盘子系统、方舱子系统、辅助保障子系统组成，其中方舱子系统包括驾驶舱单元、探测指挥舱单元、作业存储舱单元。

5）软件集成分系统包括一体化车辆物联网管理平台、机动式车载人工影响天气综合作业信息系统、探空火箭采集应用系统、车辆运行状态综合检测系统。其中车辆联网系统及综合业务平台具有采集和存储人工影响天气工程车辆的车况、定位、故障等数据，当遇到车辆故障时提醒操作人员注意事项，可以远程指导人工影响天气工程车辆的工作参数，还可以对人工影响天气装备及人工影响天气工程车辆进行远程控制和调度管理；平台向用户开放数据业务，允许用户查询其权限下的车辆信息，也向用户开放控制车辆的可控服务，实现用户与车辆的交互，有效地帮助用户去管理车辆；系统平台中还具有监控平台，将车辆实时定位、故障车辆报警、产品分布、应用场景分布、维修网点分布等信息集成在系统平台的电子地图上，实现数据图形化，使用户更加直观地获知相关信息。

6.5.2　其他辅助作业设备

移动作业现场监控系统主要包括车载电源转换器、笔记本电脑、无线通讯、高清摄像头及应用软件等五部分（图 6.17）。其中，车载电源转换器利用汽车点烟器的12 V电源，转换成220 V 电源，为移动火箭作业装置提供电源；笔记本电脑是指挥系统等应用软件的显示终端和无线上网气象信息接收和处理平台；人工影响天气数据传输可以通过无线通讯设备下载到移动火箭装置上；高清摄像头能够实时记录地面人工影响天气作业现场过程，为上级人工影响天气指挥中心科学决策提供依据；同时，通过安装指挥系统应用软件，实现上报人工影响天气地面作业需求，地面作业空域批复指令的接收，上报作业点地面作业信息（作业点位置信息、作业工具类型、作业目的、作业起止时间、用弹量、作业前后天气变化等）功能，显著提高地面人工影响天气作业的灵活性，避免盲目作业，提高科学作业水平。

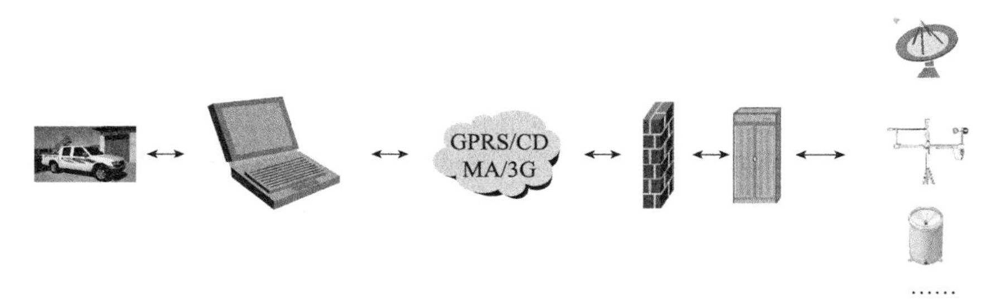

图6.17　移动作业现场监控系统结构

6.5.3　相关系统建设

（1）人工影响天气装备弹药物联网管理系统

人工影响天气装备弹药信息管理系统实现对人工影响天气各类地面作业装备基础信息的采集、管理，特别是实现对地面作业使用的弹药信息及作业信息的采集、管理，从而实现对装备和弹药的跟踪、溯源、定位、监控，提高管理工作效率。

系统由信息采集层、网络传输层、数据处理层、业务显示层组成，完成对不同厂商的人工影响天气火箭弹、高炮炮弹及作业装备的质量管理，实现人工影响天气作业弹药全程监视与管控。系统架构如图6.18所示。

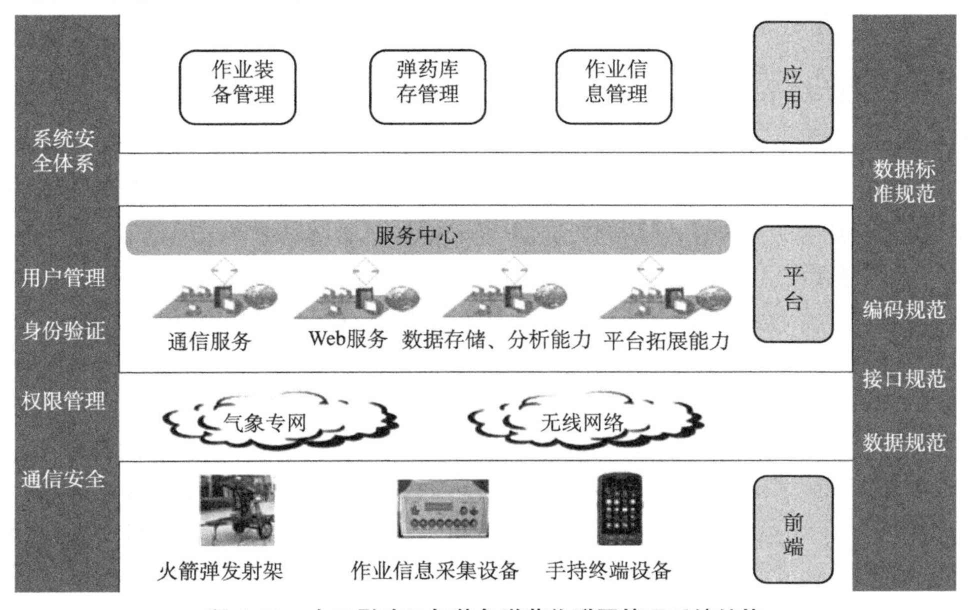

图6.18　人工影响天气装备弹药物联网管理系统结构

（2）固定作业站点实景监控系统

作业点实景监控系统，可在作业期和非作业期对作业点进行实时监控、安全预警。作业点实景监控系统的监控点前端镜头、高清摄像机、全球型云台、采集控制服务器、远程控制和管理系统组成。

作业点实景监控系统，依托现代网络技术和高端监视设备，对作业点内弹药库、炮库等关键区域及作业点周边环境进行实时远程监控，为作业点安全管理提供一线动态影像资料。

作业站点实景监控系统是通过无线/有线通信设备与上级人工影响天气指挥中心相连，实时将作业站点监控画面传输到上级人工影响天气指挥中心，形成作业站点监控资料省、市、县三级监控信息共享。网络数据传回省、市、县气象局服务器，客户端通过访问服务器来浏览各个监控点的画面，指挥中心可以对监控画面的角度进行调试，以达到画面最佳效果。

（3）安全射界图

通过利用高分辨率卫星影像，分辨作业点周边地物情况，结合高炮、火箭作业点的实际情况，将高炮、火箭地理信息叠加在高分辨率卫星影像上，绘制以作业点为中心，在 12 km 半径（高海拔及特殊地形需修订）范围内居民区、重要安全单位及设施分布图，提高高炮、火箭作业的安全性和可靠性，实现人工影响天气高炮作业的安全高效。

通过地理信息矢量化，准确定位，并根据高炮炮弹质量、初速度和仰角计算飞行轨迹及弹着点，绘制炮弹最大杀伤半径，并提示半径内居民聚集区和重要建筑设施进行作业，确保人工影响天气作业地面安全。

整合卫星定位、GIS、RS 技术，形成具有站点标定、审核和图像绘制合成功能的整体应用软件系统。

1）系统平台

支持多种操作系统平台（Windows 2000/2003/XP/7/Vista、Linux 等）。

2）软件运行所需

1 ：5 万地理信息数据；作业点地理数据；MapInfo GIS 软件；Photoshop 图像处理软件；1920 p × 1200 p 宽屏台式计算机；炮弹生产厂家提供的弹道数据表。

收集需要绘制安全射界图作业点的信息（包括作业点经纬度、地理位置、作业点名称、装备类型、装备型号等），利用 Google 软件进行位置校对，利用 GIS 软件和当地 1 ：5 万地理信息数据制作作业点背景图，软件输入作业点信息，软件合成站点安全射界图。

县级人工影响天气主管机构负责组织对站点安全射界图范围内重点安全单位和设施进行经纬度的测定（指居民区以外孤立的加油站、变电站和电信中继塔等）；省级人工影响天气管理机构应对站点地理信息数据进行校对，并统一制作安全射界图。安全射界图上应有与本站点装备一致的弹道数据表。当作业点周边环境变化时，县级气象部门根据变化情况及时向省级人工影响天气主管机构上报更新。

在增加新作业点时，可通过预先制作安全射界图，了解作业点周边城镇、村屯分布情况，确定选址是否符合安全规定。在作业过程中，安全射界图还可保证作业安全性。安全射界图样如图 6.19 所示。

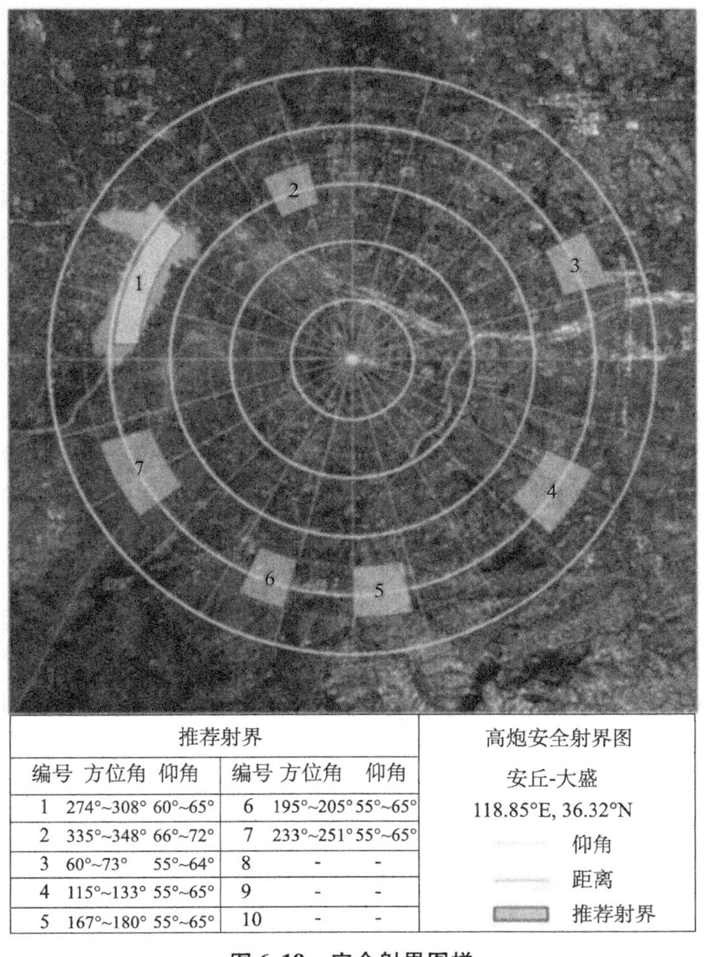

推荐射界					
编号	方位角	仰角	编号	方位角	仰角
1	274°~308°	60°~65°	6	195°~205°	55°~65°
2	335°~348°	66°~72°	7	233°~251°	55°~65°
3	60°~73°	55°~64°	8	-	-
4	115°~133°	55°~65°	9	-	-
5	167°~180°	55°~65°	10	-	-

高炮安全射界图
安丘-大盛
118.85°E, 36.32°N
仰角
距离
推荐射界

图 6.19　安全射界图样

6.6 中部区域作业指挥能力建设设计

6.6.1 建设设计总体原则

（1）统筹兼顾，分级实施

中部区域人工影响天气作业指挥系统遵照总体规划、统筹兼顾和分级实施，将在国家/区域、省、地市/县、作业点四级开展，各级之间数据衔接、功能上下互补，体现“横向到边，纵向到底”（“横向到边”指省级业务要实现从预报到监测、指挥、评估的完整功能覆盖，“纵向到底”指贯通四级数据链路，实现空地联动、四级上下联动，空中“底”端到达飞机，地面“底”端到达作业点）的指导思想，并实现中部区域人工影响天气作业指挥系统及其业务系统和技术支撑系统的有机结合。依照2015年6月29日中国气象局办公室印发的《人工影响天气业务现代化建设三年行动计划》（气办函〔2015〕167号）（以下简称《三年行动计划》）对不同层级作业指挥中心的业务任务划分，根据实际情况在河南郑州建设中部区域级作业指挥中心；在山东济南、安徽合肥、江苏南京和湖北武汉建设4个省级作业指挥中心；在区域内的地市和县分别建设地市级和县级作业指挥中心；在主要的作业点（弹药库）配备综合智能终端。

（2）充分利旧，集约高效

中部区域人工影响天气作业指挥应用软件系统将在充分利用西北区域软件系统设计的基础上，适应新的气象业务发展规划，契合气象信息化、集约化、标准化的建设要求，实现气象大数据云平台业务化带动人工影响天气数据资源整合和业务应用集约，并为气象云建设做好准备工作，统一构建数据环境，统一规划基础设施资源池，统一融入数据加工流水线，打通流程环节，实现人工影响天气业务、服务和管理信息组织的扁平化。基于上述要求，中部区域软件系统的框架设计主要是基于西北区域软件系统做进一步调整完善，原则上能复用的复用，不能复用的重新开发。

（3）因地制宜，完善升级

抛开业务功能因素，中部区域人工影响天气作业指挥应用软件系统需要从应用软件界面设计、数据接口、通讯系统等方面对西北区域人工影响天气指挥应用软件系统进行本地化改造升级，并充分考虑西北区域人工影响天气指挥应用软件系统实施情况，基于统一的气象大数据云平台数据环境和基础设施资源池进行重建，满足信息化的要求。在应用软件本地化完善与升级的基础上，基于中部区域软件系统的特性化需求，从业务角度将西北区域基础信息、指标和算法更新为中部区域内容，完成软件部署、实现软件全部的业务功能。在上述两步的基础上，对西北区域软件系统中尚未完善的功能做进一步的完善和升级开发。

（4）对照目标，统筹设计

中部区域人工影响天气作业指挥系统将以《三年行动计划》所要求的业务功能实现作为考核标准核心，即完整实现人工影响天气规划和三年行动计划对人工影响天气综合业务系统提出的功能和技术指标要求。

对中部区域中心、省、市、县、作业点各级进行一体化设计，形成区域－省－市/县－作业点四级指挥体系，使之成为“横向到边，纵向到底”功能齐全、运行高效、安全可靠的人工影响天气业务系统。

指挥体系中，区域人工影响天气中心覆盖本区域内从预报到监测、指挥、评估的各段实时业务，对区域内人工影响天气作业飞机进行协调，跨区域飞机作业由区域人工影响天气中心指挥；省级人工影响天气中心覆盖本省内从预报到监测、指挥、评估的各段实时业务，省内飞机作业由省人工影响天气中心指挥，一般情况下地面作业省级发布指导产品，但不具体由省人工影响天气中心直接指挥地面作业；市/县级人工影响天气部门以地面作业为主，覆盖当地从监测至指挥、评估的各段实时业务，当地地面作业由市/县级人工影响天气中心指挥；作业点以地面作业为主，主要完成作业段的作业实施和评估段的信息上报工作。防雹作业时效性高，作业对象状态变化剧烈，往往以市/县为主，直接进行指挥。增雨作业以区域/省统一协调为主，实行区域－省－市/县－作业点的指令流程。

6.6.2　作业指挥中心能力建设设计

中部各级指挥中心建设需紧密贴合中部区域、省、地市、县以及作业点等各级业务单位的业务任务。2015年6月29日印发的《人工影响天气业务现代化建设三年行动计划》明确定义，以人工影响天气作业实施为基点，根据不同时段的主要任务，人工影响天气业务任务可概括为以下五段：作业天气过程预报和作业计划制定（72—24 h）；作业条件潜力预报和作业预案制定（24—3 h）；作业条件监测预警和作业方案设计（3—0 h）；跟踪指挥和作业实施（0—3 h）；作业效果检验（作业后）。

6.6.2.1　区域作业指挥中心的任务要求

（1）日常业务

区域中心实时运行作业条件预报、监测分析和作业信息收集处理等业务系统，通过全国气象信息共享系统和人工影响天气产品发布网站向区域各级人工影响天气业务机构下发作业条件预报、作业条件监测分析及作业信息统计分析产品。

1）作业条件预报

每日定时发布人工影响天气客观预报产品。预报产品包括云宏观场、云微观场、云系垂直结构、降水场等，范围为全国和重点区域。通过三年发展，新增冰面过饱和率等预报产品并提高模式的预报时效、发布频次、时空分辨率。发布方式为：通过人工影响天气产品共享发布预警系统发布模式预报图片产品，通过国家气象信息中心推送模式预报数据产品。

2）作业条件监测分析

每日定时发布人工影响天气云特征参量指导产品，包括卫星反演产品、雷达产品以及卫星、雷达、探空和人工影响天气特种观测资料的融合产品。产品内容包括云宏观产品、微观产品、降水分布产品等。产品时空分辨率与探测资料分辨率一致，发布方式为：通过人工影响天气产品共享发布预警系统发布云特征参量图片产品；通过国家气象信息中心推送云特征参量数据产品。

3）作业信息统计分析产品

自动收集全国人工影响天气飞机、地面作业信息，按时发布人工影响天气作业统计分析产品。人工影响天气作业信息产品主要包括：全国人工影响天气飞机、地面作业信息汇总、分区域统计、作业信息日报、周报、月报、年报和作业信息质量报等。发布方式为：在人工影响天气产品共享发布预警系统中提供授权查询，通过办公系统向特定用户发送。

（2）重大服务

当区域指挥中心根据需求开展飞机联合作业或针对重大事件/活动启动人工影响天气保障服务时，国家级启动专项服务，制作发布作业过程预报、作业条件潜力预报、作业条件临近预警。当开展飞机联合作业时，区域中心制作作业计划、预案、方案，滚动修订作业方案，组织指挥飞机联合作业，开展作业信息收集和作业后的效果检验分析工作。

1）作业天气过程预报和作业计划制订（72—24 h）

当开展飞机联合作业和重大应急服务时，国家中心启动作业天气过程预报业务，区域指挥中心启动飞机联合作业计划制订。每日参考中央气象台短期预报、数值预报产品，在基于 MICAPS 的综合分析处理平台上，重点分析影响区的天气类型和结构，提出适宜开展人工增雨作业的时段和区域的建议。作业天气过程预报的主要内容包括天气类型和结构、时段和天气过程影响区；飞机作业计划的主要内容包括作业飞机、作业时段和区域；重大应急服务期间，每天定时制作 72—24 h 的作业天气过程预报和飞机联合作业计划，并向重大服务涉及区域发布。

2）作业条件潜力预报和作业预案制订（24—3 h）

当作业天气过程预报给出未来72—24 h有适合人工影响天气作业的天气过程时，国家指挥中心开展作业条件潜力预报业务。参考中央气象台的短期预报订正产品和利用快速同化分析预报系统预报产品，结合云的监测分析，根据建立的不同云系人工增雨作业条件模式定量化指标，在综合分析处理平台上，交互分析24—3 h天气类型和云系宏观结构、云微物理量场分布和增雨（雪）潜力区分布或消减雨作业潜力区分布、作业时段、作业方式等潜力预报产品。每天定时制作作业条件潜力预报，并向重大服务涉及区域发布。

区域指挥中心开展飞机联合作业预案制订业务，包括作业云系类型、作业区域及对象、作业时段、作业部位、催化方式等。每天定时制作飞机作业预案，并向重大服务涉及区域发布。

3）作业条件监测预警和作业方案设计（3—0 h）

在重大应急服务和区域联合飞机作业调度指挥时，国家指挥中心在综合分析处理平台上，制作发布作业条件临近预警产品。区域指挥中心制作飞机联合作业方案，包括作业云系性质和结构、作业区域、作业对象、作业时段、作业部位、催化方式、飞行航线和备降机场等。

4）作业信息收集与效果分析检验

启动重大应急服务和区域飞机联合作业时，区域指挥中心针对服务区域开展作业过程信息收集和效果分析评估工作，主要包括常规卫星、雷达、雨量及相关加密资料、人工影响天气特种观测资料收集。制作重大服务和飞机联合作业信息报，开展作业过程效果评估，制作并上报效果分析评估材料。

6.6.2.2　省级作业指挥中心的任务要求

（1）省级作业分析与指挥任务要求

根据省级人工影响天气业务职责，省级人工影响天气业务工作的重点分为5段业务。

1）作业天气过程预报和作业计划制订（72—24 h）

当气象台预报有天气过程影响本省时，省级人工影响天气业务单位根据作业需求，编制飞机和地面作业计划，向飞机指挥及外场作业人员、拟开展地面作业的市县发布。

飞机作业计划包括作业飞机部署、作业时段和作业区域，开展作业前准备等。地面作业计划包括地面作业时段、作业区域、弹药准备等。

2）作业条件潜力预报和作业预案制订（24—3 h）

根据作业过程预报和作业计划，当未来24 h内有降水（冰雹）天气系统影响本省区时，制作发布未来24—3 h作业条件潜力预报。主要使用国家级下发的作业条件潜力预报产品，有条件的省可同时利用区域模式或本省中尺度模式输出云物理参量；参考省气象台短期预报、短时预报和灾害性天气预报；结合卫星、雷达等实况监测和本省作业概念模型、作业指标；以综合分析处理平台为分析平台，通过人机交互方式制作本省未来24—3 h作业条件潜力预报。潜力预报包括云系性质和结构、潜力区分布、作业时段、作业方式等，每天定时向市县人工影响天气业务单位发布。

开展飞机作业的省份，制作飞机作业预案，包括作业云系类型、作业区域、作业对象、作业时段、作业部位、催化方式等，每天定时向本省飞机作业指挥和外场作业人员发布，以申报飞行作业计划。

直接指挥地面作业的省级人工影响天气业务部门，需根据作业条件潜力预报，制作全省地面作业预案，包括作业云系类型、作业区域及高度、作业时段、作业方式和弹药准备等，每天定时向本省开展地面作业的市县发布。

3）作业条件监测预警和作业方案设计（3—0 h）

当临近作业时，省级人工影响天气业务单位制作并滚动订正作业条件监测预警和作业方案，并向实施作业的单位及时发布。

监测预警和作业方案设计，主要利用雷达、卫星、探空、风廓线、自动气象站和微波辐射计等实时探测资料，以及国家级下发的人工影响天气云降水监测产品和模式滚动预报产品，省气象台的短时临近预报产品和灾害性天气预警产品，有条件的省份可同时参考中尺度模式快速同化系统输出的云降水参量，应用本省增雨、防雹概念模型和指标，以综合分析处理平台或SWAN为平台开展。

飞机作业方案包括作业云系性质和结构、作业时段、作业区域、作业对象、作业部位、催化方式、飞行航线和备降机场等。飞机作业方案应实时滚动订正，并于作业前向国家级上报。

直接指挥地面作业的省份，需开展地面增雨/防雹作业方案设计，包括作业目的、作业时段、作业区域、作业站点、装备类型、作业方式和作业参数等，并实时滚动订正，向作业市县和作业站点发布。

4）跟踪指挥和作业实施（0—3 h）

（a）飞机作业

指挥中心：开展跟踪指挥，包括：实时接收飞机传下的飞行信息、作业信息、记录的云宏观信息和云粒子探测信息，结合地面雷达实况及其他云降水实时监测数据，实时跟踪作业目标云的演变，根据播云催化条件和影响飞行安全的因素，实时修正飞行作业航线，协调解决飞行作业中的突发情况，准确发布飞机作业各项指令，实时指挥飞机飞行作业。

逐步实现飞行作业全过程的动态监控，在飞行结束后，按有关技术规范，及时完整收集作业信息和云降水等天气实况信息。

飞机作业外场：根据飞机作业方案和实时作业指令，按照飞机作业和机载探测有关规程、规范，外场作业人员完成催化剂装配、播撒实施、机载云物理探测、登机观测记录等项工作。根据飞机实时观测，选择合适催化方案（剂量），实施精准催化作业。

具有数据传输能力的飞机，实时将飞行航迹、作业播撒情况、云宏观观测记录和云粒子探测记录回传本省指挥中心，为研判作业区云水场变化情况及调度指挥提供依据，同时接收地面指挥中心上传的作业指令。

仅具有北斗短信通信能力的飞机，需定时将飞行坐标、高度、作业播撒情况及云宏观记录信息实时回传指挥中心，并在飞行结束2 h内，将飞行作业完整记录提交指挥中心。

（b）地面作业

指挥中心：直接指挥作业站点的省份，利用实时雷达数据，测算各作业点的作业参数，实时、准确地发布地面作业指令。利用空域申报系统及时申请作业空域，根据实际情况对作业指令进行调整；由市县指挥作业站点的省份，省级指挥中心实时接收回传的作业信息，实现对作业情况的全过程监控。省级指挥中心按照国家级关于地面作业信息的相关要求，完成作业信息的实时收集上报。

地面作业外场：根据作业指令、空域批复结果和当地实际云况，安全、迅速开展作业，及时收集上报作业信息、灾情信息等。

5）作业效果检验（作业后）

省级人工影响天气业务单位应在每次作业过程结束后，收集汇总本省范围内飞机与地面作业信息，及时上报至国家级，同时开展对作业效果的直观对比分析和定量检验；在作业季结束和年末，开展作业效果的定量统计检验和面向用户的综合效益评估。

作业过程结束后，利用卫星资料、雷达资料、地面降水资料和人工影响天气特种观测资料，开展作业效果的直观对比物理检验。根据催化剂扩散传输计算方案，确定作业影响区和对比区，给出作业影响面积。进行作业影响区、对比区以及作业前、后云降水宏微观特征量的动态变化分析，提出作业效果物理响应证据，给出基于多物理参量区域动态对比变化率的计算分析结果。

在作业季结束后，省级人工影响天气业务单位参照国家级下发的方法和技术指南，结合本省作业特点，基于地面降雨等资料，开展针对作业过程和整个年度的人工增雨（飞机、地面）、人工防雹作业效果定量统计检验工作，编制并上报效果检验报告。

根据用户要求，省级人工影响天气业务单位应及时收集飞机和地面作业信息、云降水信息、水文、粮食、环境和生态等相关信息，采用科学合理的作业效果综合评估技术方法，进行作业效益的综合评估，定时、定期编制评估报告，提供给各类用户和本级政府。

（2）省级对地市县级的业务指导与预警任务要求

省级的人工影响天气业务单位对地市县级的人工影响天气业务单位有业务指导的职责。省级人工影响天气业务单位通过共享发布与预警系统发布省级制作的天气过程预报指导产品、作业潜力预报指导产品、作业条件监测预警，指导地市县级的人工影响天气业务单位，根据这些预报预警产品进行作业计划和作业方案的制定。

（3）装备、弹药、人员全程监控管理任务要求

各省建立装备弹药的物联网管理系统，能够对所辖区域内的装备、弹药从订购、到货、入库、出库、在途、使用、报废、库存进行全程的实时监控管理。对省所辖区域内的各级人工影响天气作业人员进行信息管理。对全省范围内的作业点信息进行管理，对上述信息进行统计查询分析、生成报表等。

6.6.2.3 地市县级作业指挥中心的任务要求

（1）作业计划制订（72—24 h）

当省级人工影响天气业务单位发布作业过程预报时，地市县级人工影响天气业务单位要结合当地气象台预报，根据本地需要及时制订作业计划。包括部署作业装备、作业时段和作业区域，开展作业前准备等。

开展飞机作业的市县，参照省级业务制定飞机作业计划，及时申报飞行空域计划。

（2）作业预案制订（24—3 h）

地市县级人工影响天气业务单位根据省级发布的潜力预报和作业预案，通过人机交互分析设计本辖区内未来 24 h 增雨/防雹作业预案，包括作业区域、作业时段、作业目的、适宜的作业方式等。

开展飞机作业的市县，参照省级业务同步设计飞机作业预案。

（3）监测预警和作业指令下达（3—0 h）

根据上级下发的监测预警产品和本地雷达资料，结合本地作业概念模型和作业指标，滚动制作并下达地面增雨/防雹作业指令，包括作业目的、作业站点、装备类型、作业方式和作业参数等。

（4）作业组织实施（0—3 h）

1）指挥中心

地市县级实时接收作业站点回传的作业信息，实现对作业情况的全过程监控。按照省级关于地面作业信息的相关要求，及时上报作业信息到省级指挥中心。

2）地面作业外场

根据作业指令和空域批复结果，安全、迅速开展作业，及时填报作业信息。

开展飞机作业的市县，参照省级业务开展飞机跟踪指挥和作业实施。

（5）作业信息上报（作业后）

作业后，地市县级人工影响天气业务部门根据作业信息上报规范，及时完整准确上报作业信息；作业过程结束后，向主管部门上报本次作业过程的效果情况。

（6）装备、弹药和作业监控

建立装备弹药的物联网管理系统，能够对本地市/县区域内的装备、弹药从订购、到货、入库、出库、在途、使用、报废、库存进行全程的实时监控管理，并将监测信息实时上传至上一级。对所辖区域内的人工影响天气作业点和作业人员信息进行管理，对上述信息进行统计查询分析、生成报表等。

6.6.2.4　作业点的任务

作业点的人工影响天气业务任务是根据上级单位发布的作业计划、作业预案准备作业资料，完成人工影响天气作业任务，上报作业后的作业信息。

能够对作业点装备和弹药入库、出库、使用、回存等进行全程监控，并将监测信息实时上传至县级。

6.6.2.5　具体作业指挥中心建设设计

（1）中部区域作业指挥中心（郑州）设计

本次中部区域作业指挥中心在河南郑州建设1套区域人工影响天气作业指挥业务系统，包括人工影响天气作业指挥平台、信息网络、视频会商等系统建设。实现中部区域人工影响天气信息的传输、视频会商、作业指挥等功能。

区域中心（郑州）作业指挥平台配置4台云平台服务器，分别作为2台云计算处理服务器、1台云收集服务器、1台APP应用服务器和WEB服务器，配置相应企业级操作系统和数据库。另外，配置UPS电源1台；彩色激光打印机2台；工作站3个，其中2个作为综合处理分析工作站，1个作为卫星、雷达资料融合工作站。

中部区域中心（郑州）网络建设包括：2台接入路由器、2台接入交换机、2台防火墙 和1台VPN连接互联网等，实现移动办公和基于互联网的人工影响天气业务。

区域级人工影响天气中心视频会商系统部署包括：大屏幕显示子系统、会议会商子系统、视频子系统、音频子系统、中控及分布式控制子系统、指挥系统会商平台以及设备安装和外围改造。

（2）安徽省作业指挥分中心设计

安徽省级作业指挥平台和信息网络部分依托安徽省气象局已有网络资源开展工作，仅在安徽省气象局建设1套人工影响天气作业指挥视频会商系统，实现中部区域人工影响天气的视频会商等功能。

安徽人工影响天气视频会商系统包括：大屏幕显示、视频、音频、中控等。

（3）湖北省作业指挥中心设计

在湖北武汉建设省级业务系统 1 套，包括人工影响天气作业指挥、信息网络、视频会商等系统建设。实现省级人工影响天气信息的传输、视频会商、作业指挥等功能。

湖北省作业指挥平台配置 3 台云平台服务器，包括云收集数据处理服务器 1 台，实现资料的采集处理以及数据库管理功能；云计算处理服务器 1 台（另外 1 台利旧），实现云计算功能。配置相应企业级操作系统和数据库软件；UPS 电源 1 套、工作站 2 个，其中 1 个作为综合处理分析工作站，1 个作为卫星、雷达资料融合工作站；作业监控显示系统 12 套，由 12 台 40 吋* 液晶显示器及计算机构成，实现对各种信息的实时显示功能；为了更好地保存数据，使用云平台存储设备 1 套，实现接收转发的所有人工影响天气资料存储的存储功能。

湖北省人工影响天气中心配置 2 台接入交换机，通过高密度千兆端口接入终端设备，接入控制能力可实现智能接入，保证网络的高可靠及高灵活性。另外，配置防火墙 1 台、VPN 设备 1 台、机柜 2 个、消息中间件 1 套。

（4）山东省作业指挥中心设计

山东省级作业指挥平台和信息网络部分依托山东省气象局已有网络资源开展工作，仅在山东省气象局建设 1 套人工影响天气作业指挥视频会商系统，实现山东省人工影响天气的视频会商等功能。

在山东济南建设省级业务系统 1 套，建设内容为视频会商系统，主要包括大屏幕显示子系统、中央控制子系统、音频扩声子系统等设备。

（5）江苏省作业指挥中心设计

江苏省级作业指挥平台和信息网络部分依托江苏省气象局已有网络资源开展工作，仅在江苏南京建设作业指挥中心人工影响天气监控与业务展示分系统，实现视频会商等功能。

江苏省级作业指挥中心人工影响天气监控与业务展示系统包括液晶拼接显示屏和云平台存储（或同等能力云存储资源）等。

（6）地市级作业指挥中心设计

地市级（含飞机停靠点）人工影响天气业务系统包括作业指挥平台和视频会商系统建设。分别在河南 18 个地市、山东 17 个地市、安徽 16 个地市、江苏 13 个地市、湖北 17 个地市、陕西 1 个地市以及 10 个飞机停靠点建设地市级人工影响天

---

* 1 吋 =2.54 cm。

气指挥系统共92套，实现地市级作业指挥等功能。

每个地市级作业指挥平台各配置1台工作站、1套GPS/GSM/GPRS控制模块、1套作业监控显示系统和1套空域申请系统，92个地市级作业指挥中心合计共92套。

地市级作业指挥中心视频会商系统建设只考虑大屏幕显示单元和视频终端，其余均利旧。

（7）县级作业指挥中心和作业点设计

县级人工影响天气业务系统仅包括作业指挥平台建设。分别在河南108个县（区、市）、山东106个县（区、市）、安徽62个县（区、市）、江苏61个县（区、市）、湖北68个县（区、市）建设县级人工影响天气指挥系统共405套。实现县级作业指挥等功能。

作业点建设主要是对每个固定作业站点配备1套作业点综合智能终端，分别在河南462个作业点、山东666个作业点、安徽460个作业点、江苏86个作业点、陕西92个作业点以及建设作业点综合智能终端共2075套，以提升地面作业站点的装备和弹药信息监控和动态管理水平。

每个县级作业指挥平台各配置1台工作站、1套GPS/GSM/GPRS控制模块、1套作业监控显示系统和1套空域申请系统，405个县级合计共405套。

6.6.2.6　对信息支撑的要求

人工影响天气五段业务对资料的传输及时率和指令收发及时率要求很高。针对数据加工处理的后台计算支撑也是随着五段业务的深入而渐进式密集。

（1）数据传输及时效需求

在预报阶段，人工影响天气业务的主要资料需求为数值预报产品、卫星产品，数据量约为300 GB/d。要求数值预报、卫星产品在其生成后，30 min内能够在人工影响天气桌面进行分析。

在监测阶段，人工影响天气业务的主要资料需求为卫星、雷达、探空、自动站、特种观测资料等，数据量约为30 GB/d（注：卫星资料目前暂不考虑风云4号卫星，如其上线则至少再增加500 GB/d），时效要求分钟级到达人工影响天气桌面用于监测分析。

在指挥阶段，人工影响天气业务的主要资料需求为雷达、探空、自动站、飞机作业信息、飞机和地面的特种观测资料等，约为100 GB/d，时效要求为除飞机作业信息飞机特种观测资料要求秒级到达外，其他资料要求分钟级到达桌面。

在评估阶段，要求物联网自动采集的作业信息要在作业后秒级上传，人工上报的作业信息24 h内上报。

（2）作业指挥需求

在指挥阶段，要求人工影响天气业务桌面系统发布指令后，针对空中飞机、地面作业点的指令要在秒级到达飞机端和作业点移动终端上显示。

（3）后台计算、服务支撑渐进式密集

在预报阶段，按照卫星资料 15 ~ 30 min 一次的计算频率进行后台产品加工。

在监测阶段，除卫星资料的计算仍持续外，新增雷达资料计算（每 6 min 一次），探空资料、雨量站资料计算（分钟级），人工影响天气特种观测资料计算（分钟级），计算频率已经按照每分钟一次的计算频率滚动计算、后台自动加工。

在指挥阶段，实时下传的机载探测微物理资料、飞机作业信息（至少 2 s 1 次）、作业可播区域实时计算和指令发送（秒级内完成）等将计算频率提升至秒级，后台持续秒级滚动计算，不断实时分析数据，动态决策。

需要指出的是，所有后台加工处理都是数据驱动的，根据数据更新频率而持续滚动执行。具体见图 6. 20。

6. 6. 3　中部区域人工影响天气指挥中心软件与硬件系统

6. 6. 3. 1　天气指挥中心软件系统

人工影响天气作业指挥系统主要包括信息传输与收集系统、综合处理分析与作业指挥系统（CPAS）、数据存储管理系统 、产品共享和指令发布系统。

（1）信息收集传输与收集系统。人工影响天气所需的高空、地面、雷达、卫星等气象观测资料从气象大数据云平台中获取，建立人工影响天气特种观测数据收集、基于空地通信网络的飞机观测资料和作业信息收集、基于专网的空域申报与批复信息传输、基于物联网和移动互联网的装备弹药监控系统。在省级建立气象大数据云平台的人工影响天气专用数据库，存储所有收集到的观测信息和人工影响天气产品。在市县两级不建人工影响天气专用数据库。

（2）综合处理分析与作业指挥系统。从气象大数据云平台中获取所需的数据，对人工影响天气各时段业务所需的多源、多类、多尺度云降水信息进行分析处理，包括具备监测反演融合、云降水宏微观精细结构分析等为核心的综合处理和加工分析技术，实现云降水生成发展演变动力和微物理等多尺度宏微观结构的计算、分析、显示和追踪等多类云降水精细分析功能；面向各级人工增雨（雪）、防雹等业务需求，实现作业条件分析预报、作业条件监测识别预警、作业设计、跟踪指挥和效果分析等功能；系统从数据存储管理系统中获取各种数据，并将产生的产品、方案、指令存储到数据库中，同时产品交由共享发布系统发布，满足人工影响天气各类各阶段业务的需要。

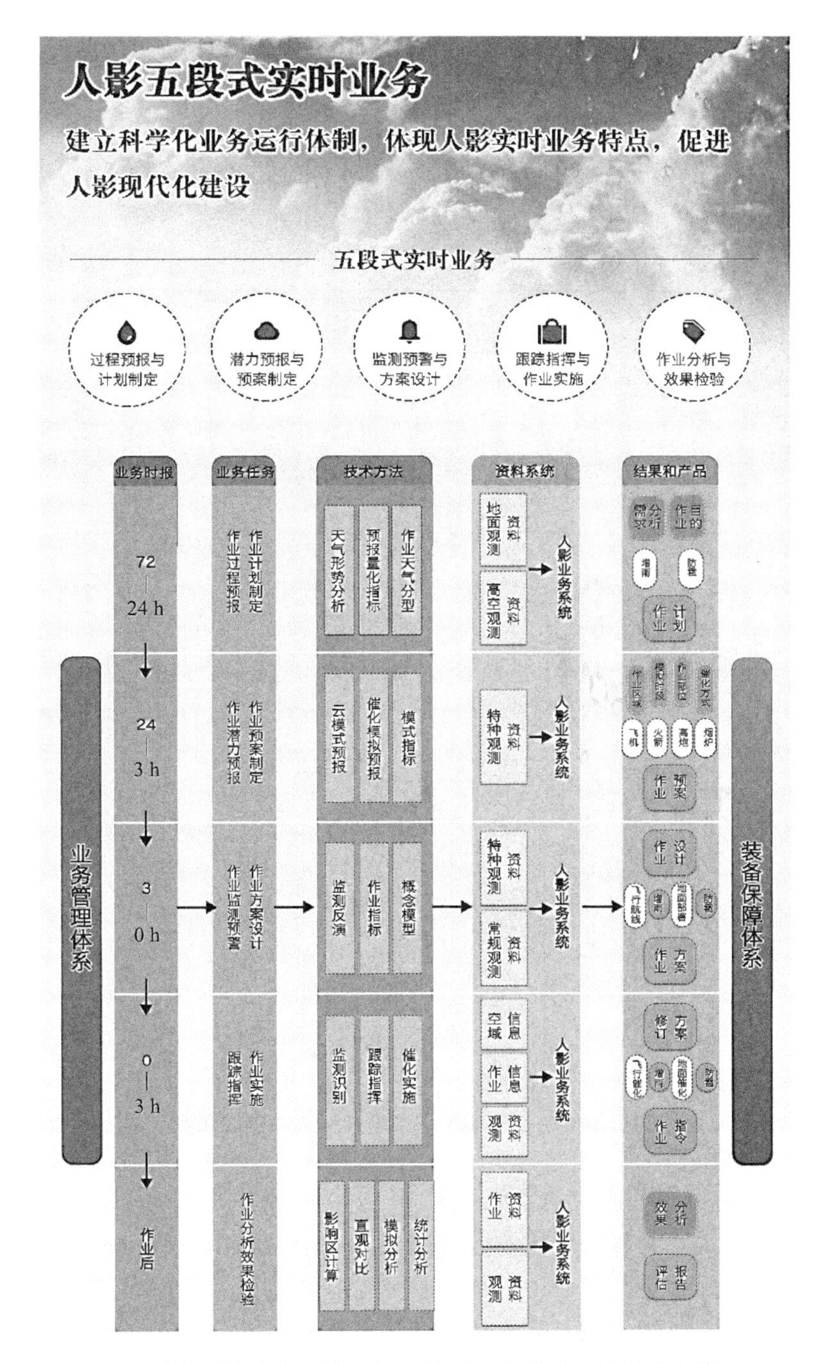

图 6.20 人工影响天气（简称人影）五段式实时业务示意

（3）数据存储管理系统，重点是通过优化集成，在气象大数据云平台中构建人工影响天气业务专用数据库，形成全国统一规范的人工影响天气业务数据环境。数据库中主要存储人工影响天气作业条件分析、决策指挥及效果检验所需的资料。

（4）产品共享和指令发布系统，重点是建立产品内网发布、指令接收和作业信息上报的手段。

人工影响天气综合业务系统组成如图 6.21 所示。

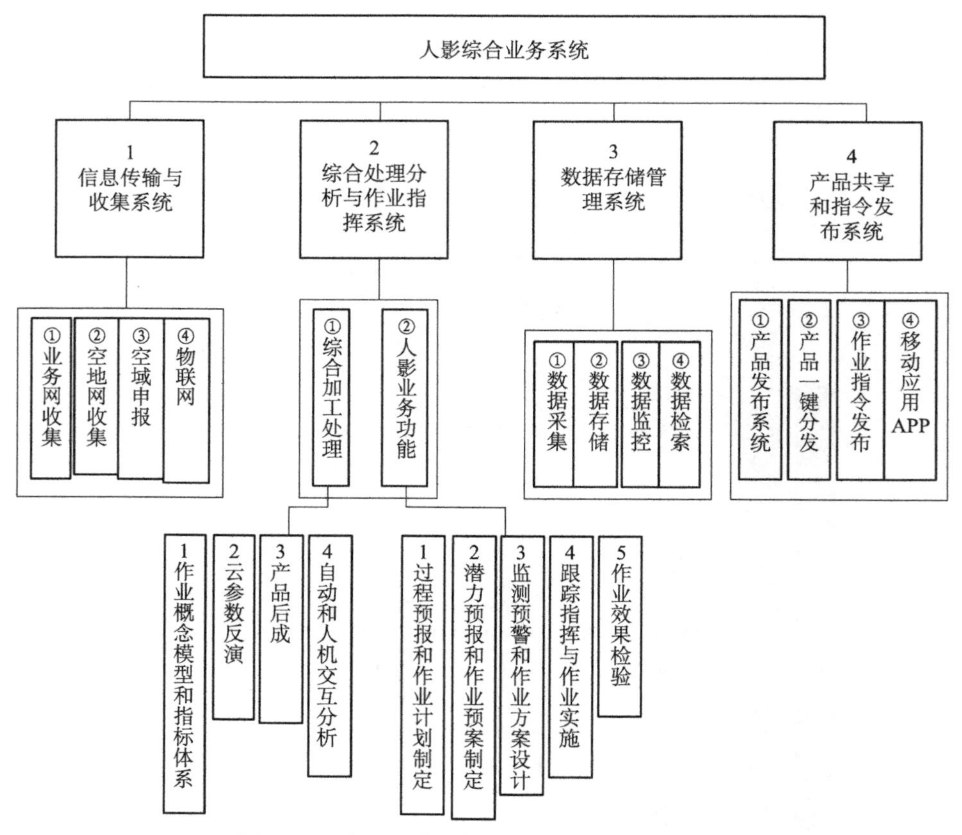

图 6.21 人工影响天气综合业务系统组成示意

6.6.3.2 天气指挥中心硬件系统

结合中部区域人工影响天气业务发展现状和迫切需求，在各级指挥中心和作业点需要根据不同的业务任务，酌情建设作业指挥硬件平台、信息网络系统和视频会商系统三个方面的内容，其中信息网络系统和视频会商系统需要按照集约化原则，充分依托现有气象信息业务系统（如气象大数据云平台数据环境和基础设施资源池等）和已有视频会商设备设施（如 MCU），针对人工影响天气业务薄弱环节进行设备更新和终端扩充建设，扩充的云计算和存储能力应与各省信息化基础资源池统筹管理和应用。

（1）对作业指挥平台的硬件支撑要求

人工影响天气作业指挥需要对天气系统、大气层结状况、云层条件进行准确的计算研究，从而确定适当的作业时机、作业范围和作业部位，并且还要对增雨飞机的飞行进行科学的指挥和调度。这就需要计算、存储、监控显示、分析判断等设施设备的支撑，把各级气象台站和人工影响天气专业站点的监测信息、预报预测信息及时汇总，进行综合分析、判断和识别，制定科学的作业方案，形成准确的作业指令及时传达到作业飞机和地面作业点，实施科学作业。不同层级的指挥系统，其复杂程度随任务量而增加。必须对人工影响天气作业的过程和效果进行深入分析，将人工影响天气作业机理、空中云水资源分布及潜力、增雨减灾技术等最新研究成果应用到指挥系统中，完善中部空中云水资源开发科学概念模型，在西北人工影响天气工程的应用软件系统的基础上，建立覆盖区域、省、市/县、作业点的人工影响天气作业指挥应用软件系统，科学指挥人工影响天气作业。

根据中部区域实际情况，并综合考虑气象大数据云平台、MICAPS（气象信息综合分析处理系统）已有省级平台设备的集约化使用，依托各省局信息中心已有计算和存储资源，按云平台统一建设规格需求补充建设通信服务、监控服务、数据库服务所需硬件设备，实现标准化和集约化。市、县级配置一台工作站，用于建设新开发的人工影响天气综合业务桌面系统。

（2）对信息网络系统的硬件支撑要求

信息网络系统作为支撑作业指挥系统正常稳定运行的基础系统资源与软硬件运行支撑环境，其主要功能就是为人工影响天气业务涉及的探测资料、服务产品、指导产品、指令信息和作业信息在各作业指挥中心之间高效、持续、稳定的数据传输提供所必需的基本硬件设备和基础软件。通过升级完善现有宽带网络，实现中部区域人工影响天气指挥中心和飞机保障基地之间、区域和省级人工影响天气指挥中心之间、省级和地市人工影响天气指挥中心之间、地市和县级人工影响天气指挥中心之间的双向资料传输，实时、高效、稳定、可靠地收集和分发人工影响天气监测资料和预报、指挥、调度信息及产品，并对相关业务进行统一、有效的监视和控制。

另外，空地通信网络作为一个重要技术手段，利用海事卫星、北斗卫星等数据收集平台，实现区域/省指挥中心与作业飞机之间的双向实时数据传输（包括飞机观测和作业信息的下传和指挥中心指令的上传）。依托气象部门的骨干网实现省际及与国家人工影响天气中心之间双向实时数据传输。

国家级、区域级指挥中心依托人工影响天气工程等项目建设高性能增雨飞机的空地通信系统来实现基于海事卫星和北斗卫星的空地传输网络与信息收集；省级购置或租用的飞机，也应按照国家级要求升级改造北斗卫星通信传输网络，有条件的省可参考东北和西北高性能增雨飞机的通信方式来建设空地传输网络，具体见图 6. 22。

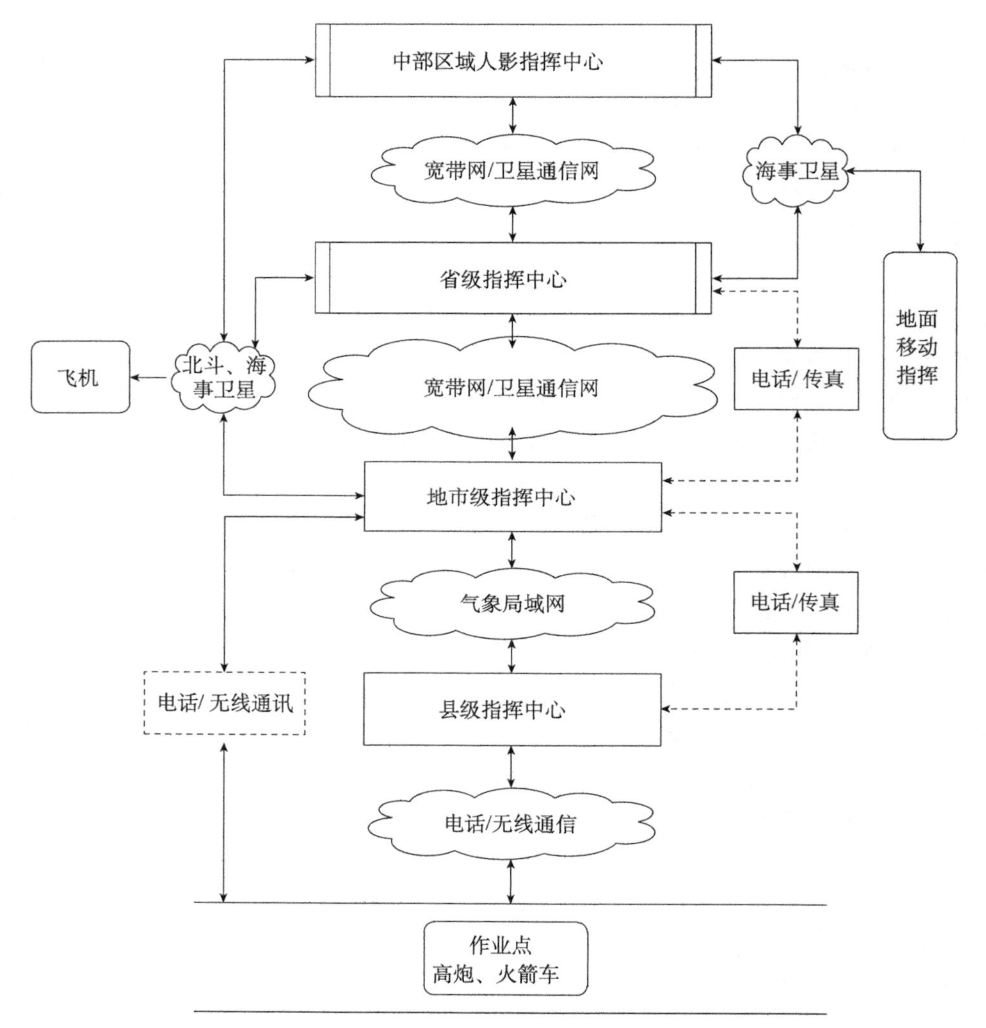

图 6. 22　中部区域人工影响天气指挥空地通讯流程

中部区域人工影响天气作业指挥中心信息网络系统依托河南省气象局信息中心已有网络建设，为满足新成立的中部区域人工影响天气中心业务需求，完善内部信息网络系统。除湖北外，其他省级作业指挥中心信息网络系统依托省局信息中心已有网络建设，不新增建设项目。市、县级作业指挥中心配置工作站以及人工影响天气作业指挥相关GPS/GSM/GPRS控制模块、监控显示系统、空域申请系统等。

（3）对视频会商系统的硬件支撑要求

视频会商系统作为区域级、省级人工影响天气指挥中心指挥调度和视频会商的重要平台，在遇到突发事件时可以作为指挥调度使用，通过大屏幕显示系统对多路视频及图文信息进行综合显示，实现指挥中心与前方现场进行实时的视音频交互。指挥人员随时了解前方的第一手材料，完成对突发事件前方的高效指挥。在正常工作状态下，视频会商系统作为人工影响天气会商使用，用于召开区域内、省内人工影响天气会议。市县系统除接入省级系统参加会议、接受指挥调度外，也可作为本级人工影响天气工作会议使用。各省市按照作业指挥的需要，充分利用已有视频会商设备设施（如MCU）条件。中部区域和省级人工影响天气作业指挥中心的视频会商系统进行终端扩充建设，其中，中部区域（郑州）人工影响天气作业指挥中心视频会商系统包括大屏幕显示子系统、会议会商子系统、视频子系统、音频子系统、中控及分布式控制子系统和指挥系统会议平台以及配套外围改造等；省级人工影响天气作业指挥中心重点完成大屏幕显示部分，各省根据需求，配置视频、音频、中控等内容。市级作业指挥中心视频会商系统建设只考虑大屏幕显示单元和视频终端，其余均利旧，县级不建设大屏幕。

6.6.4　人影作业指挥中心建设内容与规模

中部区域人工影响天气作业指挥系统本着集约化原则，充分利用现有气象业务系统，避免重复和不必要的建设，重点建设区域级、省级、地市县和作业点的业务系统，实现信息传输、综合监测分析、作业条件预报、作业决策指挥、作业实施、效果评估等功能，科学指挥中部区域人工增雨、人工防雹作业。按照建设需求，划分为四个方面建设，包括：指挥应用软件系统、作业指挥平台、信息网络系统和视频会商系统。

6.6.4.1　指挥应用软件系统

指挥应用软件系统按照西北区域人工影响天气作业指挥系统软件的设计思路，具备西北软件的综合监测分析、作业天气过程预报和作业计划制定（72—24 h）、作业条件潜力预报和作业预案制定（24—3 h）、作业条件监测预警和作业方案设计（3—0 h）、跟踪指挥和作业实施（0—3 h）、效果评估、基于物联网技术的人工影响天气弹药和装备安全管理等功能。指挥应用软件系统统一开发，纵向由区域、省、地市、县延伸到作业点，在区域中心、4个省级、92个地市级、405个县级部署。

6.6.4.2 作业指挥平台

作业指挥平台主要实现人工影响天气信息的采集处理、作业天气过程预报和作业计划制定（72—24 h）、作业条件潜力预报和作业预案制定（24—3 h）、作业条件监测预警和作业方案设计（3—0 h）、跟踪指挥和作业实施（0—3 h）、跨省作业决策指挥、高性能飞机作业实施、作业效果评估、对下级中心的作业指导等功能。

建设 1 个区域级人工影响天气作业指挥中心作业指挥平台；建设 4 个省级作业指挥中心作业指挥平台；建设 92 个地市级作业指挥中心作业指挥平台；建设 405 个县级作业指挥中心作业指挥平台；建设 2075 个作业点（弹药库）作业指挥平台。

区域和省作业指挥平台服务器部分，区域配置 4 台云平台服务器，云平台服务中 3 台用于人工影响天气各种算法的分布式并行计算，1 台作为 WEB 服务器用于 APP 应用实现 APP 运行支撑功能；配置相应企业级操作系统、数据库软件和作业监控显示设备等。省级可以基于自身情况，对服务器数量进行利旧调整，并适当调整完善其他平台设备。

地市级和县级各配置 1 台工作站，用于建设新开发的人工影响天气综合业务桌面系统，1 套 GPS/GSM/GRRS 控制模块，1 套作业监控显示系统、1 套空域申请系统设备。

6.6.4.3 信息网络系统

信息网络系统作为运行支持系统的基础系统资源与软硬件运行支撑环境，其主要功能就是为人工影响天气业务涉及的探测资料、服务产品、指导产品、指令信息和作业信息在各个中心之间高效、持续、稳定的数据传输提供所必需的基本硬件设备和基础软件。系统可以利用宽带网络实现区域人工影响天气指挥中心和区域人工影响天气保障中心之间、区域和省级人工影响天气指挥中心之间、省级和地市人工影响天气指挥中心之间、地市和县级人工影响天气指挥中心之间的双向资料传输，实时、高效、稳定、可靠地收集和分发人工影响天气监测资料和预报、指挥、调度信息及产品，并对相关业务进行统一、有效的监视和控制。

信息网络系统包括建设 5 套北斗、1 套海事卫星通信系统（北斗指挥机和海事通信设备由“飞机作业能力建设”提供）、1 个试验示范基地特种人工影响天气数据传输系统、1 个空域申请专网系统（498 套空域申请系统设备组成。其中，郑州区域中心 1 套，已由“飞机作业保障能力”部分提供；92 套用于地市级，405 套用于县级（由本册“人影作业指挥系统建设”）、2075 个综合智能终端，建设 1 个区域级人工影响天气作业指挥中心局域信息网络系统；完善 5 个省级作业指挥中心局域信息网络系统；完善作业点无线通信和 Internet VPN 虚拟专网，实现数据、信息、产品规范化，具体见图 6.23。

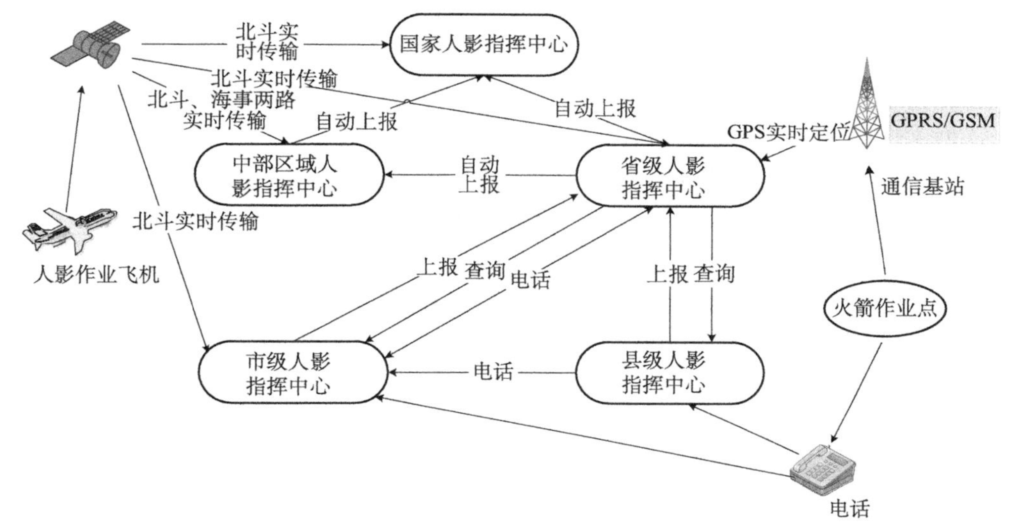

图 6.23　中部区域人工影响天气指挥作业的信息网络连接示意图

（1）北斗、海事卫星地面通信系统

在 5 个省（区）气象信息中心建设北斗卫星地面通信系统，实现飞机位置、飞行速度、人工影响天气作业信息和温度、相对湿度等数据的实时下传，地面指挥中心指令的实时上传。完善海事卫星北京地面通信设备，将北京实时接收飞机的观测数据通过气象通信骨干网实时传输到各个省（区）气象信息中心，供人工影响天气指挥中心修改作业方案之用。

（2）试验示范区特种人工影响天气数据传输系统

在商丘人工影响天气试验示范基地建设基地到最近市或县气象局的微波通信系统。考虑到经费问题，此项工作可通过后续工程实施，有条件的省份可以先行建设。目前可行的方案是通过 GPRS/CDMA/3G/4G 无线通信系统传输野外自动气象站的数据。

（3）空域申请专线系统

凡开展飞机人工增雨（雪）的省气象局都要建立与空域管理单位的专线，解决空域的实时申请和审批。

（4）物联网装备弹药监控设备

1553 个固定（移动）作业点都配备 1 套综合智能终端，该终端具有物联网装备弹药感知手持终端设备功能，可以采集弹药出入库、转运信息。

省级需要配备 1 套综合智能终端，实时采集省级库人工影响天气弹药出入库信息和弹药转运信息，并把采集的信息实时上传到省气象大数据云平台人工影响天气专用数据库。

市/县级需要配置 1 套综合智能终端，实时采集市/县级库人工影响天气弹药出入库、报废（销毁）信息和弹药转运信息，并把采集的信息实时上传到省级云收集系统，然后进入省级气象大数据云平台人工影响天气专用数据库。

除 1553 个固定（移动）作业点外，弹药库根据实际需求，配置 1 套综合智能终端，实时采集作业站点临时库人工影响天气弹药出入库信息，并把采集的信息实时上传到省级云收集系统，然后进入省级气象大数据云平台人工影响天气专用数据库。

（5）局域信息网络系统

中部区域级人工影响天气作业指挥中心局域信息网络系统建设内容包括 2 台接入路由器和 2 台接入交换机、2 台防火墙和 1 台 VPN 连接互联网，网络布线和机房改造等，湖北省级人工影响天气作业指挥中心局域信息网络系统建设内容包括 2 台接入交换机、1 台防火墙和 1 台 VPN 连接互联网，网络布线和机房改造等，山东、安徽和江苏三省依托本省现有的气象信息网络开展工作。

（6）作业点无线通信

在市、县级作业点建立 GPS 定位系统和 GPRS/CDMA/3G/4G 无线通信系统，实现对人工影响天气增雨作业点、增雨火箭车的跟踪定位、作业请令与作业指令发布等信息的传输。

（7）Internet VPN 虚拟专网

Internet 网络系统作为一种开放式的网络系统得到了广泛地应用，目前在省-市-县三级气象局都开通了 Internet 端口。在 Internet 网络上建立各省气象部门的 VPN 虚拟专网，以提供在主通信线路或设备发生故障时的备份。同时，以县级气象局为三级中心，乡镇（人工影响天气作业点）通过 ADSL 线路或 GPS/GSM 定位通信终端连接到市县级 Internet 网络上的 VPN 虚拟专网。

（8）数据、信息、产品规范化

传输数据的规范化功能是指对于传输的观测资料和产品，实行标准化的处理，以便数据能够在应用系统间进行正确、有效的传输和交换。为此系统需要具备以下主要功能：

1）统一、规范的数据文件名命名机制；

2）统一的文件封装及标准化打包机制；

3）统一的标准化解包机制；

4）统一的标准化格式检测机制。

（9）网格安全。

根据信息系统安全等级保护要求，为新建系统划分专用网络安全域，与该安全域内服务器发生访问关系的业务系统或用户计算机根据实际情况划分到该安全域内或设立单独安全域进行安全保护。在该安全域与省级局域网络系统连接部分新增防火墙、入侵检测/防御、漏洞扫描和访问记录系统，加强安全域的边界防护。在省级局域网络系统中建设安全审计系统，统一分析和处理各设备与系统的安全日志信息，及时发现安全隐患和安全问题。在所有与本系统相关的用户计算机上安装用户计算机管理系统，统一控制用户计算机的安全使用。对于通过串行方式接入网络且位于网络关键部位的网络安全设备，如边界防火墙、入侵检测/防御系统，需建设高可靠性系统或冗余备份系统。

为使所建设系统正常运行，还需要综合考虑省级局域网络整体对新建部分的安全影响与威胁，对较为敏感的边界位置进行适度网络安全增强以保障整体网络安全。在省级局域网络互联网出口和省级同城用户系统出口处新建防火墙和入侵检测/防御系统，保障网络出口的安全。上述系统建设应考虑可靠性、稳定性，需要部署双机或冗余系统。

1）防火墙功能

使用硬件防火墙设备，采用实时检测技术，硬件集成防火墙、VPN 和流量管理功能于一体。具有强大的攻击防御能力，包括 SYN 攻击、ICMP 泛滥、端口扫描等攻击防御能力；硬件加密能保持高速的线速性能。主要保护文件服务器、邮件服务器、Web 服务器、数据库服务器及网络合法工作站不受外部攻击。

2）防病毒功能

采用网络版防病毒软件，主要实现以下几个功能：

文件服务器防病毒功能，支持 DOS、Windows9x/NT/XP、Novell Netware、LINUX 等多种平台，最大限度地保护文件服务器不受病毒入侵。

邮件服务器防病毒功能，支持包括 Lotus Notes、Exchange Server 等多个邮件系统的服务器进行病毒防护。可以对邮件和附件进行扫描，也可对压缩文件进行扫描，阻止病毒从邮件系统进入和传播。

对局域网内部客户端的工作站进行单机或联网的病毒防护，在内部合法的网络用户工作站上，安装套装防毒软件的客户版，可以实现单机防毒功能，同时并具备网络防毒功能。在主控机上可以监测到各工作站（开机并登录到局域网）是否有病毒并可提出警告。客户端可以从主控机上手动或自动升级病毒代码库。

网络运行监控和管理纳入省信息中心统一实施。

6.6.4.4 视频会商系统

视频会商系统作为区域级/省级人工影响天气指挥中心指挥调度视频会商平台。在遇到突发事件时可以作为指挥使用，通过大屏幕显示系统对多路视频及图文信息进行综合显示，实现指挥中心与前方现场进行实时的视音频交互。指挥人员随时了解前方的第一手材料，完成对突发事件前方的指挥。在正常工作状态下，作为人工影响天气会商、控制室使用，用于召开区域内/省内人工影响天气会议。市县系统除接入省级系统参加会议、接受指挥调度外，也可作为人工影响天气工作控制室使用。

本工程建设1个区域级人工影响天气作业指挥中心视频会商系统；建设4个省级作业指挥中心视频会商系统；建设92个地市级作业指挥中心视频会商系统。实现区域级人工影响天气中心的对下业务指导和应急指挥作用。

区域级人工影响天气中心（郑州）视频会商系统部署包括大屏幕显示子系统、会议会商子系统、视频子系统、音频子系统、中控及分布式控制子系统和指挥系统会议平台以及配套外围改造等；

济南、合肥、南京和武汉省级人工影响天气作业指挥中心重点完成大屏幕显示部分，各省根据需求，配置视频、音频、中控等内容。市级作业指挥中心视频会商系统建设只考虑大屏幕显示单元和视频终端，其余均利旧，县级不建设大屏幕。

视频会商系统实现以下功能。

（1）会议处理功能

包括MCU（多点控制单元）、HD－CODEC（高清视频终端）、高清摄像头等电视会商核心处理设备。考虑到会场的数量，系统应支持24点的接入容量，视频处理能力应达到1080p高清级别。可无缝连接国家级MCU，并可实现各级人工影响天气中心MCU多点控制单元级联，将国家、省、市、县各级人工影响天气作业指挥中心通过会商系统视频终端连接在一起。

（2）音视频处理功能

通过大屏幕显示系统接入计算机、图像监控、视频会议、电视等多种来源的视频信号，满足会议、会商时的图像显示要求。系统支持视频、VGA、网络信号的接入，利用图形处理器提供的强大功能，可以在大屏幕上实现游屏、跨屏显示、任意开窗口等多种高级功能。大屏幕显示系统还可以利用控制主机对所用到的视频、RGB矩阵以及图形处理器设备进行集中的控制。

音频系统对会议过程中发言者的声音进行放大和传送，要求在各个位置都能够清晰地听到发言者的声音。声音效果要清晰明亮、饱满圆润，没有噪音干扰，不产生啸叫，既能够真实地再现发言者的声音，又能够对声音进行修饰和润色。并要求发言者声音和图像同步。会场还需配备面光灯、三基色格栅灯、白炽灯射灯、侧光灯等多种灯光设备。

（3）中央控制功能

区域、省级控制中心借助高效、智能化的电视会商控制、调度、监控管理平台，有效对系统使用维护过程进行监控，功能高度集中化、自动化，在系统性能提升、功能增加的基础上，不增加值班维护人员的工作量。

（4）辅助功能

会商流媒体直播、点播、录制、回放：通过会商系统录播设备，提供会商视频录制、直播、点播，实现会商系统的延伸，扩宽收看各类电视会商、会议的用户群，提高会商、会议的指导作用。

（5）字幕叠加

建设支持高清信号源的字幕叠加系统，可对讲稿内容进行现场字幕提示和讲话内容后期制作，并标记标准时钟信号。

6.6.4.5　总体性能指标

（1）系统稳定性与可靠性

系统投入运行后，可以保持7×24 h不间断运行，系统的硬件平台采用双机热备方式，加装HA软件，从而保证系统的7×24 h不间断运行。

在网络传输链路方面，采用地面宽带网与Internet VPN互为备份的方法，保障网络传输链路的可用性。卫星通信系统可用度达到99.8%，误码率小于10^{-7}。系统关键设备的平均无故障时间应大于3000 h。

应用软件运行具有较高的稳定性和故障后快速恢复的能力，并能部署到集群环境工作。应用软件开发中严格遵循软件工程国家标准的开发、测试和集成规范。在集群硬件和软件平台可靠性保证下，系统在5 min内恢复运行状态。

（2）系统可扩展性

在系统中，各个分系统和功能块采取松散耦合的方式，可方便今后与各种新的人工影响天气作业系统对接。

应用软件具备灵活的可裁剪配置功能（或者通过用户权限控制界面功能），并支持新增业务、新增资料的灵活、快速扩充。支持动态增加集群数量提高响应能力。

（3）系统可维护性

系统运行采用自动运行模式，各类资料和信息在指挥系统均采用自动处理，无需人工干预。同时，系统具备实时监控和运行维护功能，便于系统维护人员设置、修改系统配置，方便实时掌握系统运行状态，快速定位故障点。

6.7　试验示范基地建设设计

试验示范基地建设是人工影响天气工作的重要科技支撑，可以为人工影响天气提供基础性、关键性技术试验研究平台，同时，还可以形成针对不同降水天气系统的典型示范。因此，试验示范基地建设，对于深化对云降水物理过程的了解、增强人工影响天气科技支撑能力，提高人工影响天气科技水平和总体效益，具有重要意义。

为了充分发挥试验示范基地作用，试验示范基地建设应考虑功能定位、外场试验区设计、专项探测设备及试验示范管理等。

功能定位主要考虑外场试验研究、作业技术、基础观测、作业效果检验和新装备评估及新装备、新方法培训等功能。

外场试验区设计，主要依据区域内降水天气系统、云系特征及空中云水资源特征，在试验示范基地范围内，划分适合开展外场增雨、防雹及云雾观测作业的试验区，在试验区内布设气象观测设备、地面作业装备，并结合飞机作业，开展外场试验观测、作业和关键技术研究。

专项探测设备建设，考虑人工影响天气作业不同阶段对观测数据的需求提出，是试验示范基地建设的最主要任务。人工影响天气作业试验前，需要获取作业区及周边天气状况、云系宏微观特征、云雾滴谱特征、气溶胶颗粒、凝结核谱特征、大气冰核、云中液态水含量等观测信息，为选择作业时机、确定作业位置和作业强度等提供科学指导；作业后，为了开展作业效果统计、物理和模式检验，需要获取时空分辨率较高的云的宏观和微观物理量信息，积累长时间序列高密度的地面降水量信息和土壤水分信息。获取高时空分辨率水汽场和云水场信息及空间分辨率更高的高空风场资料，能够为数值模式检验提供必要的气象背景场资料。具体考虑云宏微观物理特征、降水、气溶胶、凝结核及云雾观测需要，布设满足需求和性能的专项观测设备，为作业提供基础观测资料。

试验示范管理，主要考虑试验基地观测数据、作业试验、装备管理，有计划地开展人工影响天气作业试验，进行针对性的观测，并确保观测数据能够用于人工影响天气试验和业务，同时，对观测装备进行管理维护。

第7章　中部区域人工影响天气能力建设预期效益与建议

开展人工影响天气工作，不仅是农业抗旱和防雹减灾的需要，而且也是经济社会发展、水资源安全保障、生态建设和保护等方面的需要，对于实现人与自然的和谐、促进经济社会的可持续发展，具有十分重要的意义，必须进一步提高认识，强化措施，加快发展，切实把这件利国利民的事情办好。

7.1　中部区域人工影响天气能力建设预期效益分析

7.1.1　预期社会效益

近年来，中部地区连续出现干旱，一些地区水库、河渠干涸或断流，地下水位不断下降，甚至导致人畜饮水困难，直接影响了人民生活质量，使工农牧业生产、布局以及城市发展受到严重制约。与此同时，由于社会的发展、人民生活水平的提高，使社会对水的数量和质量的需求不断提升，因缺水而造成的社会负面影响巨大。事实证明，随着社会的进一步发展，缺水对社会各方面造成的制约力正逐年上升，如不及时研究对策和着手解决，必将影响地区的社会稳定和可持续发展。反之，如能给予一定解决或缓解，必将对社会的稳定发展和人民生活质量的提高起到一定的推动作用。因此，从这方面分析，通过区域人工影响天气能力建设，进一步提高作业能力，扩大作业影响区范围，增加有效降水，将会产生明显的社会效益。

气象灾害的防范有赖于气象防灾减灾手段的改善和提高，对干旱灾害也不例外。中部区域人工影响天气能力建设，将使地区人工增雨工作得到进一步加强，人工增雨手段得以明显的改善，人工增雨能力得到显著提高，从而推动防灾减灾工作跃上新的台阶。区域人工影响天气工程建成后，预计在原增雨能力的基础上每年可以多增加降水约20亿 m^3 左右，达到年增雨65亿～90亿 m^3 的人工增雨能力，相当1亿 m^3 水库65座至90座均匀地分布中部六省，不仅可以增加水资源，而且可节省大量的机械和人力资源投入抗旱。虽然尚不能完全解决地区的用水量缺口，但与水利设施综合管理、工农业节水措施实施、水价杠杆调节、引水工程建设等配合，必将使地区的水资源供需矛盾得到一定缓解，社会效益明显。

中部区域人工影响天气能力建设，还将实现农业增产、农民增收的主要目标，并将有效增加地区降水量，对缓解农业用水、工业用水和城市用水矛盾发挥显著作用，促进地区经济实现又好又快发展，社会效益明显。

此外，开发空中水资源，提高空中云水资源的利用率，抗御旱情，实现人与自然的和谐发展，是全面落实科学发展观的具体行动和体现，是强化政府公共管理和社会服务职能的重要内容。在维护社会稳定，提高党和政府的威信，宣传科学等方面也有着显著的积极作用。

7.1.2 预期经济效益

中部区域人工影响天气能力建设完成并投入正常业务运行后，将形成更加科学、统一协调的人工增雨作业体系，可有效提高地区人工增雨作业的能力和水平，重点地区的人工增雨作业将达到全年不间断、空地立体、高密度、跨区域科学作业的要求。作业强度（能力）增大、作业期延长、作业面积扩大、技术支撑提升，使作业影响稳定性降水云系区域扩展到全部区域，作业影响不稳定性降水云系的增雨面积增加20万km^2。另外，由于增加了地基和空基降水云系微物理探测系统，因此，减少了人工增雨作业的盲目性，提高了科学作业水平和增雨防雹效率。

目前区域年增雨50亿~70亿m^3，中部区域人工影响天气能力建设项目完成后预计再多增加20% ~30%，则每年可增加降水65亿~90亿m^3，每立方米按0.5元计算，将带来32.5亿~45亿元的直接经济效益，增加经济效益7.5亿~10亿元。

因此，中部区域人工影响天气能力建设项目的实施，不仅从整体上提高了地区人工增雨的综合技术水平，而且会极大地提高地区空中云水资源的开发效率，对地区的经济和社会发展有着明显的推动作用，经济效益显著。特别是新建设的诸多现代化气象探测设备将为准确地捕捉有利于人工增雨的天气形势提供强有力的手段，将大大增强作业决策指挥的科学性，对增雨效果的评估检验和方法改进都有重要的意义，也将进一步提高人工增雨的投入产出比，产生更大的经济效益。

7.1.3 预期生态效益

实施区域人工影响天气能力建设，不但具有明显的经济效益、社会效益，而且还有显著的生态效益。通过中部区域人工影响天气能力建设，可加快该地区综合环境治理进程、促进生态环境改善、增强抵御各种气象灾害的能力、提高土地生产能力，为生态经济的发展创造良好的生态环境。

当前使用的人工增雨催化剂主要有 AgI（碘化银）、液态二氧化碳。其中液态二氧化碳对环境无影响，AgI 用量微小，根据美国和俄罗斯及国内研究监测结果证明，对环境基本无害。人工增雨作业使用的催化剂 AgI 质点的最大落地浓度为 0.001516 mg/m^2，低于国家标准，不会对周围空气、土壤、动植物等造成明显影响。经对影响区降水水质检测结果表明，雨水 AgI 浓度为 0.0002 mg/L，低于 0.05 mg/L 的国家标准，不会对环境水质和生态环境产生明显影响。由于人工增雨的主要作业地点大多都在农区、牧区、山区附近，远离城市，故对人类生产生活影响不大。因此，无论是观测系统、通信系统、作业指挥系统，还是催化作业系统，都不会对生态环境造成污染或破坏。

另一方面，通过提高人工增雨作业和开发空中云水资源的能力，可以进一步保护生态环境，促进地表绿地增长和森林生长，保护植被，减少森林火灾，增加土壤水分，减少土地沙漠化，减少土地流失，有效遏止沙尘暴，增加地表和地下水，保护地质地貌，稳定地质结构，改善水环境，增加水库容量，进而促进对周边地区气候的微调节，增加空气湿度，冲刷空气中的酸性物质，净化大气，促进大气碳循环，改善城市环境和面貌，维持生物多样性等。因此，本工程的生态效益十分显著。

7.1.4 预期技术效益

人工增雨是防灾减灾的有效手段，通过中部区域人工影响天气能力建设，在人工增雨作业能力得到大力提高的基础上，可以进一步合理开发空中云水资源，进而减轻旱灾给农牧业生产、生态环境建设带来的不利影响。但是，在看到成绩的同时也必须看到，人工增雨工作是一项发展中的业务，或者说是研究型业务，还有许多技术问题需要解决。中部区域人工影响天气能力建设工程需要新建许多先进的探测设备、作业设备以及分析检测设备，建立区域、省、市、县四级人工影响天气业务指挥系统及高标准的效果检验外场试验区，具备开展以人工增雨效果评估为核心的人工增雨综合技术试验研究能力。在省级地区开展人工增雨新技术试验示范，必将有效提高该区域人工增雨作业的技术水平，进一步减少作业的盲目性，提高科技含量，提高人工增雨效率，其技术效益显著。

7.2 中部区域人工影响天气能力建设建议

为了中部区域人工影响天气能力建设项目能尽早、长期、稳定产生效益，在项目建设过程中就需要着手建立相关机构、制定相关制度、设计相关流程、形成相关机制，并在业务运行过程中不断完善，才能全面保障工程项目的顺利建设和运行。本节主要对各级机构职责、业务功能、业务运行方案、保障机制、联合作业所需的协调调度方式等方面提出初步方案。其中，关于飞机的运行保障由飞机驻地专业保障设施完成，具体设计方案在后续保障措施中单独阐述。

7.2.1　明确中部区域人工影响天气机构设置与职责

为确保项目建成后能够充分发挥效益，甚至在建设过程中能够初步发挥效益，在项目建设过程中就需要建立一些机构，并明确各相关机构的主要职责，让其参与建设，充分了解项目各组成部分的功能和技术要求，并逐步建立、细化各种规章制度，完善体制机制。

（1）建立“中部区域人工影响天气业务组织协调机构”

为强化区域统筹协调、联合作业和重大工程组织实施等功能，建立“中部区域人工影响天气业务组织协调机制”，河南省气象局牵头负责组织协调，主要工作任务包括：中部区域发展规划和年度作业计划的编制和审定；建立和完善中部区域业务联席协调管理运行机制，建立健全中部区域联合作业的决策协商、联合作业的统一指挥、业务组织协调的经费保障、多部门联动保障、开放合作的科研协作等制度；区域内跨省人工影响天气作业的协调、调度和指挥实施；中部区域工程项目申报、建设和管理，项目牵头省级气象局担任项目法人；负责区域飞机作业保障基地、效果检验基地和新装备考核实验室的运行管理以及区域人工影响天气作业的效果评估等；中部区域联合科技攻关和技术交流；中部区域重大服务专报和中部区域工作的宣传；中国气象局交办的其他任务。

1）建立“中部区域业务联席协调会议制度”

中部区域业务联席协调会议组成：

（a）总召集人：河南省气象局局长；

（b）副总召集人：河南省气象局分管局领导；

（c）成员：山东省气象局分管局领导、安徽省气象局分管局领导、湖北省气象局分管局领导、江苏省气象局分管局领导、陕西省气象局分管局领导。

中部区域业务联席协调会议的主要任务：负责组织协调区域内人工影响天气工作；审定中部区域发展规划和年度作业计划、业务组织协调制度和管理办法等；研究协调解决区域性业务问题；协调解决中部区域工程项目申报、建设和管理重大问题；中国气象局交办的其他任务。中部区域业务联席协调会议每年至少召开一次，一般在每年上半年召开，由区域各省气象局轮流承办。

2）建立“中部区域业务联席协调办公室”

中部区域业务联席协调办公室：

（a）总协调人：河南省气象局分管局领导

（b）副总协调人：河南省人工影响天气办公室主任

（c）成员：山东省人工影响天气办公室主任、安徽省人工影响天气办公室主任、湖北省人工影响天气办公室主任、江苏省人工影响天气中心主任、陕西省人工影响天气中心主任。

区域各省人工影响天气办公室（中心）确定一名人员作为业务联席协调办公室工作人员（联系人员）。

中部区域业务联席协调办公室的主要任务：协调组织中部区域发展规划和年度作业计划的编制；负责区域内跨省人工影响天气作业的协调、调度和指挥的实施；协调组织中部区域工程项目申报、建设和管理；协调组织开展中部区域联合科技攻关和技术交流；负责中部区域重大服务专报和中部区域工作的宣传；组织制定和完善中部区域业务联席协调有关制度；负责与国家级人工影响天气中心、区域内各省人工影响天气业务单位的联席协调；负责中部区域业务联席协调会议有关事项；上级交办的其他任务。

（2）省级人工影响天气机构职责

省级人工影响天气机构作为当地人工影响天气指挥工作机构，开展人工影响天气监测分析业务，发布全省云水资源评估报告；释用与检验上级业务指导产品，发布本省作业监测和作业条件预报指导产品；组织全省人工影响天气作业，省级飞机人工增雨作业方案的制订与指挥作业，调度、运行和管理作业飞机；协助区域管理建设于当地的国家作业飞机驻地专业保障设施，管理地方作业飞机驻地专业保障设施；收集、整理并上报全省人工影响天气作业信息；开展人工影响天气作业效果评估业务，发布全省人工影响天气作业效果评估报告；制定全省人工影响天气装备和弹药采购计划，做好装备采购供应、弹药储运和安全检查工作；负责全省人工影响天气作业组织和作业人员资质审核；组织全省作业指挥和作业人员岗位技术考核，开展业务技术交流；组织全省人工影响天气科学试验，负责人工影响天气新技术的引进和研发；开展人工影响天气相关技术的科研和技术推广工作。

明确省级相关业务单位职责，其中省气象台提供中短期、短时天气预报以及灾害性天气预警信息；发布强对流天气潜势预报产品；协助报送人工影响天气决策气象服务产品；提供灾情、雨情信息。省气候中心提供气候分析和短期气候预测结果。省气象信息技术与保障中心提供人工影响天气观测信息、作业信息、视频会商的实时传输保障；提供人工影响天气信息网络设备的安装、运行保障；提供多普勒天气雷达、气象卫星、自动气象站、上级指导产品等实时资料；针对重大人工影响天气作业和外场试验，提供移动气象台、车载雷达观测支持；负责对纳入综合气象观测系统的人工影响天气设备进行业务化运行保障；协助对人工影响天气试验设备的安装、调试、维护。省农业气象中心围绕生态、农业气象需求，提供墒情、旱情、苗情信息。省气象培训中心组织开展针对人工影响天气业务技术人员的专业技术培训。

（3）市级县级人工影响天气机构职责

市级开展人工影响天气监测分析和临近预报预警业务，释用和检验上级业务指导产品，制作本市（州）作业预案及作业方案，并指挥全市（州）人工影响天气作业，开展效果评估和相关决策服务；协助省级人工影响天气中心管理建设于当地的作业飞机驻地专业保障设施；收集、整理并上报全市（州）人工影响天气作业信息和灾情信息；承担上级委托的作业人员培训和考核；负责全市（州）作业装备存储、维护和故障排除等工作。

县级开展人工影响天气监测分析业务。作业需求大、作业站点多的县级人工影响天气机构，在市级指导下实时指挥全县地面人工影响天气作业，发布县级人工影响天气服务报告，开展效果评估和相关决策服务；收集、整理并上报全县人工影响天气作业信息和灾情信息；负责全县作业装备安全存储和管理、维护。

市、县级管理和业务单位参照上述省级相关业务单位分工，按照各自职责任务，发挥优势，密切协作，合力做好人工影响天气各项工作。

（4）基层作业点职责

根据上级下达的作业指令，实施地面人工影响天气作业，收集、整理并上报作业区内的人工影响天气作业信息和灾情信息，负责作业装备日常维护和作业期间弹药储存管理。

7.2.2　建立完善中部区域人工影响天气管理机制

7.2.2.1　业务组织管理运行结构

强化统筹管理，发挥区域联合优势，建立完善人工影响天气工作四级管理、五级指挥、六级作业的业务管理运行，形成上下联动、统一指挥、部门协同的工作体系。

四级管理机制：分为国家、省、市、县四级，区域级的管理工作纳入国家级管理范畴。

五级指挥机制：分为国家、区域、省、市、县五级，进行上下统一、协同作业的统筹指挥。作业站点按上级指挥开展作业。

六级作业机制：分为国家、区域、省、市、县、作业站点六级，开展实施作业。国家和区域级主要负责飞机作业的指挥，省级主要负责飞机作业的实施，市、县级和作业站点主要负责地面作业的实施。

中国气象局人工影响天气中心负责全国人工影响天气工作的业务指导和指挥协调，安排部署全国空中云水资源开发利用工作；管理区域业务联席协调工作，组织协调全国人工影响天气作业力量，实施跨区域人工影响天气作业；指挥国家建设的人工影响天气探测飞机和国家作业飞机；西南区域人工影响天气业务指导和科技研发等职责。区域业务联席协调办公室，统筹区域人工影响天气业务，调度区域作业力量，开展区域内人工影响天气联合作业。省、市、县各级人工影响天气机构负责本辖区内人工影响天气作业的组织实施和管理，增雨飞机的调度、运行、管理，配合国家、区域实施跨省（区、市）联合作业。人工影响天气业务运行结构如图 7. 1 所示。

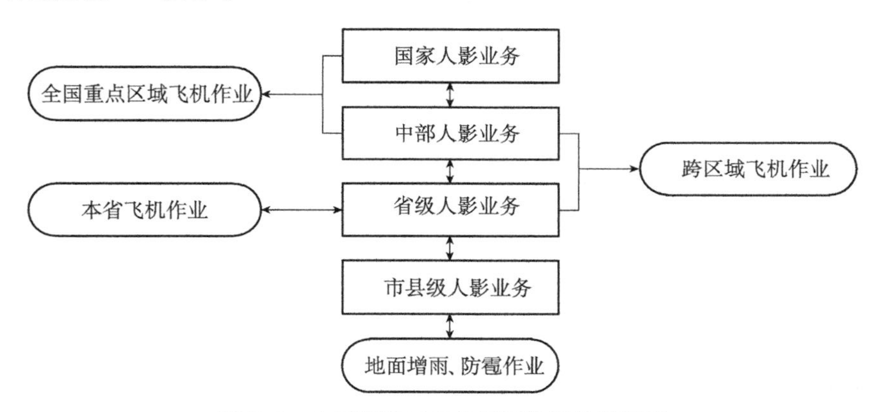

图 7. 1　人工影响天气业务运行结构示意图

7. 2. 2. 2　中部区域人工影响天气作业空域协调

现有的跨空管分区飞行作业的空域协调是通过临时会议进行的，是在现有工作状态、现有制度下的技术操作层面的协调。随着跨省联合作业规模的扩大、形式的丰富，必然会有许多现有制度没明确，或者与现有制度不一致的地方，需要更高层级、更高频次的协调，因而需要建立中部区域人工影响天气作业空域协调机构，相对固定人员，明确责任分工，定期举办会议，完善制度、流程，并建立常态化沟通渠道。

7. 2. 2. 3　联合作业的决策协商与统一指挥机制

联合作业方案的决策制定应充分征求区域各省的意见，考虑各省的需求，以最大发挥作业整体效益的原则，根据天气系统发生、发展和演变趋势，制定联合作业方案，与相关省商讨并组织实施。建立决策指挥流程，按天气系统制定单架或多架飞机作业标准，按重大应急、一般应急和日常作业划分优先启动级别，充分发挥区域人工影响天气作业效益。

充分利用区域作业指挥系统和网络资源，强化上下联动和区域联防，实现联合作业的统一指挥机制。作业调度指挥以保障人工影响天气整体效益为原则，建立统分结合的作业调度模式，最大限度地发挥国家飞机、地方飞机、地面作业装备的效能。

7. 2. 2. 4　业务运行经费保障机制

中部区域业务联席协调办公室业务运行经费纳入年度预算，由中部区域业务联席协调办公室提出，经河南省气象局报中国气象局核定后下拨。

按照事权和财权相统一、“谁受益，谁负担”的原则，国家作业飞机托管运行经费由常驻省地方政府分别承担。各参建省气象局应积极与当地政府有关部门沟通，建立完善保障飞机运行的相关经费投入机制。跨区域飞机人工增雨作业所发生的相关费用，参照中国气象局印发的《国家人工影响天气作业飞机业务运行管理办法（试行）》的通知，由受益所在地政府承担。

建立中央和地方共同投入并与经济社会发展同步增长的经费保障机制，中部区域人工影响天气业务组织协调所需经费列入中国气象局年度财政预算。飞机作业的运行管理费用由地方财政解决，区域内各省的人工影响天气基本运行经费由原经费渠道解决，作业经费由中央财政转移支付和地方各级财政预算解决。跨省作业经费由受益省份根据实际消耗支付。

7. 2. 2. 5　部门联动的保障机制

建立中部区域各省气象局、军队、民航和相关部门组成的协调机构，保障区域人工影响天气工作的顺利开展。建立中部区域人工影响天气多部门联动保障协调会议制度。由河南省气象局牵头，中部区域6 省气象局，中部区域内空军、民航航空管制部门等为成员单位。主要工作任务：审议中部区域人工影响天气年度作业计划，协调区域内人工影响天气作业空域协调、飞机调度、机场保障等有关事宜。

7. 2. 3　建立完善中部区域人工影响天气业务运行机制

7. 2. 3. 1　建立区域信息通报和定期会商制度

目前，各省人工影响天气简报报送给省委、省政府、省人大、省人工影响天气领导小组成员、中国气象局等单位和领导；在各省人工影响天气办公室之间自发通过气象邮件系统发送，需要用制度来明确发送对象，并增加发送旱灾、雹灾、火险（火情）、作业信息等信息，以便了解邻省情况，增强跨省作业的主动性、目的性。当出现大范围干旱时，相关省份每周进行会商。

跨省作业会商由区域人工影响天气业务联席协调办公室或联合作业牵头单位组织，区域内各省人工影响天气业务机构参加（图7.2），根据需要邀请有关区域空域管制部门以及其他相关部门参加。根据作业天气过程预报，提前24～48 h定时或不定时举行跨省作业会商，重点讨论天气系统演变趋势、加密观测部署、0～48 h作业条件预报、作业方式范围及空域协调保障等，发布跨省作业专报等。在天气过程结束或作业需求结束后，停止组织跨省作业会商。

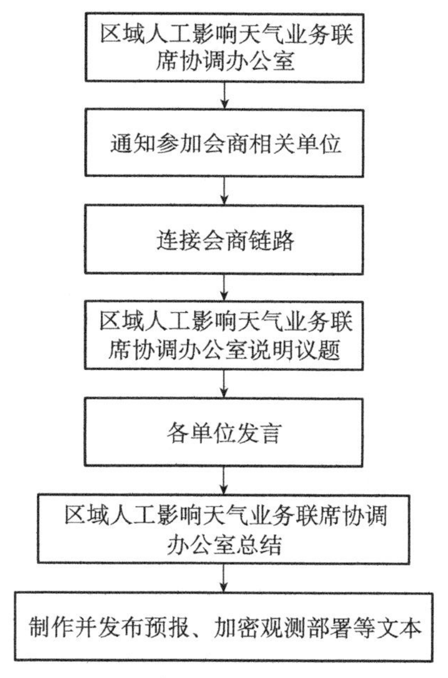

图7.2 联合会商流程

7.2.3.2 建立跨省人工影响天气作业决策指挥模型

按作业需求、作业潜力和作业能力等客观要素，建立跨省联合作业调度模型和优先级别，在保障作业整体效益的原则下，充分征求各省份的意见，考虑上下游和周边地区的利益，科学合理地进行作业的指挥调度，保障作业决策的科学、公正、公平。

计算优先级所需的因子为：

（1）作业潜力：依据云系的作业条件和持续时间，进行云系的作业潜力等级的划分，液态水含量越高、云层越厚、云系持续时间越长，则催化潜力越大。

（2）作业能力：作业能力由作业目标区及附近的地面固定作业装备数量、地面移动装备数量、本省地方作业飞机数量及其停靠位置离目标的距离、国家作业飞机及其停靠位置离目标的距离等组成。由中央投资购置建设、国家财政支持人工影响天气作业装备侧重于国家重点保障区的作业。由地方投资购置建设、国家或地方财政共同支持的人工影响天气作业装备，包括地方购置或租用的作业飞机、火箭和高炮等地方装备侧重于本省保障区的作业。

（3）作业需求：作业需求包含农时的关键性、灾害的严重性和紧迫性、大型活动的重大性等因素。

（4）探测能力：探测能力包含机载探测、作业区的常规气象探测和人工影响天气专业探测的布局和数量。

对于不同类型的人工影响天气作业，各因子的权重有所不同：

（1）常规作业

作业调度优先等级＝作业潜力＋作业能力＋作业需求

其中作业潜力是最重要的因子；当地作业能力越强，所需移动作业能力越小；作业需求越大，则远程支援越大。

（2）应急作业

作业调度优先等级＝作业潜力＋作业能力＋作业需求

对于应急作业，计算公式与常规作业相同，但是作业需求是占比最大的因子，同时也要兼顾作业潜力和作业能力。遇重大灾害（森林火灾、重大干旱等）、重大活动等急需开展人工影响天气作业时，要无条件地优先调度区域乃至全国的人工影响天气作业力量开展人工影响天气作业。

（3）科学试验作业：

作业调度优先等级＝探测能力＋作业潜力＋作业能力

其中探测能力是首要因子，作业潜力和作业能力次之。

这三种作业类型的优先等级的各构成因子的权重，需要在业务运转过程中逐步调整。

7.2.3.3　探索飞机联合作业方式

异地机场起降作业。目前的飞机增雨作业一般为本场起降，作业区也在同一飞行管制区之内，如果起降机场距离催化作业区较远则可能浪费部分有效航程，可依照现行规定，通过空域协调，探索通过转场飞行或调机飞行流程进行异地机场起降增雨作业。对于异地起降的作业飞机，降落地机场所属省份提供后勤保障。

高低空分层作业。目前的飞机联合作业，一般是分区作业。对于云层较厚的云系，可探索分层作业，飞行性能好的飞机（携带冷云催化剂）在高空作业，性能相对差的飞机（根据作业层的气温确定携带冷云催化剂或暖云催化剂）在低空作业，以提高催化效果。

7.2.3.4 建立联合作业演练制度

跨省联合作业涉及分布于不同省份大量的人员，种类繁多、性能各异的探测、作业、通信装备，其方案编制复杂、调度指挥环节多，需要通过全流程演练让所有参与人员熟悉流程、积累技术和处理意外情况的经验，并在今后的建设中逐步统一通信方式、数据格式等业务基础。

7.2.3.5 建立常态化跨省作业机制

在丹江口水库汇水区，针对水库库容维持需要，豫、鄂、陕三省联合水文部门开展常态化飞机和地面人工增雨作业，增加蓄水和径流，同时避免因增雨造成涝灾。对于该区域的作业，从中央补助资金中给以倾斜资助。

目前，在省境边界，河南与陕西、山西、河北、山东建立了伏牛山联合防雹协作区、太行山防灾减灾协作区，在豫鲁皖苏毗邻区也建立了联合防雹协作区，在冰雹多发季节，相关地区共享观测资料和预报结果，在冰雹云移动路径上的作业单位协调配合，简化沟通流程，进行联合作业，力争把冰雹消灭在初生阶段。

7.2.3.6 健全安全检查监督机制

坚持作业装备和作业点年检制度，确保作业安全。建立安全巡检制度，定期开展人工影响天气装备安全检查，加强区域内省际间安全互检和临时抽检。完善作业规范和操作规程，加强空域申请、弹药储运、转场交通、现场作业等重点环节的监督管理。加强对人工影响天气专用探测仪器、作业装备以及催化剂的检定、测试和维护保养，确保各种装备保持良好状态和正常运行。

加强人工影响天气作业装备、弹药、作业点、探测装备、作业过程的信息化，通过信息化手段增强安全管理的时效性、全面性。

7.2.3.7 建立完善效益评估机制

组织有关地方政府、相关部门和受益行业（企业）等专家，定期或不定期进行效益评估或评议，提高效益评估的科学性、代表性、综合性。制定综合效益评估方案，完善效果的定量评估方法，开展粮食产量、江河径流量和湖库蓄水量、生态修复成效、果业烟业产量等方面的效益贡献评估。根据评估评议结果和意见建议，进一步调整作业布局，改进作业技术手段，提高作业综合效益。

7.2.3.8 建立区域技术交流制度

每年开展技术交流活动，交流新思路、新技术、新成果，对好的成果在区域内优先推广应用；对涉及联合作业的技术进行充分论证、优化，做到各系统之间标准统一、接口一致；对于关键系统，进行共同研究开发。

7.3 建立中部区域人工影响天气保障措施

7.3.1 技术保障措施

项目建成后，作业飞机的日常保养、维护、维修，由飞机常驻地省级财政支持。气象专业仪器设备的技术保障，由现行的保障体系负责，具体为：

（1）人工影响天气专业设备：飞机机载探测设备和飞机机载催化作业设备由国家作业飞机驻地专业保障设施或飞机保障基地负责检测和维修，日常维护由所在的作业飞机驻地保障设施人员负责；机载通信设备由本省级气象信息保障中心保障；地面作业装备由所在市、县级气象局负责日常维护维修。

（2）气象探测设备：有人值守站的日常运行、维护等由所在地气象局负责，设备维修、定标由各省大气探测技术保障体系负责；无人值守站的维护、维修和定标由各省大气探测保障体系负责。对于部分大型设备（移动式 X 波段多普勒双偏振天气雷达、风廓线雷达等），由省级大气探测保障机构与生产厂家签订技术服务协议，由厂家负责设备的大修、检定等工作。

（3）计算机和网络设备：各省气象局建设的计算机网络设备，由该省气象局信息保障机构负责日常维护维修，建设在市、县级气象局的计算机网络设备由当地气象局负责日常维护维修。各省气象局建设的视频会商设备，由该省级人工影响天气机构负责日常维护，信息保障机构负责调试维修，建设在市、县（级）气象局的视频会商设备由当地气象局负责日常维护。

（4）应用软件：区域级人工影响天气作业指挥的应用软件由中部区域人工影响天气业务联席牵头单位河南省气象局人工影响天气机构负责日常维护；省级由各省人工影响天气机构负责日常维护，信息网络的应用软件由各省气象局信息保障机构负责日常维护；市、县级由其人工影响天气中心负责日常维护，信息网络的应用软件由其气象局信息保障机构负责日常维护。

（5）效益评估：建立区域联合作业效益评估机制，中部区域人工影响天气业务联席牵头单位河南省气象局组织相关部门和受益行业的专家进行区域联合作业年度效益评估，并根据评估情况对当年的联合作业计划提出改进建议，调整作业布局，改进作业技术手段，进一步提高作业综合效益。

（6）建立多部门联动保障机制。中部区域人工影响天气业务联席牵头单位河南省气象局与相关军队、区域级民航空域管制部门、相关机场公司建立区域作业空域保障机制。省、市级人工影响天气办公室（中心）与相关空域管制分区建立本地作业空域保障机制，完善各级空域申报批复业务系统。

（7）机场保障。军队和民航等部门要为开展跨省作业的顺利进行提供机场保障。具体协调工作通过各飞机作业停靠地进行。

（8）强化区域人工影响天气科技支撑能力。建立中部区域人工影响天气科研协作机制，建立开放合作的区域人工影响天气科技创新团队，设立区域人工影响天气首席指挥岗位，建立区域人工影响天气资料信息、科研成果、人才队伍等共享机制，为区域人工影响天气事业发展提供强有力的科技支撑。

7.3.2　飞机驻地专项保障措施

目前中部区域每年使用人工增雨作业飞机6架，均为租用飞机。日常主要停靠在河南郑州、山东济南和青岛、安徽蚌埠、江苏南京、湖北武汉。

中部区域现有飞机作业保障工作主要包括作业技术保障和起降后勤保障。其中技术保障又可细分为通信保障、设备维修维护保障，起降后勤保障包括生活保障和飞行起降计划申报保障。

中部区域进行飞机增雨作业虽然有日常停靠地，但是保障能力明显不足。对于机载设备的维修维护保障工作，主要依靠设备厂商和各省人工影响天气办公室。其中各省人工影响天气办公室主要负责机载作业播撒设备的装备保障工作，有时需要厂家来人维修；机载探测设备装备的检修、标定、维修等则完全依赖设备厂商，有时其维修周期长达数月，影响探测工作。有的飞机机组人员长年住在社会宾馆，有的住在由车库改造的房间，当有人工增雨飞行任务时，人工影响天气中心作业技术人员，也要住到离机场较近的社会宾馆。这些宾馆不可能与指挥中心建立稳定的数据通信网络，使人工影响天气作业决策指挥产品和指令不能及时传达给作业人员；同时这些宾馆不能提供必要的作业保障，如催化剂的配备、储存、仪器调试工作间等，常常会贻误作业时机，也带来安全问题。

中部区域需要建设3架国家作业飞机、7架地方作业飞机，在作业需求大、增雨作业区大的时候还需增调国家作业飞机、增租地方作业飞机。

飞机作业必须有可靠的保障。目前，中部各省的保障停留在较低水平，一般是“打完就走”，这对于应急性作业有利于降低成本，但随着人工影响天气作业的常态化，长期租用场地的总成本就很高，而且也不利于提高作业的科技水平，不利于提高作业效益。另一方面，目前，各省的飞机作业外场条件一般只能满足一架作业飞机的本场起降，很少有单架飞机涉及两个机场的作业。这必然就会浪费一些有效航程，有时为了满足降落条件，还会浪费作业机会；偶然有外省飞机要在本省停靠时，保障工作会出现生活保障不可靠、作业条件分析结果无法传送、无同型号催化剂可补充、通信只能靠电话等问题。所以，目前只能把同一架次、不同起降机场的作业作为“万一”来考虑，不能形成业务模式。

增加飞机数量只是增加飞机作业能力的一个方面，要充分发挥这些飞机的效用，更需要开展联合作业，这对保障能力提出了更高要求。联合作业的规模或者说跨区作业的范围有三个级别，一是省内联合作业，二是区域内的跨省联合作业，三是跨区域的全国调度作业。如果要实现省内联合作业，最好本省有两个飞机驻地专业保障设施，同时因为省内一般统一采购催化装备和催化剂，通信、指挥方式都是统一的，因而容易实现联合作业。在跨省作业的情况下，如果要实现协调指挥，就需要通信、技术分析产品等的一致性；如果进一步要跨省停靠，就需要有同型号催化剂的库存，甚至相应催化装备易损备件的库存，还需要与机场的及时沟通；如果停留时间较长，就需要提供价位合适的生活条件和充分的交通工具等。如果是跨区域的全国调度作业，大都航程很远。就新舟60飞机来说，其满载旅客航程为1600 km，即使除去东北、西北区域，我国国土的东西、南北范围都超过2000 km，因此在大范围转场作业途中需要停靠地进行保障。

因此，需要加强飞机驻地专业保障设施的建设，有了基地才能保障有力、才能集中作业力量、才能搞好联合作业。

7.3.3 后勤保障措施

区域内各省人工影响天气办公室（中心）除负责本省人工影响天气作业的后勤保障外，还要承担国家作业飞机、其他省份地方作业飞机以及其他作业装备到本省实施区域联合作业的所有后勤保障工作。试验示范基地的生活、工作保障由所在地气象局、站提供帮助。

参考文献

艾乃斯·艾斯艾提,冯俊勋,2019. 人工影响天气在防御气象灾害中的重要作用[J]. 科技风,2019(6):118.

安徽省水利厅,2019. 安徽省水资源公报[R]. 合肥:安徽省水利厅.

陈正洪,2005. 中部农业可持续发展中的主要气象问题与对策——以湖北为例[C]//第三届湖北科技论坛论文集. 武汉:中国地质大学(武汉)出版社:445-449.

《第三次气候变化国家评估报告》编写委员会,2005. 第三次气候变化国家评估报告[M]. 北京:科学出版社.

冯颖,2017. 陕西省水资源空间匹配的基尼系数分析[J]. 财经与管理,1(1):41-44.

国家统计局,2020. 中国统计年鉴2020[M]. 北京:中国统计出版社.

河南省水利厅,2019. 河南省水资源公报[R]. 郑州:河南省水利厅.

侯鹏,杨旻, 翟俊, 等,2017. 论自然保护地与国家生态安全格局构建[J]. 地理研究,36(3):420-428.

侯艳林,2020. 人工影响天气作业在防灾减灾中的作用及优化建议[J]. 农村实用技术,12:169-170.

湖北省水利厅,2019. 湖北省水资源公报[R]. 武汉:湖北省水利厅.

黄岩,谢世友,王李云,等,2006. 冰雹灾害对河南农业的影响及防御措施[J]. 安徽农业科学,34(23):6174-6176.

黄毅梅,陈跃,周毓荃,等,2005. 人工增雨综合技术集成开发研究[C]//第十四届全国云降水物理和人工影响天气科学会议(上册). 中国气象学会:170-178.

江苏省水利厅,2019. 江苏省水资源公报[R]. 南京:江苏省水利厅.

金桥,2020. 中部区域农业生产效率测度及其时空演化研究[D]. 南昌:江西财经大学,13-18.

金新港,常国华,李昌明,等,2019. 河南省化肥使用量对粮食产量的影响[J]. 浙江农业科学,60(10):1712-1715.

李治国,陆贤东,管相荣,等,2014. 1982-2011年旱灾对中国粮食产量影响研究[J]. 江苏农业科学,42(8):426-430.

李中伟，赵莉，石启富，2017. 人工影响天气作业在气象防灾减灾中的作用及优化建议[J]. 农业与技术，37(16):234.

刘彦随，彭留英，2008. 我国中部地区农业发展定位与战略[J]. 经济地理，28(4):646－649.

楼迎华，崔良，于燕玲，2007. 防治农业面源污染 推进农业清洁生产[J]. 农业科技管理，26(6):24－26.

马亚峰，2012. 陕西省水资源及其开发利用现状分析[J]. 地下水，34(5):113－115.

马宗晋，1994. 中国重大自然灾害及减灾对策(总论)[M]. 北京:科学出版社.

祁丽霞，2017. 河南省水资源与经济社会发展状况匹配关系的研究[J]. 华北水利水电大学学报(自然科学版)，38(2):30－36.

山东省气象学会农业气象委员会，1993. 农业气象适用技术汇编[M]. 北京:气象出版社.

山东省水利厅，2019. 山东省水资源公报[R]. 济南:山东省水利厅.

邵金花，刘贤赵，2007. 山东省水资源开发利用程度综合评价[J]. 人民黄河，29(3):39－41.

史培军，王静爱，谢云，等，1997. 最近15年来中国气候变化、农业自然灾害与粮食生产的初步研究[J]. 自然资源学报，12(3):197－203.

水利部水利水电规划设计总院，2014. 中国水资源及其开发利用调查评价 [M]. 北京:中国水利水电出版社.

王意杰，2021. 河南省农业面源污染现状及治理对策研究[J]. 农业与技术，41(10):104－107.

肖加元，刘杨，肖莉芹，2016. 湖北省水资源综合治理与开发利用研究[J]. 财政经济评论，2016(1):88－107.

徐兆伟，陈光阔，靳华磊，等，2018. 山东省农业机械发展形势及对策分析[J]. 山东农业工程学院学报，35(11):1－5.

杨智，王丙春，2019. 浅谈云南省生态文明建设气象保障服务[J]. 资源节约与环保，2019(1):115，136.

俞书傲，2020. 气候变化对农作物生产的影响:以浙江为例的实证研究[D]. 杭州:浙江大学.

袁久和，2013. 我国中部地区农业可持续发展的动态评价与发展对策[J]. 南京审计学院学报，10(1):14－21.

张效武，2019. 安徽省水资源开发利用布局分析研究[J]. 江淮水利科技(3):41－42.

赵珑迪，2018. 河南省水资源开发利用现状与节水保护[J]. 科技创新与应用 (30):54－55.

郑敏,2012. 中部地区水资源与社会经济协调度研究[D]. 长春:吉林大学.
中国气象局,2019. 人工影响天气作业飞机通用技术要求:QX/T 505 - 2019[S]. 北京:气象出版社.
中国气象局,2021. 2020 年全国生态气象公报[R]. 北京:中国气象局.